U0426595

2019年度国家出版基金资助项目

中国北方砂岩型铀矿床研究系列丛书

内蒙古中西部中生代产铀盆地理论技术创新与重大找矿突破

Theoretical & Technological Innovation of Uranium Mineralization and Major Prospecting Breakthrough of Mesozoic Uranium-bearing Basins in Midwestern Inner Mongolia

彭云彪　焦养泉　陈安平　等著

内容提要

鄂尔多斯盆地、二连盆地和巴音戈壁盆地位于内蒙古自治区中西部，是我国最重要的三大产铀盆地，蕴藏着丰富的盆地铀资源。在中国核工业地质局的统一部署下，历经近20年的努力，通过充分消化吸收国内外成矿理论和勘查技术，突出了地区成矿特色和规律研究，发现了一批超大型、特大型、大型和中型等砂(泥)岩铀矿床，有力促进和改变了我国铀资源勘查与开发格局。本书回顾了三大产铀盆地的勘查研究历史，系统阐述了区域构造-沉积-成矿的耦合关系，深入剖析了系列典型铀矿床的主要地质特征，凝练总结了区域成矿规律和成因各异的成矿模式，诠释了独到的勘查理念与实践经验。本书的出版，适时地反映了我国铀矿地质勘查与科学工作者的最新研究成果，可供盆地铀资源勘查研究及其相关领域的学者、勘查工程师和在校师生参阅。

图书在版编目(CIP)数据

内蒙古中西部中生代产铀盆地理论技术创新与重大找矿突破/彭云彪等著．—武汉：中国地质大学出版社，2019.1

(中国北方砂岩型铀矿床研究系列丛书)

ISBN 978-7-5625-4488-3

Ⅰ.①内…

Ⅱ.①彭…

Ⅲ.①中生代-沉积盆地-铀矿-盆地分析-内蒙古 ②中生代-沉积盆地-铀矿-找矿-内蒙古

Ⅳ.①P619.140.622.6

中国版本图书馆CIP数据核字(2019)第026125号

内蒙古中西部中生代产铀盆地理论技术创新与重大找矿突破 彭云彪 焦养泉 陈安平 **等著**

责任编辑：周 豪 选题策划：王凤林 张晓红 毕克成 责任校对：周 旭

出版发行：中国地质大学出版社(武汉市洪山区鲁磨路388号) 邮政编码：430074

电 话：(027)67883511 传 真：(027)67883580 E-mail：cbb @ cug.edu.cn

经 销：全国新华书店 http://cugp.cug.edu.cn

开本：880毫米×1230毫米 1/16 字数：341千字 印张：10.75

版次：2019年1月第1版 印次：2019年1月第1次印刷

印刷：武汉中远印务有限公司

ISBN 978-7-5625-4488-3 定价：158.00元

丛书序

铀矿是国内外重要的能源资源之一。铀矿的矿床类型很多，其中砂岩型铀矿是日益引起重视的矿床类型，因其具有浅成、易采、开发成本低、规模较大的优势。这类矿床在成因上比较特殊，不是岩浆、变质热液的成因类型，而是表层低温含铀流体交代、堆积的成因类型。

我国从20世纪50年代起就开始对砂岩型铀矿进行勘查，最早在伊犁盆地取得找矿突破，并建成了国内第一个地浸开采的砂岩型铀矿矿山。21世纪开始在北方盆地开展砂岩型铀矿的勘查和科研工作，取得了找矿的重大突破，为国家建立了新的铀矿资源基地及开发基地。在这方面，中国核工业集团下属的核工业二〇八大队，一支国家功勋地质队，做出了突出贡献，先后在鄂尔多斯盆地、二连盆地和巴音戈壁盆地取得找矿重大突破，找到一批超大型、特大型、大型、中小型等砂岩型铀矿床及矿产地，并与中国地质大学（武汉）展开合作，在铀矿成矿理论方面亦取得了创新性成果，功不可没。

由彭云彪同志和焦养泉同志组织编撰的包含《内蒙古中西部中生代产铀盆地理论技术创新与重大找矿突破》在内的五部铀矿专著，系统地总结了鄂尔多斯盆地、二连盆地和巴音戈壁盆地砂岩型铀矿床的成矿特征，是我国铀矿找矿及成矿理论创新的重要成果。主要体现在以下三方面。

(1)在充分吸取国外"次造山带控矿理论""层间渗入型成矿理论"和"卷型水成铀矿理论"等成矿理论的基础上，针对内蒙古中生代盆地铀矿成矿条件，提出了"古层间氧化带型""古河谷型"和"同沉积泥岩型"等铀成矿的新认识，创新了铀矿成矿理论。

(2)在上述新认识的指导下，发现和勘查了一批不同规模的砂岩铀矿床，多次实现了新地区、新层位和新类型的重大找矿突破，填补了我国超大型砂岩铀矿床的空白，在鄂尔多斯盆地、二连盆地和巴音戈壁盆地中均落实了万吨级及以上铀矿资源基地，在铀矿领域，找矿成果和勘查效果居国内榜首，为提升我国铀矿资源保障程度做出了贡献。

(3)该系列专著主线清晰，重点突出，既体现了产铀盆地的整体分析思路，也对典型矿床进行了精细解剖，还有面对地浸开采的前瞻性研究，为各地砂岩型铀矿的找矿工作提供了良好的素材和典型案例。

总之，这五部铀矿专著是在多年勘查和研究积累的基础上完成的，自成体系，具有很强的实用性和创新性。因此，该套丛书的出版，对我国铀矿床勘查与成矿理论探索研究具有重要的参考价值，为广大从事砂岩型铀矿勘查、科研和教学的地质工作者提供了十分丰富有用的参考资料。

2019年1月

丛书前言

铀矿是我国紧缺的战略资源，也是保障国家中长期核电规划的重要非化石能源矿产。20世纪末以来，我国开展了大规模的砂岩型铀矿勘查和研究，促成了系列大型—超大型铀矿床的重大发现和突破，如今可地浸砂岩型铀矿已成为我国铀矿地质储量持续增长的主要矿床类型，也由此彻底改变了我国铀矿勘查和开发的基本格局，事实证明国家勘查的重点由硬岩型向砂岩型转移是一项重大的英明决策。

在这一系列的重大发现和找矿突破中，位于内蒙古中西部的鄂尔多斯、二连和巴音戈壁三大盆地具有率先垂范和举足轻重的作用。在中国核工业地质局的统一部署下，核工业二〇八大队作为专业的铀矿勘查队伍，自2000年以来先后在三大盆地发现了包括著名的大营铀矿床、努和廷铀矿床在内的2个超大型、3个特大型、2个大型、1个中型和1个小型铀矿床，取得了重大找矿突破。在此期间，与具有传统优势学科的中国地质大学(武汉)开展了无间断的长期合作，其互为补充的友好合作被业界誉为"产、学、研"的典范。

由项目负责人彭云彪总工程师和学科带头人焦养泉教授策划组织编撰的丛书——中国北方砂岩型铀矿床研究系列丛书(5册)，是对三大盆地铀矿重大勘查发现和深入研究成果的理论性技术的系统总结。组织编撰的五部专著各具特色，既是对以往成果的总结，也有前瞻性的探索，构成了一个严谨的知识体系。其中，第一部专著包含了三大盆地，是对区域成矿规律、成矿模式和勘查理念的系统总结；第二部、第三部和第四部专著分别是对单一盆地、不同成因类型铀矿床的精细解剖；第五部专著通过铀储层地质建模的前瞻性探索研究，深入揭示铀成矿机理和积极应对未来地浸采铀面临的"剩余铀"问题。该丛书被列入2019年度国家出版基金资助项目。

中国北方砂岩型铀矿床研究系列丛书的编撰出版，无疑将适时地、及时地反映我国铀矿地质勘查与科学工作者的最新研究成果，所总结的勘查实例、找矿标志、成矿规律和成矿理论认识与实践经验，可供有关部门指导我国陆相盆地不同成因砂岩型铀矿的勘查部署和科研工作。在欧亚成矿带上，其他国家对砂岩型铀矿的勘查与研究基本处于停滞状态，而中国境内却捷报频传，理论知识不断加深，应运而生的这五部专著不仅具有鲜明的地域特色和类型特征，而且必将成为欧亚成矿带东段铀矿地质特征与成矿规律的重要补充，因而具有丰富世界砂岩型铀矿理论，供国内外同行借鉴、对比、交流和参考的重要意义。尤其值得肯定的是，面对陆相盆地不同成因砂岩型铀矿而采取的有效勘查部署和研究思路，以及分别总结的找矿标志、成矿规律和勘查模式具有科学性和先进性。

综上所述，系列专著的编撰出版，丰富了世界砂岩型铀矿理论，对于指导我国不同地区类似铀矿勘查具有重要意义。

本书前言

鄂尔多斯盆地、二连盆地和巴音戈壁盆地位于内蒙古自治区中西部，是我国重要的含能源盆地，蕴含着丰富的石油、天然气、煤炭和铀资源。

为了寻找埋藏浅、规模大、经济易采的砂岩型铀矿床，根据中国核工业地质局寻找地浸砂岩型铀矿的战略部署，核工业二〇八大队从2000年开始，陆续系统开展了鄂尔多斯盆地、二连盆地和巴音戈壁盆地的砂岩型铀矿研究与预测评价、勘查等工作。在充分收集煤田、石油等部门地质资料的基础上，以水成铀矿理论为指导，综合上述盆地砂岩型铀成矿地质条件，并与中亚、美国及我国新疆等产铀盆地的"层间氧化带型"和俄罗斯"古河道型"等砂岩型铀矿床进行对比，创新了"古层间氧化带型"和"古河谷型"等砂岩型铀成矿理论，转变了找矿思路，打破了"次造山带控矿理论""层间渗入型成矿理论"和"卷型水成铀矿理论"等传统水成铀矿理论的束缚，实现了重大找矿突破。

通过对鄂尔多斯盆地构造演化特点的综合分析发现：①盆地北部伊陕斜坡区中生代构造的相对稳定性和继承性为砂岩型铀成矿奠定了有利构造背景，中—晚侏罗世区域隆升、掀斜等重大地质事件对铀成矿具有的重要控制作用，该盆地铀成矿构造背景与世界上其他产铀盆地有着明显的不同；②鄂尔多斯盆地在不同的构造演化阶段具有不同的水文地质特征，在盆地地台阶段中侏罗世晚期—白垩纪古水动力环境表现出层间渗入的特点，但是在古近纪随着河套断陷的发育终止了大规模含氧含铀流体的注入，这与世界上其他产铀盆地有明显的区别；③鄂尔多斯盆地石油、天然气和煤层等产生的烃类流体的二次还原作用对铀的富集起到了关键作用，并对成矿期岩石地球化学环境进行了还原改造，是盆地北部铀储层中主要地球化学作用类型之一，具有很强的特殊性，由此提出了新的岩石地球化学找矿标志和"古层间氧化带型"铀成矿模式。

通过对二连盆地砂岩型铀矿床的构造-地层学背景及多幕裂陷作用下沉积充填演化史的系统研究，认为盆地为夹持于隆起间的"碎盆群"，既不同于中亚地台上的大型盆地，也不同于美国科罗拉多高原上的山间盆地，更不同于我国伊犁、松辽和鄂尔多斯等中新生代沉积盆地，断拗转换阶段为古河谷形成和大规模骨架砂体（铀储层）发育奠定了有利构造背景，后期构造反转促进了含氧含铀水的渗入作用，由此建立了"古河谷型"砂岩铀成矿模式。通过对二连盆地努和廷铀矿床新一轮的评价研究，认为该矿床形成于湖泊扩展体系域，其成矿与湖泊扩展事件密切相关，建立了"同沉积泥岩型"铀成矿模式，有效指导了新一轮的勘查和外围评价工作，使该矿床成为我国第一个超大型铀矿床。

巴音戈壁盆地所处大地构造背景和形成机制较为复杂，与我国其他中新生代沉积盆地存在明显的区别。研究认为"层间渗入型"砂岩铀矿床是该盆地的重点找矿类型，但与我国其他砂岩型铀矿床不同的是：①该盆地扇三角洲砂体为铀富集成矿的有利载体；②矿床形成受到了中—低温热流体的叠加改造作用，由此建立了"同生沉积-层间氧化-后期热液叠加改造"复成因铀成矿模式。

在上述铀成矿理论的指导下，经过近20年的勘查研究，取得了我国铀矿找矿的重大突破，控制和提交铀资源量××万吨。在鄂尔多斯盆地，以"古层间氧化带型"砂岩铀成矿理论为指导，以绿色与灰色砂岩地球化学界面为直接找矿标志，从2000年开始先后发现和落实了皂火壕特大型、纳岭沟特大型、磁窑堡中型[①]、大营超大型和巴音青格利大型等一批砂岩铀矿床，以及柴登壕大型铀矿产地和乌定布拉格铀矿产地，已完成了皂火壕和纳岭沟铀矿床详查、大营和磁窑堡铀矿床普查，柴登壕铀矿产地和巴音青格利铀矿床正在开展普查，落实为鄂尔多斯盆地东胜铀矿田。在二连盆地，以“古河谷型”砂岩铀成矿理论为指导，从2003年开始先后发现和落实了巴彦乌拉大型、赛汉高毕小型和哈达图大型等砂岩铀矿床及乔尔古等砂岩铀矿产地，已完成了巴彦乌拉铀矿床详查、赛汉高毕铀矿床普查，哈达图铀矿床正在开展普查，落实为二连盆地巴彦乌拉铀矿田。以“同沉积泥岩型”铀成矿理论为指导，从2006年开始将努和廷铀矿床扩大和落实为超大型（3·5指标[②]），已完成了详查，落实为二连盆地努和廷铀矿田。在巴音戈壁盆地，以“同生沉积-层间氧化-后期热液叠加改造”铀成矿理论为指导，从2003年开始发现和落实了塔木素特大型砂岩铀矿床和本巴图砂岩铀矿产地，塔木素铀矿床已完成了普查和局部详查，落实为巴音戈壁铀矿田。

鄂尔多斯盆地纳岭沟大型铀矿床取得了“CO_2+O_2”浸出工艺的重大突破，并已开始工业化试采，二连盆地巴彦乌拉特大型铀矿床取得了“酸法”浸出工艺的成功，并已开展工业化生产的试运行，为鄂尔多斯盆地和二连盆地铀资源开发起到了很好的示范与推动作用。中国核工业集团有限公司（简称中核集团）已将鄂尔多斯盆地和二连盆地确立为我国重要的大型铀资源基地，其中鄂尔多斯盆地是我国首个十万吨以上的铀资源基地。

鄂尔多斯盆地、二连盆地和巴音戈壁盆地砂岩型铀矿理论创新、找矿重大突破和开发实践表明，提出的“古层间氧化带型”“古河谷型”和“同沉积泥岩型”等铀成矿理论是对传统水成铀矿理论的发展和升华，有效地指导了这些地区铀矿找矿，对我国北方其他中新生代沉积盆地铀矿找矿也具有很好的借鉴作用，其中“古层间氧化带型”和“古河谷型”砂岩铀矿床应为砂岩型铀矿床新类型。上述盆地具备砂岩型铀成矿的地质条件，具有良好的找矿前景，不仅是我国重要的煤炭、石油、天然气等能源基地，而且是我国重要的铀资源生产基地，对满足我国铀资源的需求具有重要意义。

在近20多年的铀矿勘查研究工作中，与中国地质大学（武汉）合作成立了铀矿研究与勘查的“产、学、研”基地。由中国地质大学（武汉）盆地铀资源研究团队负责，进一步开展了鄂尔多斯盆地、二连盆地和巴音戈壁盆地砂岩型铀成矿沉积体系的系统研究，从铀储层沉积学的新颖角度进一步完善了上述提出的砂岩型铀成矿理论与成矿模式，有效地指导了铀矿勘查工作。由中国地质大学（武汉）负责对核工业二〇八大队进行人才队伍的培养，共培养博士研究生5名，硕士研究生33名以及一批本科生，提升了人才队伍的思想素质和技术水平，相信在未来的铀矿地质工作中能为我国国防和核电发展做出新的贡献。

上述成果的取得是集体智慧的结晶。近20年来，从事内蒙古中西部三大盆地铀矿勘查和研究的人员不计其数，积累的地质资料也成千上万，笔者仅从有限的方面进行了总结，并在目录中列出了各章节的主要执笔人和完成人，作者衷心感谢为此项成果做出贡献的每一位劳动者，同时也衷心感谢中国核工业地质局原总工程师张金带、原副局长陈跃辉、总工程师李有良、原总工程师郑大瑜和中国地质大学（武汉）李思田教授的长期关心和指导，感谢核工业北京地质研究院李子颖院长、秦明宽总工程师、东华理工大学聂逢君教授等开展的研究工作，感谢核工业二〇八大队张如良、于恒旭、陈法正、徐建章、冯进珍、刘文军等同志做出的贡献。

彭云彪

2018年10月

---

①磁窑堡铀矿床位于鄂尔多斯盆地西部，虽然隶属宁夏回族自治区，但由于其赋矿层位和矿床类型与东胜铀矿田一致，而且统一勘查的实施单位是核工业二〇八大队，因此为便于对比研究，特将其纳入本书。

②3·5指标出自《铀矿地质勘查规范》（DZ/T 0199—2015）。

目 录

第一章　研究历史与勘查实践

内蒙古自治区矿产资源丰富，是我国重要的矿产资源大省。位于中西部的鄂尔多斯盆地、二连盆地和巴音戈壁盆地赋存着丰富的盆地铀资源，是我国最重要的三大产铀盆地。围绕铀矿勘查，由校企联合的研究团队，在充分继承前人勘查研究成果和认识的基础上，从盆地整体分析角度出发，充分运用铀矿地质学（水成铀矿）、铀储层沉积学等理论技术体系，系统开展区域铀成矿地质条件研究、关键控矿要素和找矿标志筛选，有步骤分阶段地实施了长达近20年的勘查研究实践，总结了系列铀成矿模式和实用勘查技术，创新性地丰富了铀成矿理论技术体系，发现了一批超大型、特大型、大型和中型等砂岩铀矿床，培养和锻炼了一支“产、学、研”相结合的高层次专业人才勘查队伍，促进了全国铀矿勘查事业的发展。

第一节　已往勘查与研究简史

中华人民共和国成立以来，铀矿地质工作者很早就在鄂尔多斯盆地、二连盆地和巴音戈壁盆地开展了艰难的探索求证工作，前人铀矿找矿工作大致可分为“就点找矿”和“模式找矿”两个阶段。

一、鄂尔多斯盆地

第一阶段为“就点找矿”阶段。1960—1961年，地质矿产部内蒙古第三普查大队在皂火壕地区进行了地表放射性地质调查，发现了多个地表矿化点和异常点。1984年，核工业西北地质局二〇八大队在东胜地区进行了铀成矿地质条件综合研究，在盆地内部开展了地面放射性调查，并进行了浅部揭露，发现了一批地表铀矿点和铀矿化点（如神山沟地区），但规模小，找矿效果不明显。

第二阶段为“模式找矿”阶段。1993—1997年，从20世纪90年代初开始，因“层间氧化带型”砂岩铀矿床具有埋藏浅、规模大、经济易采的特点，并随着苏联、美国等国家地浸开采技术的日渐成熟，“层间氧化带型”砂岩铀矿床成为世界各国的重点找矿类型。以苏联提出的“次造山带控矿理论”“层间渗入成矿理论”和美国提出的“卷型水成铀矿理论”为指导，包括核工业二〇八大队在内的原核工业西北地勘局所属部分单位在收集大量水文、煤田及石油等部门钻孔资料的基础上，开展了鄂尔多斯盆地“层间氧化带型”砂岩铀矿床成矿条件研究和远景预测，选定鄂尔多斯盆地西部下白垩统志丹群华池组—环河组为主要找矿目的层，在毛盖图地区开展了铀矿资源调查评价，圈定找矿靶区一处，但未能取得进一步的找矿突破。

上述研究与勘查工作受传统“层间氧化带型”砂岩水成铀矿理论的束缚，没有充分认识到鄂尔多斯盆地下伏油气和煤层气对岩石地球化学环境的改造作用、在中生代地台发育阶段具备层间水渗入条件的古水动力环境等，初步认为鄂尔多斯盆地层间氧化作用不发育，属于"外泄型"盆地，不具备"层间氧化带型"砂岩铀矿形成的岩石地球化学条件和水动力条件。

二、二连盆地

第一阶段为"就点找矿"阶段。在20世纪80—90年代，核工业二〇八大队按"就点找矿"的思路，在二连盆地对已发现的航放异常点开展了活性炭、^{210}Po等地面放射性方法查证，于1981—1985年在额仁淖尔地区脑木根组发现并落实了查干小型矿床；1986年在额仁淖尔地区二连达布苏组发现和落实了苏崩中型矿床。

第二阶段为"模式找矿"阶段。1989年中国核工业地质局在核工业二〇八大队组织召开了由核工业西北地勘局、核工业东北地勘局、核工业北京地质研究院等单位的地质专家参加的二连盆地铀矿找矿论证会，该会议确定了今后在二连盆地以寻找"层间氧化带型"砂岩铀矿为主，并在次年由核工业二〇八大队主持编制了《内蒙古二连盆地铀矿找矿及原地浸出采铀试验五年规划》。

1990年，核工业二〇八大队按照寻找区域"层间氧化带型"砂岩铀矿的思路开展工作，采用大间距、大剖面钻探方法在铀异常晕复合区内施工了7个钻孔，其中5个为工业矿孔，发现了努和廷铀矿床，认为该矿床为"层间氧化带型"砂岩铀矿床，1991—1996年进一步勘查并按地浸砂岩型一般工业指标圈定了矿体，铀资源规模达到了大型。几年间在努和廷铀矿床共施工完成钻孔225个，其中专门水文地质孔13个(组)，共完成钻探工作量26 000m。

1992—1993年，核工业二〇八大队与核工业二〇三研究所、乌兹别克红色丘陵地质联合体专家合作开展地浸试验选段工作，认为努和廷铀矿床为不适宜地浸的水文地质区，地浸开采存在很多不利因素，用地浸法采铀尚不成熟。由于该矿床地浸开采试验不成功，加之受当时地勘投入急剧下降等因素的影响，按当时经济技术指标努和廷铀矿床只能作为"呆矿"处理，所以在1997—2005年勘查工作中断。在此期间，二连盆地的综合研究并没有停滞，其中对努和廷铀矿床成因没有形成一个统一的认识，核工业科研和生产单位相继提出了包括"双向物源、双向汇水、双向成矿""古潜水氧化、后层间氧化、双成因成矿""沉积-成岩、油气作用与表生改造""同生沉积后生改造""层间氧化带型""潜水-层间氧化带加油气还原地球化学垒成矿""就油找矿""古河道-冲洪积扇(群)找矿"等观点，但均不能很好地解释努和廷铀矿床的成因。

为了进一步寻找可地浸砂岩型铀矿床，1996—2001年，以苏联"基底古河道型"砂岩水成铀矿理论为指导，核工业二〇八大队在二连盆地开展了可地浸砂岩型铀矿成矿水文地质条件研究及编图、构造物探研究及编图、地浸砂岩型铀矿专题调研、电法资料整理解译等项目，中俄合作开展了二连盆地砂岩型铀成矿环境预测，系统了解了盆地构造格架、地层结构及目的层的发育特征，且在全盆地按"基底古河道型"砂岩铀矿预测准则圈出了一批成矿远景区，并开展了相应的铀矿调查工作，发现了巴彦塔拉铀矿点，但还没有取得进一步的找矿突破。

上述研究与勘查工作仍受传统"层间氧化带型"砂岩水成铀矿理论的束缚，没有充分认识到二连盆地为夹持于隆起间的"碎盆群"，盆地基底结构对沉积盖层具有十分明显的凹凸制约性，不利于层间氧化带的发育；没有认识到盆地古河谷形成和大规模骨架砂体发育的有利构造背景，没有取得砂岩型铀矿床找矿突破。但是，根据电法资料整理解译，分别在巴彦乌拉、赛汉高毕等地段圈出了隐伏砂体，为后期盆地内古河谷砂体的发现提供了重要依据。

三、巴音戈壁盆地

第一阶段为"就点找矿"阶段。20世纪50—60年代,内蒙古自治区第三地质大队、宁夏回族自治区第三地质大队、二机部西北一八二大队、核工业航测遥感中心和地质矿产部一〇二队、九〇一航测队在盆地东部地区进行了以沉积岩为主的普查找矿,开展了第一轮地面伽马和航空放射性测量工作。

第二阶段为"模式找矿"阶段。20世纪90年代至2001年,以"层间氧化带型"砂岩水成铀矿理论为指导,核工业西北地质局二一七大队先后对苏红图、测老庙等地区开展了铀成矿条件研究,之后开展了整个盆地可地浸砂岩型铀矿选区(1∶50万)工作。核工业二〇三研究所先后开展了苏红图—测老庙地区铀矿遥感地质调查、乌力吉-乌后旗中新生代盆地砂岩型铀矿资源评价、苏红图地区特殊类型层间氧化带(碎裂玄武岩型)铀成矿远景及地浸条件研究等工作。核工业二〇八大队先后开展了构造物探研究及编图(1∶50万)、可地浸砂岩铀矿成矿水文地质条件研究及编图(1∶50万)等工作。核工业二〇八大队、核工业二三〇研究所、核工业二七〇研究所对整个盆地开展了1∶25万铀矿区域地质调查工作,对盆地进行了较为系统的资料综合分析与研究,划分了多个砂岩型铀成矿远景区段。同时,核工业西北地质局二一七大队发现了804、817、823、826、601、3160、3098等一批铀异常点和矿化点,以及测老庙地区的7022、67148、7050、505等小型铀矿床,核工业二〇八大队在本巴图地区发现了大量的铀矿化异常点。

不难看出,不论是研究工作还是勘查工作都主要集中在盆地中东部,盆地西部铀矿勘查研究工作涉及很少,特别是在塔木素地区,铀矿研究与勘查工作基本为零。但是,在1995—2001年由核工业二〇八大队完成的构造物探研究与编图、水文地质研究与编图项目,圈定了一批砂岩型铀成矿远景区,也为后期巴音戈壁盆地的铀矿勘查和塔木素特大型铀矿床的发现提供了充分的地质依据。

综上所述,前人虽然较早地进行了铀矿找矿与研究工作,但受"次造山带控矿理论""层间渗入型成矿理论""卷型水成铀矿理论"和"古河道型"砂岩铀矿等传统水成铀矿理论的束缚,没有认识到鄂尔多斯盆地、二连盆地和巴音戈壁盆地构造背景及砂岩型铀成矿条件的特殊性,没有取得砂岩铀矿理论创新与找矿重大突破。但是,前人工作为我们后期近20年的砂岩型铀矿预测研究和勘查工作积累了丰富的地质资料及宝贵的找矿经验。

第二节 本次勘查与研究简史

自2000年核地质队伍属地化改革以来,在中国核工业地质局的统一部署下,可地浸砂岩型铀矿床确定为我国的主要找矿类型,北方中新生代沉积盆地成为铀矿地质工作的主战场。其中,由核工业二〇八大队负责鄂尔多斯盆地北部、二连盆地和巴音戈壁盆地砂岩型铀矿床预测评价研究与勘查工作。同时,中国地质大学(武汉)、核工业北京地质研究院、东华理工大学开展了一系列的科研工作。

一、鄂尔多斯盆地

鄂尔多斯盆地是较为稳定、完整的大型盆地构造单元,是中生代发育起来的大型内陆坳陷盆地。为了寻找大型"层间氧化带型"砂岩铀矿床,从2000年开始核工业二〇八大队再次选定以鄂尔多斯盆地为研究对象,开展了鄂尔多斯盆地北部内蒙古东胜地区砂岩型铀矿预测评价研究,在广泛收集了石油和煤田等部门的钻孔资料及部分基础地质资料的基础上,进行了综合研究及系列编图,深入分析了盆地地质构造和沉积演化规律。

首次提出了鄂尔多斯盆地在河套等周边断陷形成以前为一个具有完整地下水补、径、排系统的渗入型盆地，盆地北部中侏罗统直罗组具备形成层间氧化带砂岩型铀矿床的构造、岩性、岩相及岩石地球化学等条件；创新性地提出了由于后期石油、天然气和煤层气对古层间氧化带的后生还原改造作用，使早期形成的红色或黄色氧化岩石还原为现在的绿色岩石，绿色岩石的尖灭部位就是古层间氧化带前锋线的部位，“绿色与灰色砂岩过渡部位”为新的找矿岩石地球化学标志；创新性地提出了“古层间氧化带型”砂岩铀成矿理论及成矿模式，并在中侏罗统直罗组下段砂体中预测了由东向西孙家梁—沙沙圪台—皂火壕—大成梁—纳岭沟—杭东（大营）一条规模巨大的古层间氧化带前锋线。

2000年9月，为了对层间氧化带前锋线的含矿性进行初步探索，在其中的孙家梁—沙沙圪台—皂火壕一带，沿“前锋线”两侧进行了钻探查证，完成钻探工作量1300m，施工钻孔8个，发现工业铀矿孔2个，铀矿化孔4个。在上述工作基础上，相继在盆地北东部皂火壕地区开展了1∶25万铀资源区域评价、普查和详查等工作。

2001—2002年，为尽快评价孙家梁—沙沙圪台—皂火壕一带砂岩型铀资源的成矿潜力，落实可供普查的铀矿产地，核工业二〇八大队承担了中国核工业地质局下达的“内蒙古东胜地区1∶25万铀矿资源评价”项目，采用“区域潜力评价与局部解剖相结合、成矿环境评价与总结规律相结合”的技术思路，在鄂尔多斯盆地东胜地区开展了1∶25万铀矿资源评价，通过大间距钻探查证与有利地段加密解剖，落实了孙家梁、沙沙圪台和皂火壕3个成矿有利地段。施工钻孔127个，发现工业铀矿孔55个，铀矿化孔45个，落实可供普查的大型砂岩铀矿产地1处，在其中的孙家梁地段A0—A3线按200m×100m的工程间距提交了首采段，基本控制了孙家梁—沙沙圪台—皂火壕一带的中侏罗统直罗组的砂体规模及区域层间氧化带前锋线的展布特征。

2003—2011年，因矿床规模大，东西跨度长，为大致查明矿床的地质特征，落实铀资源量，按照“逐年分段普查、控制矿带、扩大外围、落实资源”的勘查部署思路，核工业二〇八大队先后承担了由中国核工业地质局下达的“内蒙古鄂尔多斯市皂火壕地区铀矿普查”“内蒙古鄂尔多斯市皂火壕—沙沙圪台地区铀矿普查”及“内蒙古鄂尔多斯市皂火壕铀矿床及外围普查”等项目，对皂火壕铀矿床孙家梁、沙沙圪台、皂火壕铀成矿地段分年度进行了普查，同时，对矿床外围铀成矿环境进行了探索，将皂火壕铀矿床落实为我国第一个特大型砂岩型铀矿床。

2007—2010年，为进一步查明矿床的地质特征，落实铀资源量，为矿床的开发提供依据，核工业二〇八大队先后承担了由中国核工业地质局下达的“内蒙古鄂尔多斯市皂火壕铀矿床孙家梁A0—A7线详查”“内蒙古鄂尔多斯市皂火壕铀矿床孙家梁地段A9—A23线详查”及“内蒙古鄂尔多斯市皂火壕铀矿床沙沙圪台地段A27—A79线详查”等项目，按照“矿体控制、分段加密、落实资源”的技术思路，进一步扩大了皂火壕铀矿床铀资源规模，提交(332+333)铀资源量×万吨，铀资源量达特大型矿床规模，并进一步完善了“古层间氧化带型”砂岩铀成矿理论及成矿模式。

随着皂火壕特大型砂岩铀矿床的发现和落实，同时开展了沿着古层间氧化带前锋线由东至西的勘查工作，陆续又发现和落实了纳岭沟特大型、大营超大型和巴音青格利大型等一批砂岩铀矿床，以及柴登壕和乌定布拉格等砂岩铀矿产地。

2005年选取位于区域层间氧化带前锋线的呼斯梁地区为靶区，开展了由中国地质调查局下达的“鄂尔多斯盆地北部地浸砂岩型铀资源调查评价”项目，在大成梁-纳岭沟-杭东（大营）古层间氧化带前锋线纳岭沟地区发现了工业铀矿化。2006—2015年，完成了由中国核工业地质局下达的纳岭沟地区区域评价、预查、普查和详查等研究与勘查项目，落实了鄂尔多斯盆地第二个特大型砂岩铀矿床——纳岭沟铀矿床。

2008—2017年,完成了由中国核工业地质局下达的鄂尔多斯盆地北部柴登壕地区的铀矿区域评价、预查和普查等研究与勘查项目,完成了由国土资源部中央地质勘查基金管理中心下达的宝贝沟地段铀矿普查项目,在大成梁-纳岭沟古层间氧化带发现和落实了柴登壕大型铀矿产地。

2009—2011年,国土资源部中央地质勘查基金管理中心在开展"东胜煤田杭东、车家渠-五连寨子煤炭勘查"项目的同时,核工业二〇八大队完成了由中央地质勘查基金管理中心下达的"内蒙古东胜煤田杭东、车家渠-五连寨子勘查区放射性矿产调查评价"项目,在纳岭沟-杭东(大营)古层间氧化带前锋线的大营地区发现工业铀矿孔16个。2011年9月—2012年12月,完成了由中央地质勘查基金管理中心下达的"内蒙古杭锦旗大营矿区铀矿预、普查"项目,落实了大营超大型铀矿床,也是我国唯一的超大型砂岩铀矿。

2013年至今,完成了中国核工业地质局下达的"内蒙古鄂尔多斯盆地东北部铀矿资调查评价与勘查"项目,纳岭沟-杭东(大营)古层间氧化带前锋线西延方向发现和落实了巴音青格利大型铀矿床。同时,还发现了新胜、苏台庙等多处铀矿产地和一批铀成矿潜力较好的找矿靶区与远景区。

2002年,鉴于鄂尔多斯盆地北部皂火壕铀矿床的发现,为了进一步扩大鄂尔多斯盆地铀矿找矿成果,根据盆地西缘的中侏罗统直罗组和延安组又具有埋藏较浅的特点,核工业二〇八大队通过系统收集盆地西缘基础地质资料和钻孔资料,承担了中国核工业地质局下达的"鄂尔多斯盆地北部磁窑堡地区铀成矿条件研究及编图"项目,进一步确定了磁窑堡地区找矿目标层为中侏罗统延安组和直罗组,并创新性地提出了鄂尔多斯盆地西缘构造逆冲带在晚侏罗世燕山运动的强烈逆冲和褶皱作用,造成长期的沉积间断并对直罗组长期的剥蚀作用,使含氧含铀水沿背斜核部的剥露区下渗形成层间氧化带和铀的富集成矿,突破了活动构造带找矿的禁区,建立了盆地逆冲断裂带磁窑堡砂岩型铀成矿模式,由此分别在延安组下段、中上段砂体和直罗组下岩段砂体内圈定了层间氧化带前锋线。2005—2011年完成了由中国核工业地质局下达的鄂尔多斯盆地西缘银东地区区域评价、预查和普查等研究与勘查项目,发现和落实了磁窑堡中型铀矿床。

期间,还完成了中国地质调查局下达的"内蒙古鄂尔多斯呼斯梁-布连滩地区铀矿调查评价"(2010—2014年)、"鄂尔多斯盆地西北缘铀矿调查评价"(2011—2012年)、"鄂尔多斯盆地东北部砂岩型铀矿整装勘察"(2011—2018年)、"内蒙古鄂尔多斯市乌定布拉格地区铀矿地质调查"(2013—2014年)、"内蒙古鄂尔多斯盆地新街-红石峡地区铀矿资源远景调查"(2015—2017年)、"内蒙古鄂尔多斯市库计沟地区铀矿地质调查"(2015—2017年)、"内蒙古鄂尔多斯盆地巴音乌素地区铀矿资源调查评价"(2018年)等项目。

通过上述工作,核工业二〇八大队在鄂尔多斯盆地北部发现了一批"古层间氧化带型"砂岩铀矿床,应属砂岩铀矿床新类型,落实了我国首个十万吨级铀资源基地。其中,纳岭沟特大型铀矿床已完成了地浸开采的扩大试验,取得了"CO_2+O_2"的良好地浸效果。

自2000年皂火壕铀矿床发现以来,以核工业二〇八大队、中国地质大学(武汉)、核工业北京地质研究院为主体,针对鄂尔多斯盆地北部铀成矿机理、成矿模式和预测评价技术等开展了进一步的研究,促进了鄂尔多斯盆地北部铀矿勘查成果的进一步扩大和古层间氧化带铀成矿模式的进一步完善。

自2001年开始,中国地质大学(武汉)盆地铀资源研究团队从铀储层沉积学角度,对鄂尔多斯盆地东胜铀矿田进行了近20年的不间断研究,主持完成了中国核工业地质局高校攻关项目7项、国家自然科学基金项目2项、国家重点基础研究发展计划(973计划)项目专题3项、中央地质勘查基金专题研究项目2项。主要成果在于:①构建了侏罗纪含煤-含铀岩系等时地层格架,将直罗组划分为3个体系域,指出低位体系域中的两个小层序组(即上、下亚段)是主要的含矿层位;②通过10余年追踪和精细的沉积学编图研究,首次揭示了全盆地直罗组铀储层砂体的空间分布规律,指出鄂尔多斯盆地存在4个大型物源-朵体，无论是铀储层发育还是铀成矿系统均以物源-朵体为单位，其中东胜铀矿田隶属于阴山物源-沉积朵体(面积达 1.6 万 km^2)，矿化作用最为活跃；③重建了阴山物源-沉积朵体的沉积体系域，指出直罗组下段下亚段为辫状河-辫状河三角洲沉积体系，而上亚段为曲流河-(曲流河)三角洲沉积体系；④结合对铀储层砂体的内部结构分析(非均质性)、沉积体系成因解释和岩石地球化学类型研究，在铀储层内部定量地定位预测了古层间氧化带空间分布规律，揭示了沉积作用特别是铀储层非均质性制约下的铀成矿机理；⑤提出了"铀储层"的概念，找到了沉积学服务于盆地铀资源勘查预测的关键切入点，率先出版了《铀储层沉积学》专著，总结了一套实用的铀储层-层间氧化带-铀矿化空间定位预测理论技术体系；⑥进一步总结了"微弱聚煤作用制约下的'古层间氧化带型'铀成矿模式""双重还原介质联合制矿模型""双重铀源供给模型"及"东胜铀矿田区域铀成矿模式"。完成的相关科研项目主要有 4 个资助渠道：①中国核工业地质局高校铀矿地质科研项目，主要包括"鄂尔多斯盆地东北部直罗组底部砂体分布规律及铀成矿信息调查"(2002 年)、"鄂尔多斯盆地东北部侏罗系含铀目标层层序地层与沉积体系分析"(2003—2005 年)、"鄂尔多斯盆地西部直罗组和延安组沉积体系分析"(2006—2007 年)、"鄂尔多斯盆地铀储层预测评价研究"(2008—2010 年)、"鄂尔多斯盆地东北部阴山物源-沉积体系重建及与铀成矿关系研究"(2011—2013 年)、"鄂尔多斯盆地北部铀储层结构和层间氧化带精细解剖"(2014—2015 年)和"鄂尔多斯盆地北部铀储层非均质性建模研究"(2016—2017 年)；②国家自然科学基金项目，主要包括"铀储层非均质性制约下的成矿流体动力机制(编号 40772072)"(2008—2010 年)和"鄂尔多斯盆地古地貌变迁与东胜铀成矿过程(编号 40802023)"(2009—2011 年)；③国家重点基础研究发展计划(973 计划)项目专题，主要包括"侏罗系含煤岩系-铀储层特征及其与铀成矿关系(2003CB214603)"(2007—2010 年)、"鄂尔多斯盆地直罗组铀储层中煤屑特征及其来源研究(2015CB453003)"(2015—2016 年)、"中国北方典型含铀盆地铀储层中碳质碎屑成因及其与铀成矿的关系(2015CB453003)"(2017—2019 年)；④中央地质勘查基金专题研究项目，主要包括"内蒙古自治区杭锦旗大营铀矿成矿规律与预测研究(2008150013)"(2011—2012 年)、"内蒙古自治区杭锦旗大营铀矿西段铀成矿规律与预测研究(2013150011)"(2013—2015 年)。

2005 年，由核工业北京地质研究院和核工业二〇八大队负责，会同中山大学、中国地质大学(武汉)、东华理工大学，完成并提交了"鄂尔多斯盆地北部地浸砂岩型铀矿时空定位和找矿机理研究"项目报告，该项目从构造、建造、改造、矿化、规律等方面进行了深入研究。核工业北京地质研究院负责开展了"鄂尔多斯盆地北部地浸砂岩型铀矿时空定位和成矿机理研究"(2002—2005 年)、"鄂尔多斯盆地地浸砂岩铀矿评价技术及应用研究"(2003—2006 年)、"基于 GIS 的鄂尔多斯盆地东北部砂岩型铀矿预测评价技术"(2006—2009 年)、"东胜基地铀矿资源扩大与评价技术研究"(2010—2014 年)、"典型产铀盆地成矿机理与成矿模式研究"(2015—2019 年)、"鄂尔多斯盆地北部砂岩型铀矿关键因素识别与靶区优选"(2016—2019 年)等科研项目，对区域成矿地质条件和成矿机理进行了研究，总结了砂岩型铀矿预测评价技术和"叠合铀成矿模式"。

二、二连盆地

由于在 20 世纪 90 年代以"层间氧化带型"砂岩铀矿理论为指导，发现的努和廷铀矿床不具备地浸开采的条件，以"基底古河道型"砂岩铀矿理论为指导也没有取得突破性找矿成果，如何在二连盆地寻找可地浸砂岩型铀矿床是摆在我们面前的迫切任务。

2002—2003 年，核工业二〇八大队为了寻找可地浸砂岩铀矿床，进一步深入研究了二连盆地"碎盆群"断拗转换的铀成矿构造背景，并对马尼特坳陷和乌兰察布坳陷前期电法资料进行了重新解译，大致圈定了下白垩统赛汉塔拉组(K_1s)上段砂体的分布范围,由此提出了盆地断拗转换为古河谷形成和大规模骨架砂体发育的有利构造背景,赛汉塔拉组沉积期后构造反转和抬升控制了含氧含铀水的渗入和铀矿床的形成,进一步建立了"古河谷型"砂岩铀成矿模式。在找矿思路上抓住了"次级凹陷、古河谷、氧化还原带、砂体还原障"等关键因素,跳出了"层间氧化带型"和"基底古河道型"砂岩铀矿床的找矿模式。勘查思路上改变了传统从"盆缘向盆内"的思路,而从"凹陷中心部位"展开,采用大间距、大剖面钻探工作手段,完成了中国核工业地质局下达的"二连盆地地浸砂岩型铀资源调查评价"等项目,2002年在巴彦乌拉施工4个钻孔,在赛汉高毕施工3个钻孔,分别确认两地区在埋深50～100m以下存在厚度50～200m的赛汉塔拉组上段古河谷砂体,其上叠加有后生黄色蚀变,并发现了铀矿化。2003年施工了50个钻孔,新发现9个工业铀矿孔,铀矿化形成与氧化带有关,并大致圈定了赛汉塔拉组上段古河谷砂体分布范围,预测了赛汉高毕和巴彦乌拉地区两个Ⅰ级找矿靶区,在二连盆地实现了砂岩型铀矿找矿的历史性突破,由此确定了赛汉塔拉组上段"古河谷型"砂岩铀矿是二连盆地主要的找矿类型。

2004—2005年,核工业二〇八大队承担了中国核工业地质局下达的"内蒙古二连盆地赛汉高毕—巴彦乌拉地区铀矿预查"项目,开展了赛汉高毕—巴彦乌拉地区铀矿预查。在赛汉高毕以南的塔木钦地段,巴彦乌拉东西两侧的巴润、白音塔拉地段控制了赛汉塔拉组上段古河谷砂体和工业铀矿化,进一步圈定了古河谷砂体及氧化带的分布范围,新发现25个工业铀矿孔、54个矿化孔,受潜水氧化带或潜水-层间氧化带的控制。进一步落实了巴彦乌拉地区B255～B415线、赛汉高毕地区T31—T96线、S95—S96线可供普查的铀矿产地,达到了近万吨级铀资源规模。

2006—2008年,核工业二〇八大队承担了中国核工业地质局下达的"内蒙古苏尼特左旗赛汉高毕—巴彦乌拉地区铀矿普查"项目,开展了赛汉高毕—巴彦乌拉地区铀矿普查,落实了巴彦乌拉(B415—B255线)中型铀矿床和赛汉高毕小型铀矿床,提交巴润、白音塔拉等找矿靶区及古托勒、塔木钦等远景区,初步建立了"古河谷型"砂岩铀成矿模式。同时,核工业二〇八大队承担了中国地质调查局下达的"内蒙古二连盆地中东部地区地浸砂岩型铀资源调查评价"(2007—2010年)和中国核工业地质局下达的"内蒙古二连盆地马尼特坳陷及周边铀资源区域评价"项目,进一步扩大了巴彦乌拉-赛汉高毕-齐哈日格图古河谷砂体和氧化带的展布范围及铀矿化规模。

2009—2015年,核工业二〇八大队承担了中国核工业地质局下达的巴彦乌拉铀矿床及外围普查、详查等项目,铀资源量达到大型规模,并进一步控制了赛汉塔拉组上段古河谷砂体展布范围及铀矿化。赛汉塔拉组上段古河谷砂体南起齐哈日格图以南,向北、北东经塔木钦、古托勒、芒来、巴润、巴彦乌拉、白音塔拉至那仁宝力格地段,总长度达300km。在古河谷的上、中、下游相继发现了巴润矿产地,乔尔古、芒来、白音塔拉、那仁宝力格等铀矿点,使巴彦乌拉铀矿床资源量接近特大型规模。

在开展赛汉高毕地区和巴彦乌拉地区铀矿勘查的同时,2007年至现在,开展并完成了由中国核工业地质局下达的"内蒙古二连盆地中东部古河谷砂岩型铀资源区域评价"项目和"二连盆地铀矿整装勘查调查评价"等项目,重点对"古河谷型"砂岩铀矿床进行了预测评价与研究,进一步控制赛汉塔拉组古河谷砂体长达约350km,大大拓展了找矿空间,并发现了一批好的找矿线索。2011—2013年开展了"内蒙古二连盆地乌兰察布坳陷及周边铀资源区域评价"项目,在哈达图地段赛汉塔拉组上段古河谷砂体中发现了工业铀矿化,提交了哈达图铀矿产地;2014—2015年开展了"内蒙古二连浩特市哈达图地区铀矿预查"项目,发现了二连盆地最富的工业矿孔(单孔最高平米铀量①为63.77kg/m^2),初步推测出长约25km的主矿带,提交可供普查的铀矿产地;2016—2018年开展"内蒙古二连浩特市哈达图铀矿床F15—F128线普查"项目,落实了哈达图大型砂岩铀矿床,控制资源量接近特大型规模,还发现了乔尔古

①平米铀量出自《铀矿地质勘查规范》(DZ/T 0199—2015)。

等多处铀矿产地。

2006年，在对赛汉塔拉组上段古河谷砂体及铀矿化进行控制的同时，核工业二〇八大队对努和廷铀矿床重新进行了资料整理与评价，认为该矿床形成于晚白垩世湖泊扩展体系域的湖泛事件，应为“同沉积泥岩型”铀矿床，并由此转变了努和廷铀矿床的勘查与评价思路，由寻找“区域层间氧化带砂岩型”转变为寻找“沉积-成岩型”，由按“地浸开采”评价转变为“常规开采”评价。于是在2007—2011年开展了新一轮的矿床及外围的勘查与评价工作，大幅度扩大了矿床的铀资源规模，将努和廷铀矿床落实成为我国第一个超大型铀矿床(3·5指标)，提交332资源量×万吨，主矿体规模巨大，单矿体资源量就达到了超大型，占矿床总资源量的90.6%。

通过上述工作，核工业二〇八大队在二连盆地发现了一批“古河谷型”砂岩铀矿床，也应属砂岩铀矿床新类型，与努和廷矿床组成了二连盆地两个万吨级铀资源基地，其中巴彦乌拉大型铀矿床已完成了地浸开采的扩大试验，取得了良好的酸法浸出效果。

自2002年核工业二〇八大队发现“古河谷型”砂岩铀矿床以来，核工业二〇八大队、核工业北京地质研究院、中国地质大学(武汉)、东华理工大学等单位针对二连盆地铀成矿构造背景、控矿因素、成矿机理和预测评价技术等开展了进一步研究，为二连盆地北部铀矿勘查成果的进一步扩大和古河谷铀成矿模式的进一步完善发挥了重要作用。

核工业北京地质研究院和核工业二〇八大队负责完成了“二连盆地地浸砂岩型铀矿资源潜力综合评价”(2003—2005年)、“乌兰察布坳陷西部深部层位找矿预测”(2015—2016年)、“二连盆地中西部砂岩型铀矿成矿环境及远景调查评价”(2017—2019年)等科研项目，由核工业北京地质研究院负责完成了“二连盆地砂岩型铀矿资源潜力评价”(2008年)、“二连基地铀资源扩大与评价技术研究”(2013—2014年)、“二连盆地深部层位铀成矿关键地质问题研究与靶区优选”(2016—2018年)等科研项目，对二连盆地砂岩型铀矿成矿环境进行了深入分析，总结了盆地深部找矿关键地质问题，评价了砂岩型铀成矿潜力，调查了铀成矿远景区。

中国地质大学(武汉)与核工业二〇八大队合作完成了“二连盆地额仁淖尔凹陷泥岩型铀矿形成发育的沉积学背景研究”(2009年)科研项目，对产铀盆地的构造演化历史进行了深入研究，指出含铀层位产出于断陷盆地的裂后热沉降背景中，稳定的大地构造背景为“同沉积泥岩型”铀矿形成和发育奠定了坚实基础；建立了努和廷铀矿床含矿目的层二连达布苏组(K_2e)的等时地层格架，重建了沉积体系域并揭示了盆地充填演化历史；详细研究了沉积体系与铀成矿的关系，首次揭示了湖泊扩展事件对铀成矿的控制作用，提出了“同沉积泥岩型”铀矿的成矿模式。于2011年完成提交了“二连盆地腾格尔坳陷构造演化、沉积体系与铀成矿条件研究”项目成果报告。

东华理工大学开展了“内蒙古二连盆地努和廷泥岩型铀矿微观特征与成矿机理研究”(2010年)科研项目，研究了矿床铀矿物主要类型、赋存形式和后期蚀变特征、成矿机理等。由东华理工大学与核工业二〇八大队合作开展了“二连盆地铀成矿环境与控矿因素研究”(2004—2005年)科研项目，对赛汉高毕—巴彦乌拉地区赛汉塔拉组砂体的形成背景、地质特征、控矿因素、成矿机理进行了深入细致的研究。

核工业二〇八大队开展了“二连盆地中东部马尼特坳陷、乌兰察布下白垩统赛汉塔拉组沉积体系分析及其与铀成矿关系研究”(2009—2013年)科研项目，运用层序地层、沉积体系等理论，对地层进行了系统对比研究，建立了赛汉塔拉组等时地层格架，分析了赛汉塔拉组成因相，进一步完善了“古河谷型”砂岩铀矿成矿理论和成矿模式，为二连盆地“古河谷型”砂岩铀矿带的空间定位及研究提供了重要的理论依据。

通过上述研究工作，对二连盆地砂岩型铀矿床成因仍存在分歧，核工业二〇八大队和中国地质大学(武汉)认为是“古河谷型”砂岩铀矿床，核工业北京地质研究院和东华理工大学认为是“古河道型”砂岩铀矿床。

三、巴音戈壁盆地

核工业二〇八大队在鄂尔多斯盆地和二连盆地取得了砂岩型铀矿床的理论创新与重大找矿突破，开拓了找矿思路，积累了丰富的找矿经验，提升了技术人员的创新能力。2003—2005年，开展了中国地质调查局下达的“内蒙古巴音戈壁盆地地浸砂岩型铀资源调查评价”项目，同时开展了由中国核工业地质局下达的“内蒙古巴音戈壁盆地地浸砂岩型铀矿预测与成矿条件研究”项目，以水成铀矿理论为指导，准确预测了塔木素地区下白垩统巴音戈壁组上段层间氧化带前锋线的位置。通过钻探查证，首次在塔木素地区发现了砂岩型工业铀矿化，实现了巴音戈壁盆地砂岩铀矿找矿零的突破，开辟了新的找矿领域，落实了塔木素中型铀矿产地。另外，在本巴图地区巴音戈壁组上段也发现了铀矿化线索。

2006年至今，完成了中国核工业地质局下达的“内蒙古巴音戈壁盆地塔木素地区铀矿区域评价(预查、普查)”等项目，同时完成了中国地质调查局下达的“内蒙古巴音戈壁盆地地浸砂岩型铀资源调查评价”(2016—2018年)和“内蒙古巴丹吉林-巴音戈壁盆地塔木素铀矿整装堪查区矿产调查与找矿预测”(2014—2017年)项目，落实了塔木素特大型砂岩铀矿床。同时，提出了“同生沉积-层间氧化-热液叠加改造”复成因铀成矿理论与成矿模式，认为塔木素铀矿床主要为由层间水渗入作用形成的典型的“层间氧化带型”砂岩铀矿床，与其他“层间氧化带型”砂岩铀矿床的主要区别是在矿床形成后，后期由于热水叠加作用对矿床进行了改造，层间渗入氧化作用仍是矿床的主要成矿作用类型，这一认识有效指导了塔木素铀矿床资源规模的进一步扩大和外围的勘查工作。

2006—2007年，东华理工大学与核工业二〇八大队合作开展了“巴音戈壁盆地中新生代构造演化与白垩系沉积体系研究”课题。2010—2011年，进一步开展了“巴音戈壁盆地构造演化、沉积体系与铀成矿条件研究”课题，对盆地构造演化、目的层巴音戈壁组上段的沉积体系、铀矿物的赋存状态进行了研究。

2006—2007年，核工业北京地质研究院开展了“内蒙古巴音戈壁盆地砂岩型铀矿成矿条件分析及铀资源潜力评价”课题，认为盆地不具备渗入层间氧化带发育的水动力条件，提出巴音戈壁盆地历经了铀预富集→同生沉积成矿→热叠加改造成矿→潜水氧化改造成矿4个过程，同生沉积成矿、热叠加改造成矿是盆地的主要成矿作用及类型，为非常规铀资源类型。

2011年，中国地质大学(武汉)与核工业二〇八大队合作完成并提交了《巴音戈壁盆地塔木素地区含铀岩系层序地层与沉积体系分析》科研成果报告，按照层序地层学思路首次将巴音戈壁组上段划分为8个地层单元(评价单元)，建立了含铀岩系等时地层格架，分层位定量控制和预测了铀储层及层间氧化带的分布规律，并在其框架下探讨了扇三角洲沉积体系的成矿作用和成矿规律，提出了断陷湖盆背景下扇三角洲沉积体系控矿模式。

第三节 理论突破与技术创新

找矿的重大突破往往依赖于理论与技术的创新，以及勘查思维的创新。近20年来，核工业二〇八大队围绕鄂尔多斯盆地、二连盆地和巴音戈壁盆地，开展了砂岩铀矿预测评价研究与找矿，突破了传统水成铀矿理论的束缚，创新性地提出了“古层间氧化带型”和“古河谷型”等砂岩铀成矿理论，并取得了砂岩型铀矿找矿重大突破。同时，联合研究团队针对背景不同、特色各异的铀矿床，从关键控矿要素和成因机理角度进一步完善了系列铀成矿模式，循序渐进地成功应用于不同地区的勘查中，为丰富铀成矿理论和进一步找矿突破提供了技术支撑。

一、理论技术创新

1. 鄂尔多斯盆地

(1)突破了苏联地质学家提出的“次造山带控矿理论”的束缚，提出了鄂尔多斯盆地大型单斜构造的继承性构造活动是盆地砂岩型铀矿形成的有利条件。

(2)突破了苏联地质学家提出的“层间渗入型成矿理论”，提出了鄂尔多斯盆地在第三纪(古近纪+新近纪)河套断陷形成之前仍具有形成砂岩型铀矿的古层间渗入的水动力条件。

(3)建立了绿色砂体可作为能源盆地砂岩型铀矿找矿的新的岩石地球化学标志。

(4)首次建立了“古层间氧化带型”砂岩铀成矿模式，随后又进一步阐明了微弱聚煤作用与铀成矿的关系，形成了“微弱聚煤作用制约下的古层间氧化带型”铀成矿模式。

(5)提出了“铀储层”新概念，创建了“铀储层-层间氧化带-铀成矿空间定位预测”的理论方法体系。

(6)首次识别和划分了铀储层的内部还原介质与外部还原介质，强调了外部还原介质的重要性，建立了砂岩型铀矿双重还原介质联合控矿模型。

(7)突破了活动构造带找矿的禁区，建立了盆地逆冲断裂带磁窑堡砂岩型铀成矿模式。

2. 二连盆地

(1)首次提出了断拗转换背景下“古河谷”砂体形成发育的制约机制。

(2)首次揭示了“构造反转”作用对层间渗入型铀矿化的控制机理。

(3)首次建立了“古河谷型”砂岩铀成矿模式。

(4)首次揭示了湖泊扩展事件对铀成矿的控制作用，建立了“同沉积泥岩型”铀成矿模式。

3. 巴音戈壁盆地

(1)阐明了断陷湖盆背景下扇三角洲沉积体系控矿机制。

(2)发现了铀矿床中热液作用的叠加影响。

(3)首次建立了“同沉积-层间氧化-后生热液改造”铀成矿模式。

二、勘查思维创新与经验总结

1. 科技创新支撑科学勘查

鄂尔多斯盆地、二连盆地和巴音戈壁盆地找矿成果突破，均是在砂岩型铀成矿理论创新的基础上取得的。砂岩型铀成矿理论以美国学者 Granger 和 Warren 等提出的“卷型水成铀矿理论”及苏联学者戈利得什金、别列里曼等提出的“层间渗入型成矿理论”和“次造山带控矿理论”为典型代表，形成了一套比较系统的砂岩型铀矿找矿预测标志，而且为水成铀矿理论的建立和发展打下了扎实的基础。但是，上述水成铀矿理论是在一定的盆地构造背景基础上建立的，而我国盆地构造背景的特殊性导致它并不能完全适应于指导我国的砂岩型铀矿勘查工作，因此，只有创新中国特色的水成铀矿理论，不完全受已有成矿理论的束缚，才能科学有效地指导我国的砂岩铀矿勘查工作。

2. 盆地编图研究与预测评价是不可逾越的工作手段

在盆地开展铀矿勘查之前，应在充分收集地质、水文地质、物探、化探、遥感和钻孔等资料的基础上，首先开展盆地区域性编图研究与预测评价，编制铀成矿预测系列图件，预测铀成矿有利地区。在区域预测评价中，以下几个方面往往容易被忽视，应加强研究。

(1)铀源体(层)中铀的活化条件研究。研究风化壳发育程度及铀的迁出能力，新鲜岩石中铀含量高并不能说明向盆地中提供铀的能力强，应结合风化壳中残存铀含量进行综合研究。

(2)含氧水渗入条件的研究。以盆地蚀源区隆起程度、盆地掀斜程度及方向、断裂构造活动特点、目的层与盆地接触部位岩相类型等为主要依据，分析目的层沉积后(主要指抬升后的风化剥蚀阶段)含氧水渗入强度及方向。

(3)古地下水动力条件的研究。根据目的层主要沉积方向及岩性岩相的空间展布特点，确定在目的层沉积期地表水的补、径、排方向，结合目的层沉积后风化剥蚀阶段构造背景与沉积期构造背景的继承性，恢复古地貌特征，分析在风化剥蚀阶段古地表水的补、径、排方向，进一步确定古地下水的补、径、排方向。近代水动力条件在继承古地下水动力条件的情况下，从现代水流方向和古地下水水流方向可以判别区域上层间氧化和层间氧化带的分布，这一情况在国外稳定的盆地构造背景(地台型盆地)基础上是常见的。但是，现代区域水流方向往往叠加在古水流方向上，从水文地质观点来考虑，用现代水流方向判别古水流方向时要谨慎，有时并不一致，尤其是我国产铀盆地在铀成矿后构造活动较为复杂，现代水流方向与成矿时古水流方向相差较大，如鄂尔多斯盆地、二连盆地和松辽盆地等。

(4)断裂构造的研究。断裂构造与铀成矿没有直接的因果关系，因此在成矿预测评价和勘查活动中往往被人们所忽视，但是对盆地中含氧含铀水的渗入、氧化带和铀矿床的空间定位起着巨大的作用，只是断裂构造对铀成矿控制作用的表现形式不同。如鄂尔多斯盆地东胜地区泊尔江海子断裂构造即控制了地下水的补、径、排条件，同时也是下伏石油、天然气和煤层气等产生的烃类流体上升的通道，提高了还原障的反差度，控制了古层间氧化带前锋线和铀矿床的空间定位。二连盆地古河谷断裂构造反转控制了含氧含铀水的渗入和铀矿床的形成。巴音戈壁盆地塔木素地区北东向两条大断裂构造不仅控制了层间氧化带前锋线和铀矿床的空间定位，而且在后期玄武岩活动中，充当了深部热水上升的通道并一直延续至层间氧化带的尖灭区，对矿床进行了二次叠加改造，形成矿床高矿化度水、中低温多金属矿物组合和铀的叠加改造。中亚地区乌兹别克斯坦中央克孜库姆铀矿省等铀矿床的形成大部分与断裂构造有关，尤其在含石油、天然气和煤层气等的盆地中，断裂构造的研究显得更为重要，因为还原作用和氧化作用的反复进行可以在原生红层中形成砂岩型铀矿床，也可以在油气藏顶部形成砂岩型铀矿床。有时，由于断裂构造中移动大量的烃类流体与含氧含铀水的氧化还原作用，在断裂构造两侧的砂体中形成堆状铀矿床。盆地边缘切穿盖层并延伸到蚀源区内部的断裂构造，常会产生有利于成矿的水动力条件的区域。将盆地边缘和蚀源区分隔开来的断裂构造通常也分隔了蚀源区的含氧含铀水的渗入，对铀成矿是不利的。

在区域性编图与研究的基础上，应结合野外地质综合调查，进一步开展更大比例尺的编图预测，圈定找矿靶区，然后开展钻探查证。

3. 重视盆地构造演化的研究，用动态的观点分析铀成矿条件

盆地在不同的地质历史时期可能表现出不同的铀成矿条件，重点是表现出了不同的铀成矿古水动力环境。尤其与中亚地区和美国产铀盆地相比，我国中新生代沉积盆地的构造活动性较强，稳定性较

差，古水动力环境演化更为复杂，所以用构造演化的观点分析不同地质历史时期的铀成矿条件显得更为重要，不能以现代盆地特征及活动特点所分析的现代铀成矿条件来代表盆地铀成矿条件。例如鄂尔多斯盆地由于新构造运动形成了不利于铀成矿的黄河等周边断陷，也正是因为这一点，从前将该盆地划分为铀成矿的“Ⅲ”类盆地，认为基本上不具有铀成矿前景。而用构造演化的观点分析，认为鄂尔多斯盆地利于铀成矿的古水动力环境是在内陆盆地阶段(侏罗纪—白垩纪)形成的，后被勘查实践所证实。

4. 重视含石油、天然气和煤等能源盆地对后生还原改造的作用研究

含石油、天然气和煤等能源盆地及断裂构造的发育，具备了产生烃类流体上升活动的基础地质条件。一是烃类流体沿断裂构造运移上升，增加了岩石氧化还原条件的落差，即形成比较高反差的、在其上可形成铀的沉淀和富集的还原地球化学障，往往是铀矿床的产出部位；二是烃类流体的成矿后还原作用是能源盆地很普遍的一种地球化学作用类型，原生灰色含矿砂岩在经历了早期成矿过程中的氧化作用后，由于烃类流体的继续活动，造成了对黄色或红色古氧化岩石的还原改造作用，形成了现在的后生还原灰色、灰绿色岩石地球化学类型，以此为依据确定古层间氧化带前锋线，如鄂尔多斯盆地东胜铀矿田完全隐伏于现在的还原岩石环境中。烃类流体原生还原作用与层间渗入水氧化作用在一定的地质条件下是一个动态的平衡过程，铀的不断聚集成矿发生在氧化作用与还原作用达到平衡之时。后生还原作用强于氧化作用时，层间氧化带前锋线后移，早期形成的铀矿体完全隐伏于还原环境中，这也对勘查工作增加了难度，容易造成漏矿。当层间渗入水动力强度加大，氧化作用再次强于后生还原作用时，形成二次铀的富集成矿，与早期形成的铀矿床并列产出，但当氧化作用远强于后生还原作用并继续前移时，会破坏早期矿床而再次形成新的矿床。所以，能源盆地中铀矿床可能产于现在的层间氧化带前锋线，也可能完全隐伏于还原环境中，还可能产于油气层之上红色地层中局部的后生还原环境中；铀矿床可能单一产出，也可能多个产出。

5. 勘查过程中注意对 γ 异常信息的研究

在砂岩型铀矿勘查过程中，在以氧化带前锋线为直接找矿标志的基础上，应注意 γ 异常对找矿的指示意义。赋存于泥岩中的 γ 异常无论强度多高，一般为沉积过程中吸附作用富集形成，不具有直接指导钻探工程布设的意义，更不应该“就点找点”，但可以说明在沉积时表生作用的过程中，蚀源区大量新鲜岩石提供了丰富的铀源，具有较好的铀源条件。在勘查过程中，应综合分析 γ 异常赋存层位岩性岩相及岩石地球化学的空间展布规律，顺沉积方向的砂岩相带进行追索。对于赋存于砂岩中的 γ 异常首先应分析与岩石地球化学环境的空间关系，确定其是否由后生氧化作用形成，其次综合考虑 γ 异常的强度与厚度，一般情况下强度大而厚度薄、甚至达到矿化的 γ 异常，并不如强度弱而厚度大的 γ 异常指导找矿有意义。所以，在勘查过程中应重视每一个 γ 峰值对找矿指示意义的综合研究。

6. 重视原生氧化、后生氧化和地表氧化之间的区别

在分析目的层沉积环境、古气候条件和氧化岩石岩性变化特征的基础上，应重视氧化岩石层理构造与颜色之间的分布规律，红色碎屑物往往与层理同步成层分布，无论氧化砂岩厚度有多大，渗透性有多好，都属原生氧化岩石类型。另外，原生氧化岩石类型具有纵向分带的特点。地表氧化岩石主要是接受大气降水垂直补给而形成，往往相邻于潜水氧化带的上部发育，发育程度受控于潜水面的变化。地表氧化岩石常发育于现代地表，也有的赋存于古地表，具有不受层位控制、泥质成分较高等特点，不具有找矿意义，但可造成对已有矿床的破坏或叠加改造，如鄂尔多斯盆地神山沟地区。

7. 关于“大砂体、找大矿”的思考

“大砂体”易于含氧含铀水的渗入与运移是毋庸置疑的，但是砂体厚度大，含氧含铀水在运移过程中容易造成铀的分散，不易于聚集成矿，如鄂尔多斯盆地北部白垩系，砂体厚度为100～250m，与侏罗系具有类似的铀成矿条件，但缺乏“泥—砂—泥”结构，铀成矿“只见星星、不见月亮”。根据对国内外已有矿床的统计，最利于铀聚集成矿的砂体厚度为30～50m，渗透系数在1～20m/d之间。在水流速度过快的地下水中，铀也来不及沉淀富集，如鄂尔多斯盆地铀矿床、二连盆地铀矿床及中亚地区乌其库都克铀矿床等。砂体是否利于成矿，关键在于“泥—砂—泥”结构，即含水层厚度的合理性，而不在于砂体厚度及规模的大小。另外，“找大矿”也不在于砂体厚度及规模的大小，而是主要取决于有利成矿的构造背景和含氧含铀水层间渗入及氧化作用的长期稳定与继承性。如鄂尔多斯盆地之所以形成世界级规模的铀矿床，主要取决于盆地北部伊陕单斜构造在中侏罗世晚期一直到新近纪黄河断陷形成之前相对稳定抬升的继承性构造演化作用，决定了直罗组在长期风化剥蚀过程中古水动力环境继承了在直罗组沉积过程中地下水的补、径、排方向，从而决定了含氧含铀水长期稳定的层间渗入及氧化作用，铀最终沉淀和富集形成巨型铀矿床。我国塔里木、柴达木和准噶尔等沉积盆地及鄂尔多斯盆地中的白垩系并不缺少巨厚“大砂体”，但经过多年的勘查实践仍没有取得突破性找矿成果。

8. 建立“产、学、研”基地，加强人才队伍建设

与中国地质大学(武汉)进行了近20年的不间断合作，成立了铀矿地质“产、学、研”基地，充分发挥了高校的科研技术优势，加强了对重大基础地质问题的研究，对重点矿床开展了精细化研究评价，对铀成矿区进行了系统的预测评价，进一步推进了铀矿勘查的科学性和有效性，并在原始创新的基础上推进了集成创新，进一步提升了铀成矿理论。同时，营造了人才成长的和谐环境和学术氛围，为核工业二〇八大队培养了博士研究生5名，硕士研究生33名，形成了一支结构合理、精干高效的高素质铀矿地质专业技术人才队伍，激发了专业技术人员的自主创新能力和工作热情及追求一流业绩的热情，这样的队伍必定为实现“到2020年使我国成为铀资源储量大国，同时成为铀矿地质科技强国”的工作目标发挥应有作用。

第四节　重大找矿突破

通过近20年的在内蒙古中西部鄂尔多斯盆地、二连盆地和巴音戈壁盆地的勘查实践和不懈努力，取得了砂岩型铀矿理论的创新，同时也取得了我国砂岩型铀矿找矿的重大突破。

1. 鄂尔多斯盆地

在鄂尔多斯盆地北部，先后发现和落实了皂火壕特大型、纳岭沟特大型、磁窑堡中型、大营超大型和巴音青格利大型等砂岩铀矿床，以及柴登壕、乌定布拉格和新胜等多处铀矿产地，统称为东胜铀矿田(表1-1，图1-1)，控制和提交铀资源量××万吨，资源规模巨大，达到了世界级。

2. 二连盆地

在二连盆地，先后发现和落实了赛汉高毕小型、巴彦乌拉大型和哈达图大型砂岩铀矿床及乔尔古砂岩铀矿产地，统称为巴彦乌拉铀矿田；控制和提交铀资源量×万吨；扩大和落实了努和廷超大型铀矿床及道尔苏铀矿产地，统称为努和廷铀矿田(表 1-1，图 1-1)，控制和提交铀资源量×万吨。

3. 巴音戈壁盆地

在巴音戈壁盆地，发现和落实了塔木素特大型砂岩铀矿床及本巴图铀矿产地，统称为巴音戈壁铀矿田(表 1-1，图 1-1)，控制和提交铀资源量×万吨。

表 1-1 内蒙古自治区三大产铀盆地铀矿床重要发现的基本信息表

盆地	矿田	矿床/矿产地	勘查时间	成因类型	资源量		
					储量规模	储量级别	勘查程度
鄂尔多斯	东胜	皂火壕	2000—2010 年	古层间氧化带型	×××××吨 (特大型矿床)	332+333 +334?	详查
		纳岭沟	2005—2015 年		×××××吨 (特大型矿床)	122b+333	详查
		柴登壕	2008 年至今		×××××吨 (大型矿产地)	333+334?	普查
		大营	2009—2012 年		×××××吨 (超大型矿床)	332+333 +334?	普查
		巴音青格利	2013 年至今	层间氧化带型	×××××吨 (大型矿床)	333+334?	普查
		磁窑堡	2005—2011 年		××××吨 (中型矿床)	333+334?	普查
二连	努和廷	努和廷	1990—1996 年 2006—2011 年	同沉积泥岩型	×××××吨 (超大型矿床)	332	详查
	巴彦乌拉	巴彦乌拉	2003 年至今	古河谷型	×××××吨 (大型矿床)	121b+333 +334?	详查、部分勘探
		赛汉高毕	2003—2008 年		××××吨 (小型矿床)	333+334?	普查
		哈达图	2013 年至今		×××××吨 (大型矿床)	332+333 +334?	普查
巴音戈壁	巴音戈壁	塔木素	2003 年至今	层间氧化带型	×××××吨 (特大型矿床)	332+333	普查

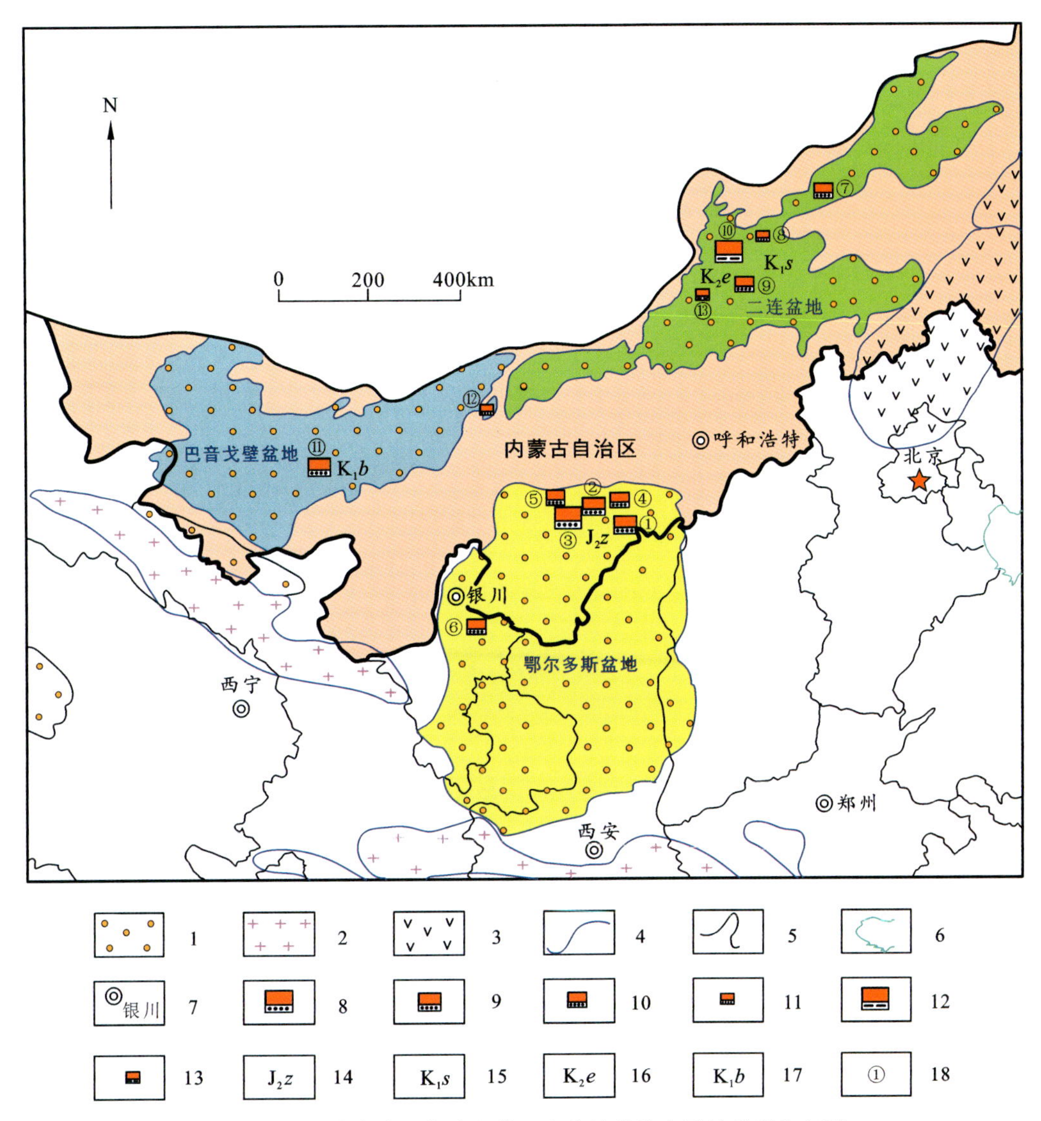

图1-1　内蒙古中西部中生代三大产铀盆地主要铀矿床分布图

1. 砂岩型成矿区(带);2. 花岗岩型成矿区(带);3. 火山岩型成矿区(带);4. 铀成区(带)界线;5. 行政区域界线;6. 地表水系;7. 地名;8. 超大型砂岩型铀矿;9. 特大型砂岩型铀矿;10. 大型砂岩型铀矿;11. 中—小型砂岩型铀矿;12. 超大型泥岩型铀矿;13. 中—小型泥岩型铀矿;14. 鄂尔多斯主要产铀层位中侏罗统直罗组;15. 二连盆地“古河谷型”铀矿主要产铀层位下白垩统赛汉塔拉组;16. 二连盆地“同沉积泥岩型”铀矿主要产铀层位上白垩统二连达布苏组;17. 巴音戈壁盆地主要产铀层位下白垩统巴音戈壁组;18. 矿床/矿产地编号

第二章 区域构造-沉积-成矿耦合关系

位于内蒙古中西部的鄂尔多斯盆地、二连盆地和巴音戈壁盆地隶属于中国北部砂(泥)岩型铀成矿构造域，是其中最典型和最重要的产铀盆地，它们的形成发育及其空间位置均与古亚洲洋造山带关系密切。但是，上述产铀盆地在构造背景与演化、含铀岩系结构、沉积体系类型、成矿流场特征等方面又各具特色，充分展示了研究区控矿要素与铀成矿作用的复杂性和多样性。

第一节 区域成矿地质背景

近20年来，赋存于沉积盆地中的一系列特大型和超大型的砂(泥)岩型铀矿床被陆续发现，盆地铀资源特别是砂岩型铀矿床已经成为我国铀矿地质储量持续增长的主要矿种类型。通过对大型砂(泥)岩型铀矿床分布规律与区域构造单元的空间配置关系研究发现，古亚洲洋造山带及其两侧的中生代沉积盆地，是中国最重要的砂(泥)岩型铀矿床形成发育的铀成矿构造域(焦养泉等，2015)。

一、盆地形成发育异同点

从地理位置上来看，鄂尔多斯盆地、二连盆地和巴音戈壁盆地均毗邻产出于古亚洲洋造山带旁侧，隶属于古欧亚大陆构造体系。盆地中的主要铀矿田总体平行于古亚洲洋造山带分布，其中鄂尔多斯盆地东胜铀矿田位于其南侧，而二连盆地努和廷铀矿田、巴彦乌拉铀矿田以及巴音戈壁盆地塔木素铀矿床位于古造山带以北(图2-1)。

从时间演化的尺度来看，上述产铀盆地特别是含铀岩系的形成均晚于造山带。大量区域地质调查研究发现，与研究区相关的古亚洲洋造山带形成于中二叠世末期，而三大产铀盆地的含铀岩系均形成于中生代。其中，鄂尔多斯盆地直罗组形成于中侏罗世，二连盆地的赛汉塔拉组、二连达布苏组分别形成于早白垩世晚期和晚白垩世，巴音戈壁盆地的巴音戈壁组上段也形成于早白垩世晚期。

从沉积盆地中含铀岩系发育期的构造背景来看，它们具有相似性，即相对稳定或者趋于稳定的构造演化背景。位于造山带以南的鄂尔多斯盆地，产铀的直罗组形成于区域构造演化的逆冲间歇期(李思田等，1992)，属于相对稳定的构造演化背景。位于造山带以北的二连盆地和巴音戈壁盆地，砂岩型铀矿赋矿层位的形成发育背景相似，属于断陷盆地构造活动趋于稳定演化阶段——赛汉塔拉组和巴音戈壁组上段沉积时期，均形成于断陷盆地演化的中后期，即断拗转化期，此时控盆断裂仍存在活动，但强度大大降低并持续减弱。二连盆地泥岩型铀矿赋矿层位——二连达布苏组，更是形成于断陷盆地发育的裂后热沉降阶段(彭云彪和焦养泉，2015)。

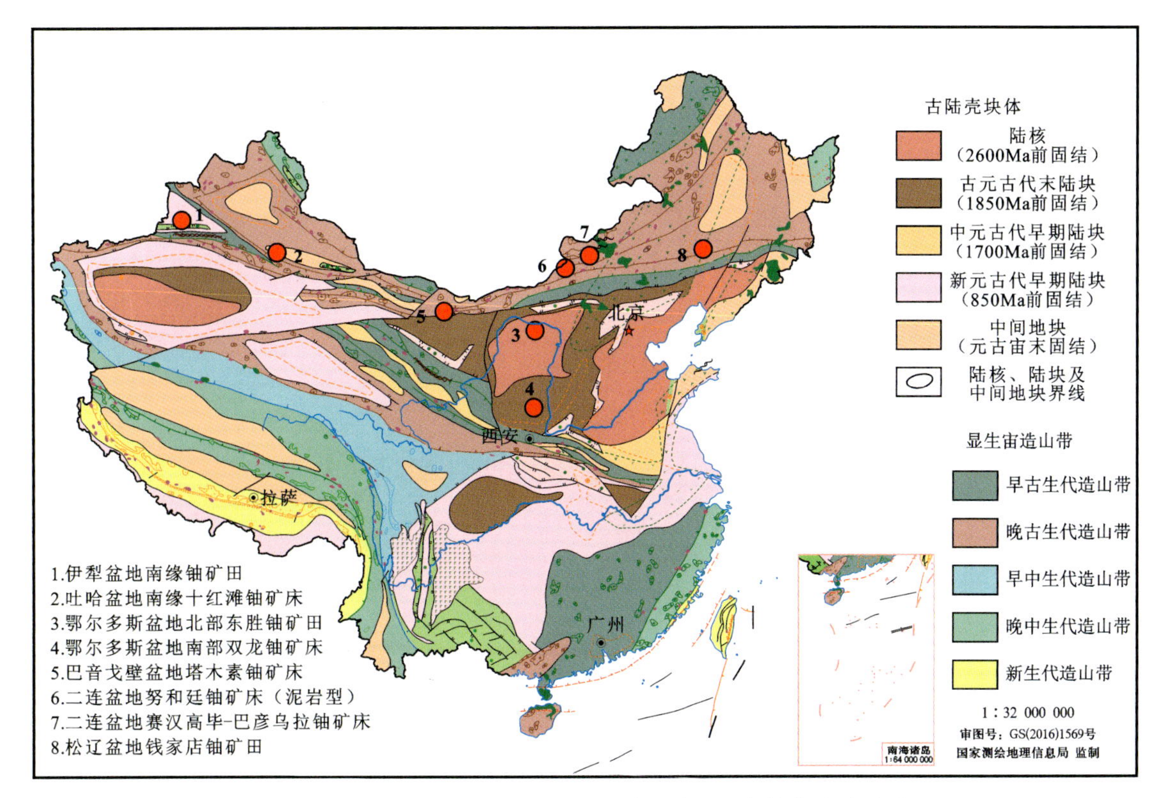

图 2-1　中国主要砂(泥)岩型铀矿床与岩石圈板块构造关系图

(地质图据马丽芳等,2002 简化)

二、盆山耦合机制造就铀富集成矿

鄂尔多斯盆地、二连盆地和巴音戈壁盆地与古亚洲洋造山带的时空配置关系及构造背景的一致性,均显示了古亚洲洋造山带对上述产铀盆地具有某种控制作用。研究认为,古亚洲洋造山带是重要的富铀地质体,而相对稳定的区域大地构造背景不仅为区域规模的铀储层砂体的形成、稳定湖泊的发育奠定了良好的地质基础,更重要的是盆山耦合机制制约下的地表水系搬运作用,无论是在沉积期还是在成矿期,都是形成铀源向盆地持续搬运迁移和供给的必要前提(焦养泉等,2015)。

造山带丰富的铀源供给、沉积盆地潜在含铀岩系的充分发育以及造山带与沉积盆地间区域缓斜坡背景等有利因素的叠合,造就了内蒙古中西部沿古亚洲洋造山带两侧中生代陆相产铀沉积盆地的形成。

有资料显示,包含鄂尔多斯盆地、二连盆地和巴音戈壁盆地在内的我国盆地铀资源成矿构造域一直向西至少可以延伸到中亚的哈萨克斯坦和乌兹别克斯坦,在天山造山带两侧的楚-萨雷苏盆地、锡尔河盆地和中卡兹库姆盆地中铀成矿作用较为活跃,其中的一些铀矿床堪称世界规模(陈祖伊,2002;王正邦,2002;刘池洋等,2007;Dahlkamp,2009;姚振凯等,2011),有学者将其称为东土伦砂岩型铀成矿巨省(图 2-2)。该成矿构造域向北还包括了蒙古国的海尔罕铀矿床和哈拉特铀矿床。由此看来,北半球中纬度铀成矿带也是全球最重要的盆地铀资源成矿构造域(图 2-3)。在该成矿构造域中,主要的铀成矿作用集中表现为层间氧化砂岩型,但也有像努和廷铀矿床的泥岩型、曼格什拉克铀矿带的含铀鱼骨泥岩型,以及南巴尔喀什湖铀矿带的煤岩型等(焦养泉等,2015)。

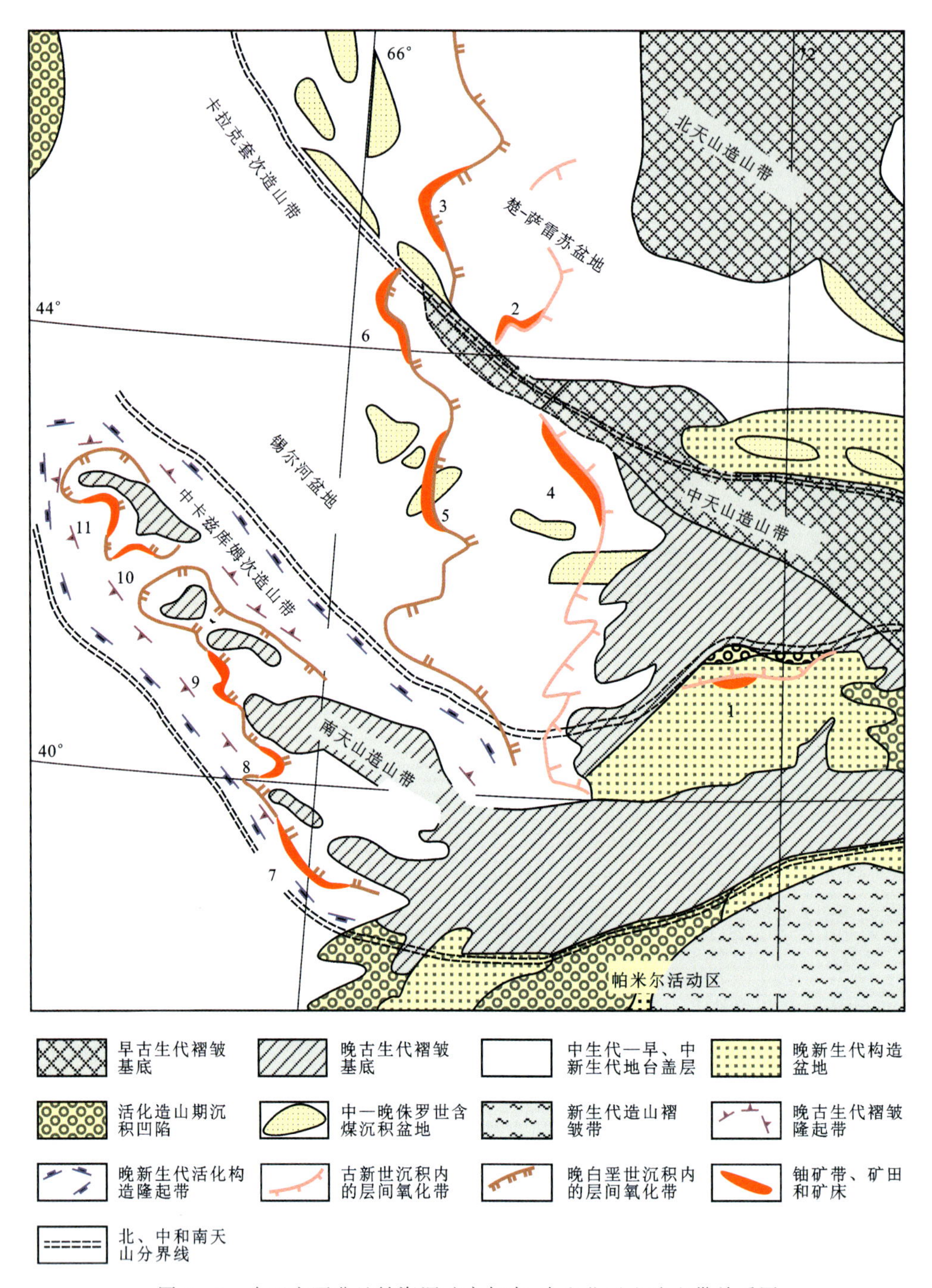

图 2－2 中亚主要盆地铀资源矿床与南、中和北天山造山带关系图

（转引自姚振凯等，2011）

1. 玛利苏伊铀矿田；2. 坎茹干-乌瓦纳斯铀矿带；3. 英凯-门库杜克铀矿带；4. 卡拉克套铀矿田；5. 基细尔柯里-卡尼麦赫铀矿田；6. 卡拉木伦铀矿田；7. 克特门奇-萨贝尔萨伊铀矿田；8. 布基纳伊-卡尼麦赫铀矿田；9. 列夫列亚坎-比什凯克铀矿田；10. 苏格拉雷铀矿田；11. 乌奇库杜克铀矿田

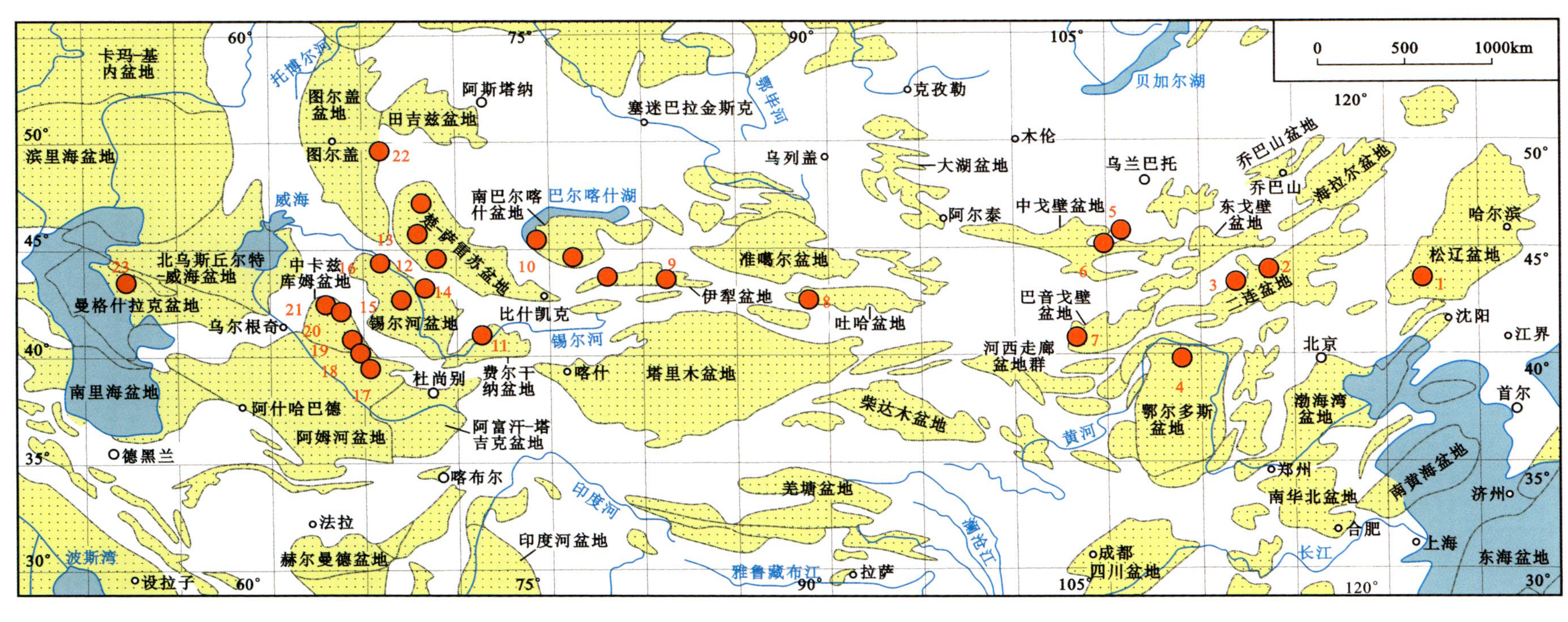

图 2-3 中-东亚主要沉积盆地及其与铀矿床产出关系图

（据刘池洋等，2007；Dahlkamp，2009；姚振凯等，2011 资料编制）

1. 松辽盆地钱家店铀矿田；2. 二连盆地赛汉高毕-巴彦乌拉铀矿床；3. 二连盆地努和廷铀矿床（泥岩型）；4. 鄂尔多斯盆地北部东胜铀矿田；5. 海尔罕铀矿床；6. 哈拉特铀矿床；7. 巴音戈壁盆地塔木素铀矿床；8. 吐哈盆地南缘十红滩铀矿床；9. 伊犁盆地南缘铀矿田；10. 南巴尔喀什湖铀矿带（煤岩型）；11. 玛利苏伊铀矿田；12. 坎茹干-乌瓦纳斯铀矿带；13. 英凯-门库杜克铀矿带；14. 卡拉克套铀矿田；15. 基细尔柯里-卡尼麦赫铀矿田；16. 卡拉木伦铀矿田；17. 克特门奇-萨贝尔萨伊铀矿田；18. 布基纳伊-卡尼麦赫铀矿田；19. 列夫列亚坎-比什凯克铀矿田；20. 苏格拉雷铀矿田；21. 乌奇库杜克铀矿田；22. 拉扎列夫斯科耶铀矿田；23. 曼格什拉克铀矿带（含铀鱼骨泥岩型）；未标注说明者均为砂岩型铀矿

第二节　鄂尔多斯盆地

鄂尔多斯盆地位于华北板块西部，属华北地台的一部分，其形成历史早、演化时间长，是较为稳定、完整的构造单元，为中生代发育起来的大型内陆坳陷盆地，面积达 25 万 km^2。盆地南北缘分别受近东西向展布的祁连-秦岭构造带及阴山构造带边部深大断裂的控制，太行-吕梁及贺兰山南北向构造带分别构成了盆地东西边界(并与阿拉善地块和山西地块相分隔)，形成南北向展布的矩形盆地，盆地北部被黄河断陷所围绕。伊陕单斜是其主要构造单元，鄂尔多斯盆地北东部皂火壕等一系列砂岩型矿床均产于该构造单元内(图 2-4)。

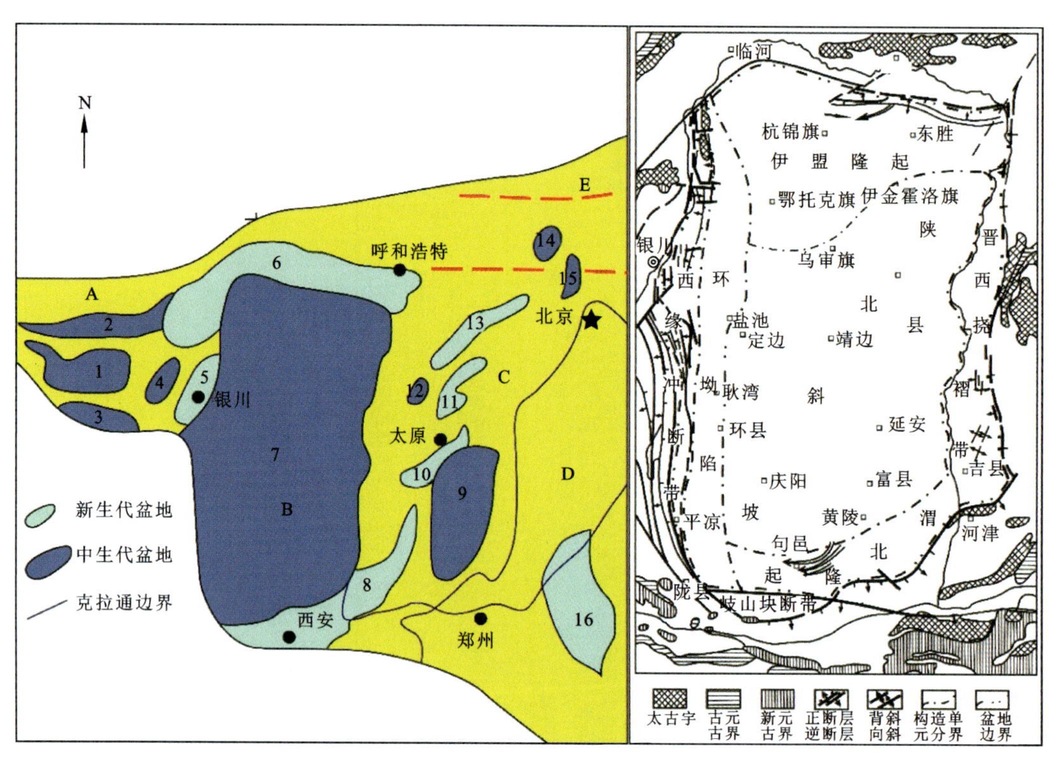

图 2-4　鄂尔多斯盆地位置及构造纲要图

A. 阿拉善地块；B. 鄂尔多斯地块；C. 山西地块；D. 河淮地块；E. 内蒙古地块；1. 潮水盆地；2. 雅布赖盆地；3. 武威盆地；4. 巴音浩特盆地；5. 银川盆地；6. 河套盆地；7. 鄂尔多斯盆地；8. 渭河盆地；9. 沁水盆地；10. 太原盆地；11. 忻县盆地；12. 宁武盆地；13. 桑干河盆地；14. 张家口盆地；15. 延庆盆地；16. 南华北盆地

盆地基底由太古宇、中新元古界和古生界变质岩系及中生界三叠系碎屑岩系组成；沉积盖层由下至上有下侏罗统富县组(J_1f)，中侏罗统延安组(J_2y)、直罗组(J_2z)、安定组(J_2a)，下白垩统(K_1)，古近系(E)，新近系(N)和第四系(Q)，缺失上侏罗统(J_3)和上白垩统(K_2)。中侏罗统直罗组为温湿气候条件下形成的碎屑岩建造，直罗组下段(J_2z^1)是盆地的主要含矿层位。

一、构造与演化

鄂尔多斯盆地是由所属华北地台的鄂尔多斯地块在经历了多期演化而逐渐形成的，其形成和演化分为5个阶段:中新元古代克拉通内裂陷槽或坳拉槽演化阶段、早古生代华北克拉通陆表海演化阶段、晚古生代—早中生代华北克拉通坳陷演化阶段、中生代中晚期大鄂尔多斯内陆盆地及独立鄂尔多斯盆地演化阶段、新生代周缘断陷盆地演化阶段。

盆地不同的构造演化阶段受不同的动力体系控制。中新元古代为大陆裂谷集中发育阶段;古生代主要受控于古亚洲洋动力体系;中生代主要受控于中特提斯-古太平洋动力体系的联合作用,其中三叠纪主要受中特提斯动力体系影响,晚侏罗世—白垩纪主要受古太平洋动力体系影响;新生代主要受控于新特提斯-今太平洋动力体系的联合作用。

中新元古代为克拉通内裂陷槽或坳拉槽演化阶段,中元古代早期原始古中国大陆发生裂解,于华北陆台南北两侧分别形成秦祁和兴蒙两个大洋裂谷,受其控制相继在华北陆台边缘又产生了一系列坳拉槽,并且影响到陆台内部,形成典型的华北克拉通沉积。

早古生代为华北克拉通陆表海演化阶段,早期华北陆台为分别与南北两侧秦祁海槽和兴蒙海槽相通的陆表海盆地,两大海槽均表现为洋底扩张。中奥陶世末,两大海槽洋壳相向俯冲,陆台抬升,陆表消失,并形成陆台边缘加里东褶皱带,陆台向两侧增生,鄂尔多斯地块合并成为华北地台的一部分,并且在南北两侧已经有了以剥蚀为特征的沉积边界。

晚古生代—早中生代为华北克拉通坳陷演化阶段,根据构造和沉积演化特征,可将其称为华北克拉通坳陷盆地。这时华北地台处于扬子板块和西伯利亚板块南北方向的挤压应力场中。鄂尔多斯盆地及其邻区主要受控于古特提斯动力体系。晚古生代早期兴蒙海槽处于以拉张为主的发展阶段,夹于二者之间的华北地台得到了某种松弛,再次接受海陆交互相沉积,从而开始了大华北盆地的形成和发展阶段。晚期南北海槽处于以挤压为主的状态,使大华北盆地大规模抬升,引起海水逐步退出大华北盆地,使其沉积环境完全转变成为二叠纪的陆相环境。中生代受控于中特提斯-古太平洋动力体系的联合作用,华北地台进入了新的构造格局,先后经历了印支、燕山两次构造运动。印支运动主要挤压方向为北东-南西向,挤压力来自西南,受控于特提斯构造域;燕山运动主要挤压方向为北西-南东向,挤压力来自东南,受控于太平洋构造域。两期构造应力场之间存在一个转换过程,主要转换时期在早中侏罗世富县期和延安期,来自西南方向的动力逐渐减弱,而来自东南方向的动力逐渐加强,最终由特提斯构造域转变为太平洋构造域。印支-燕山运动造成太行山、吕梁山的隆起,逐渐把鄂尔多斯盆地从华北盆地分离出来。早中三叠世继承了晚二叠世的构造格局,盆地整体呈北隆南坳,独立鄂尔多斯盆地还未形成,仍是一个大型沉积盆地,即华北内陆盆地,处于印支运动中的一个弱挤压构造期。晚三叠世湖盆面积扩大,仍受印支期北东-南西方向挤压构造应力场影响,晚三叠世末使盆地抬升遭受剥蚀。

中生代中晚期为大鄂尔多斯内陆盆地及独立的鄂尔多斯盆地演化阶段。早中侏罗世是中生代应力场转换时期,构造应力场转换使盆地的沉积格局也发生改变,盆地下沉接受沉积,演变为大鄂尔多斯盆地。以延安期末的早燕山运动为界可划分为两个沉积阶段,即富县-延安期沉积阶段和直罗-安定期沉积阶段。富县-延安期原始地层厚度在整个盆地范围内没有显著的变化,为均衡调整期,印支运动渐趋平静而燕山运动尚未来临,在构造上是一个相对稳定期,延安期末发生早燕山运动,盆地抬升遭受剥蚀。从直罗-安定期盆地开始在相对抬升的构造背景下接受沉积,至少在鄂尔多斯盆地北部直罗期沉积时基本上继承了延安期沉积时的古构造格局,在构造上仍处于一个相对稳定期。晚侏罗世—早白垩世盆地仍处于燕山期构造应力场控制之下,晚侏罗世开始的燕山运动中期形成吕梁隆起带,把鄂尔多斯盆地的东界推移到了吕梁山以西,形成早白垩世独立的鄂尔多斯盆地。早白垩世末由于整体抬升遭受剥蚀,鄂尔多斯盆地消亡。中生代中晚期鄂尔多斯盆地性质与华北内克拉通盆地并无显著差异,仅盆地范围有所缩小(图2-5)。

新生代主要受新特提斯-今太平洋动力体系的联合作用,进入周缘断陷盆地演化阶段,鄂尔多斯盆地主体仍持续隆升，而周缘地区却相继断陷形成一系列断陷型盆地，从而破坏了盆地的完整性。西北缘为河套断陷，西缘北段为银川断陷，东缘和东南缘为汾渭断陷，这些断陷盆地中堆积了巨厚的古近系、新近系和第四系。

总之，鄂尔多斯盆地古生代在南北两大海槽的共同控制下，从早古生代的陆表海发展成晚古生代的大华北沉积盆地；在中生代特提斯构造带与太平洋构造带联合作用于古亚洲大陆的构造背景上，大华北盆地不断收缩形成。

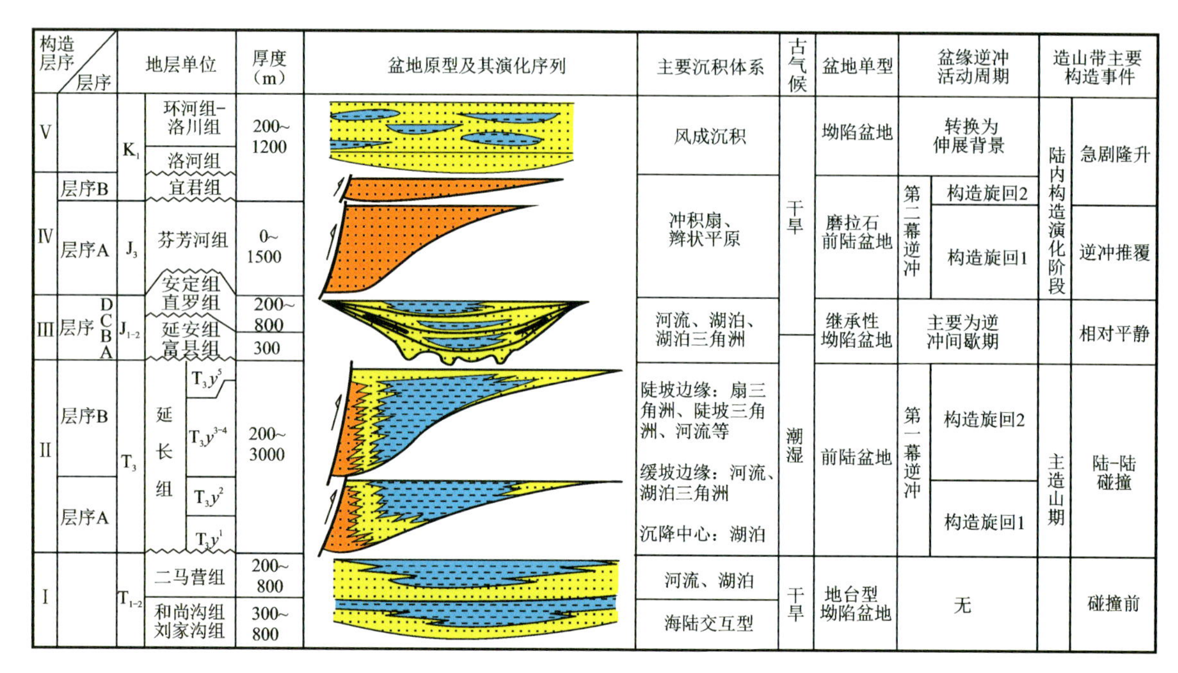

图 2-5　鄂尔多斯盆地中生代充填演化序列图(据 Jiao et al，1997)

二、含铀岩系结构

本次研究工作重点针对盆地含铀岩系进行了关键界面和标志层的识别，以及层序地层的划分和对比。

(一)关键界面与标志层的识别

通过典型地震剖面、钻孔测井曲线形态和垂向序列结构，以及钻孔岩芯和野外露头所蕴藏的岩性、古生物、地层结构等信息，在侏罗系中共识别出 2 个区域性的标志层(延安组含煤岩系和安定组含灰质泥岩)、4 个区域不整合界面(J_1f/T_3y、J_2y/J_1f、J_2z/J_2y、K_1/J_{2+3})和 4 个湖泛面(延安组内部 3 个湖泛面，直罗组内部 1 个湖泛面)。据此可以将侏罗系划分为富县组[SQ1(J_1f)]、延安组[SQ2(J_2y)]、直罗组[SQ3(J_2z)]、安定组[SQ4(J_2a)]和芬芳河组[SQ5(J_3f)]共 5 个层序地层单元(图 2-6)。

在整体层序格架背景下，重点讨论重要含铀层位——直罗组，在将直罗组[SQ3(J_2z)]划分为下、中、上三段的基础上，将其下段的低位体系域(LST)划分为下亚段(J_2z^{1-1})和上亚段(J_2z^{1-2})，分别对应两个小层序，即 LST-PS1 和 LST-PS2。其中，J_2z^{1-1}中下部是研究区最重要的铀成矿层位，上部发育薄煤线；J_2z^{1-2}是次要的铀成矿层位(图 2-6)。

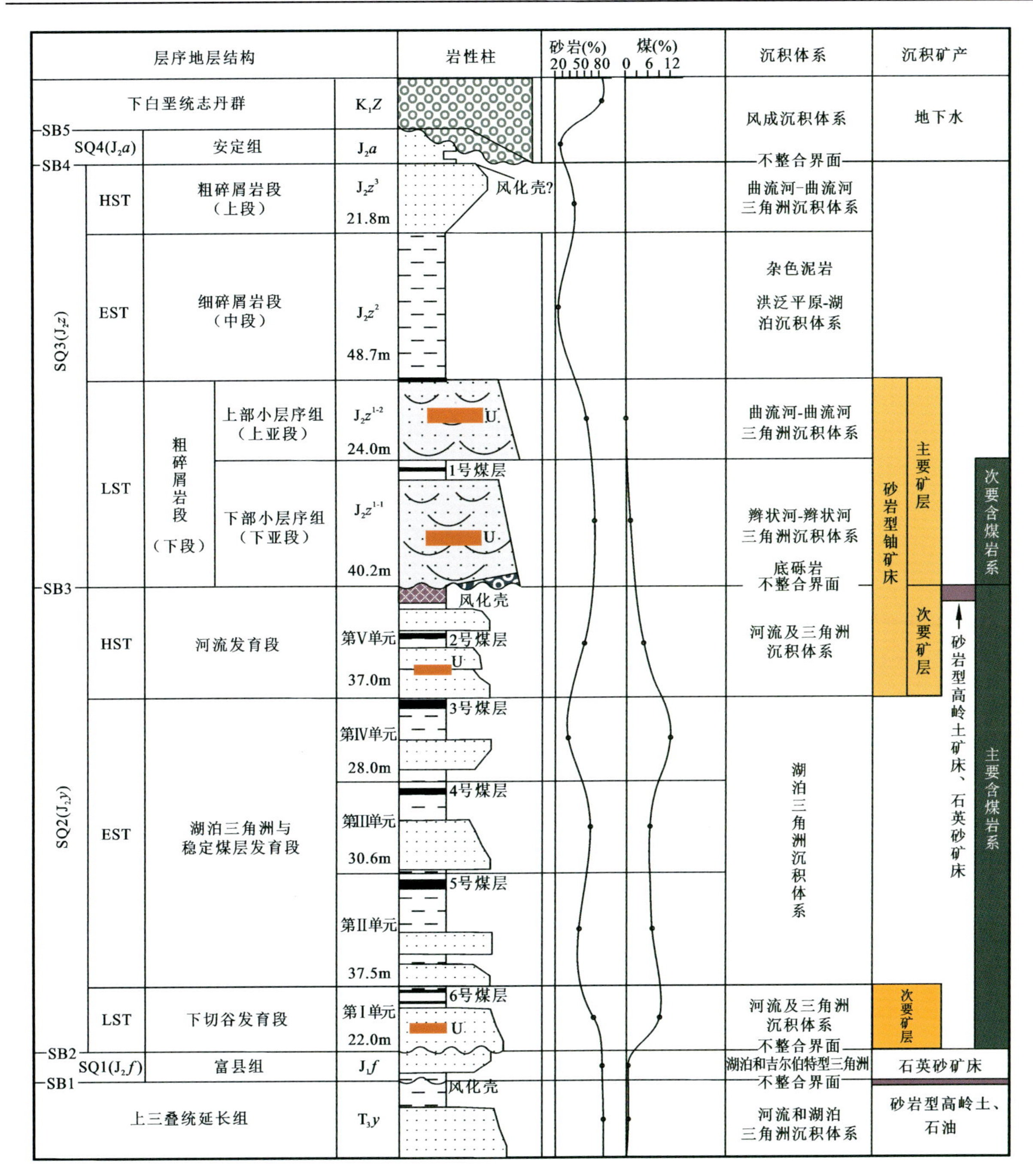

图 2-6　鄂尔多斯盆地北部中生代含煤-含铀岩系地层结构图(据焦养泉等,2005;Jiao et al,2005,2016 修改)

1. 区域性标志层

标志层指具有明显的古生物、岩石或矿物学特征,可作为区域性地层划分和对比依据的一套地层。研究区两个区域性的标志层为延安组的含煤岩系和安定组的灰质泥岩、泥灰岩和灰岩。

(1)延安组的含煤岩系。延安组是鄂尔多斯盆地最重要的含煤地层,直接下伏于直罗组。其具有突出的特征:富煤单元发育,厚度稳定,覆盖范围广,可在全盆地范围内进行对比,自下而上可划分为 5 个成因地层单元;煤层具有高电阻、高声波时差、大井径、低自然伽马(近伽马零值)等特点,同时煤层波阻抗很低,在地震剖面上响应明显(图 2-7);以高阻砂岩与延长组低阻砂岩相区别;灰色、灰黑色色调有别于富县组杂色色调。

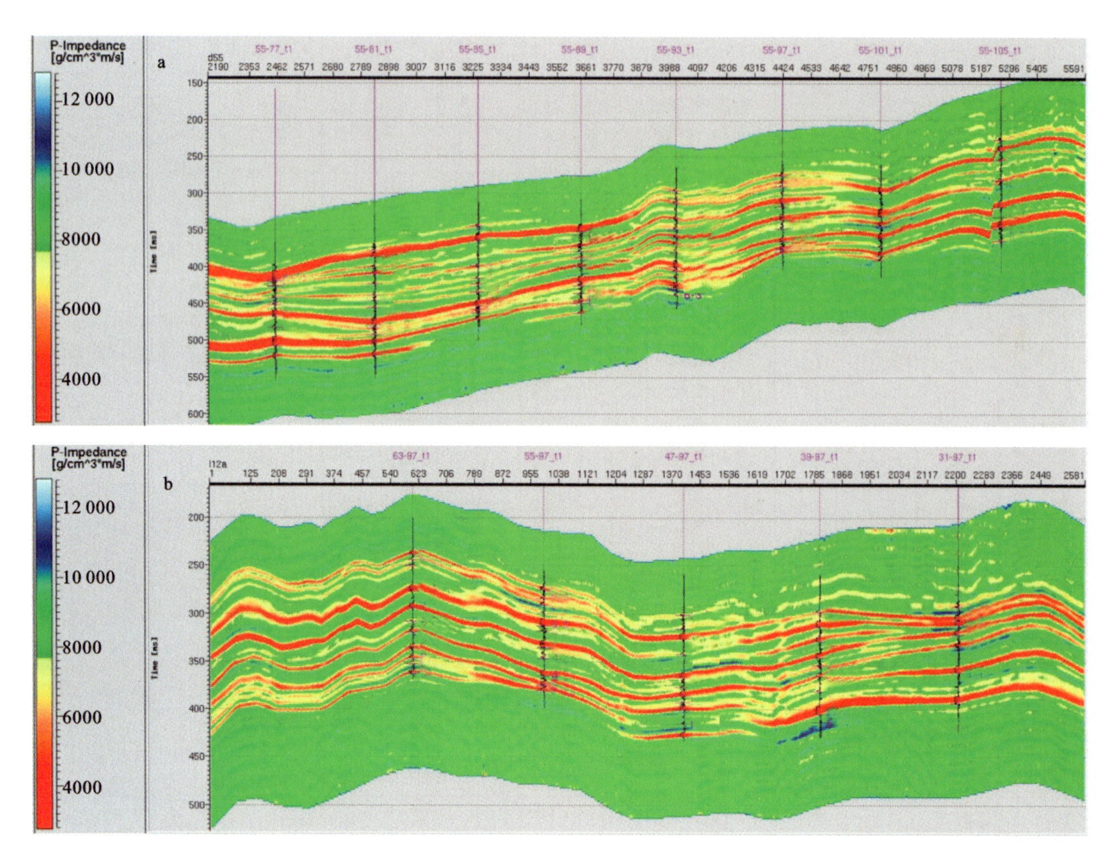

注：红色为主要煤层的波阻抗反映。

图 2-7　鄂尔多斯盆地东北部延安组波阻抗特征图

a. 55 地震勘探线波阻抗反演剖面图；b. L12(A)地震勘探线波阻抗反演剖面图

(2)安定组的灰质泥岩和泥灰岩。安定组在研究区大部分地区缺失，但在研究区的西部和西北部有分布。岩性以暗红色灰质泥岩、泥质粉砂岩和泥灰岩为主，夹有薄层泥灰岩、粉砂岩、砂质泥岩，常具灰绿色斑点；在测井响应上随着灰质成分的增加，普遍具高幅电阻特征，以此与下伏直罗组区别。

2. 关键界面

(1)区域沉积间断界面：直罗组和延安组之间的冲刷间断面。直罗组下部为一套半干旱气候条件下的河流相沉积，由于直罗组底部砂体规模较大，所以更多的地方表现为区域冲刷面。不整合面之下为延安组顶部的白色古风化壳，有的地方如东胜地区甚至形成了砂岩型高岭土矿床。不整合面之上为直罗组底部局部发育底砾岩(图 2-8)。

(2)岩性岩相转换面：直罗组中段/直罗组下段。根据岩芯岩性、沉积构造和测井相分析，直罗组下段为粗碎屑岩段，岩性以灰色、灰绿色含砾砂岩和粗砂岩为主，局部夹泥岩和煤线(图 2-9)。直罗组中段可以解释为一套湖泊相沉积。研究区区域分布的泥岩是划分直罗组下段与中段的重要标志层，其界线位于泥岩的底部。这预示着该时期存在较大规模的湖泊扩张事件，该湖泛面可以标定为直罗组中段和下段的界线(图 2-9)。

(3)岩性岩相转换面：直罗组上段/直罗组中段。直罗组上段为粗碎屑岩段，底部的灰黄色中细粒块状长石砂岩与直罗组中段的细碎屑岩段区别明显(图 2-9)；在自然电位曲线上，直罗组上段呈中—厚层高幅箱状负异常。

(4)岩性岩相转换面：直罗组下段下亚段/直罗组下段上亚段。在研究区直罗组下段下亚段和下段

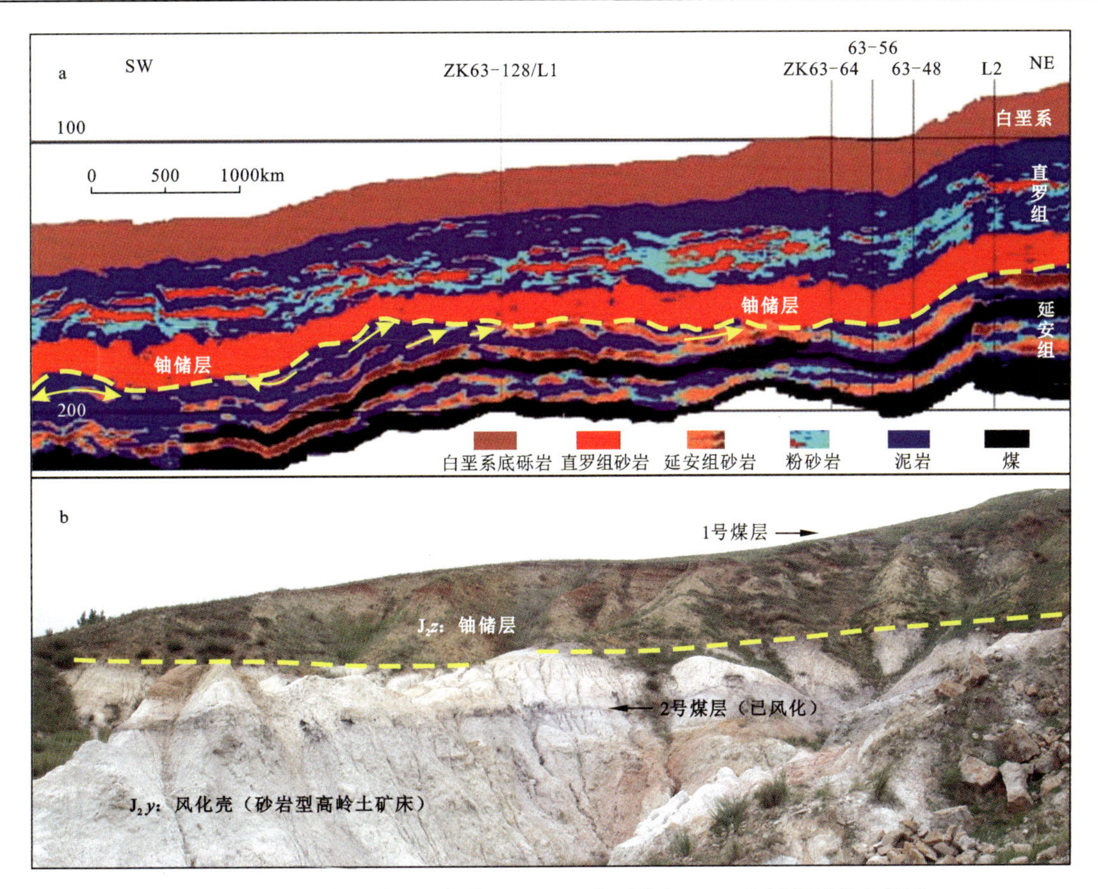

图 2-8 鄂尔多斯盆地北部直罗组(J_2z)与延安组(J_2y)之间的不整合界面

a. 浅层地震剖面(注意 ZK63-128 附近的削顶现象)；b. 东胜神山沟露头剖面(显示不整合界面下的白色古风化壳)

上亚段岩性上均以厚层砂体发育为主，多以正韵律为主，但是下段下亚段砂体粒度普遍偏粗，在其顶部多发育薄煤层(图 2-9)。

(二)层序地层对比

对不同地区网络化骨干剖面进行关键界面和标志层的追踪对比，在地层剖面对比的基础上，将分层结果对比到剖面间钻孔，从而实现全区范围内钻孔间的地层对比，建立全盆地含铀岩系等时地层格架。从盆地北部选择两条区域性骨干剖面进行目的层对比，分别为北西-南东向和北东-南西向，从而可构成控制全区地层对比的网络框架。

从剖面可看出，直罗组在全区范围内普遍发育，均可见下段下亚段(J_2z^{1-1})、下段上亚段(J_2z^{1-2})、中段(J_2z^2)和上段(J_2z^3)，且较为稳定。在北西-南东向剖面中，西南部地层埋深较大，东北部地层抬升，直罗组剥蚀严重，总体上直罗组下段较稳定，从北西向南东方向，直罗组底界面埋深逐渐减小，地层厚度逐渐减薄(图 2-10)。

在北东-南西向剖面中，西北部可见褶皱发育(一个向斜和一个背斜)，地层发生褶皱掀斜，直罗组遭受剥蚀。中部和东南部直罗组遭受强烈的剥蚀，仅可见少量直罗组上段地层。总体上从北西向南东方向，直罗组下段及中段地层厚度较均匀、稳定(图 2-11)。

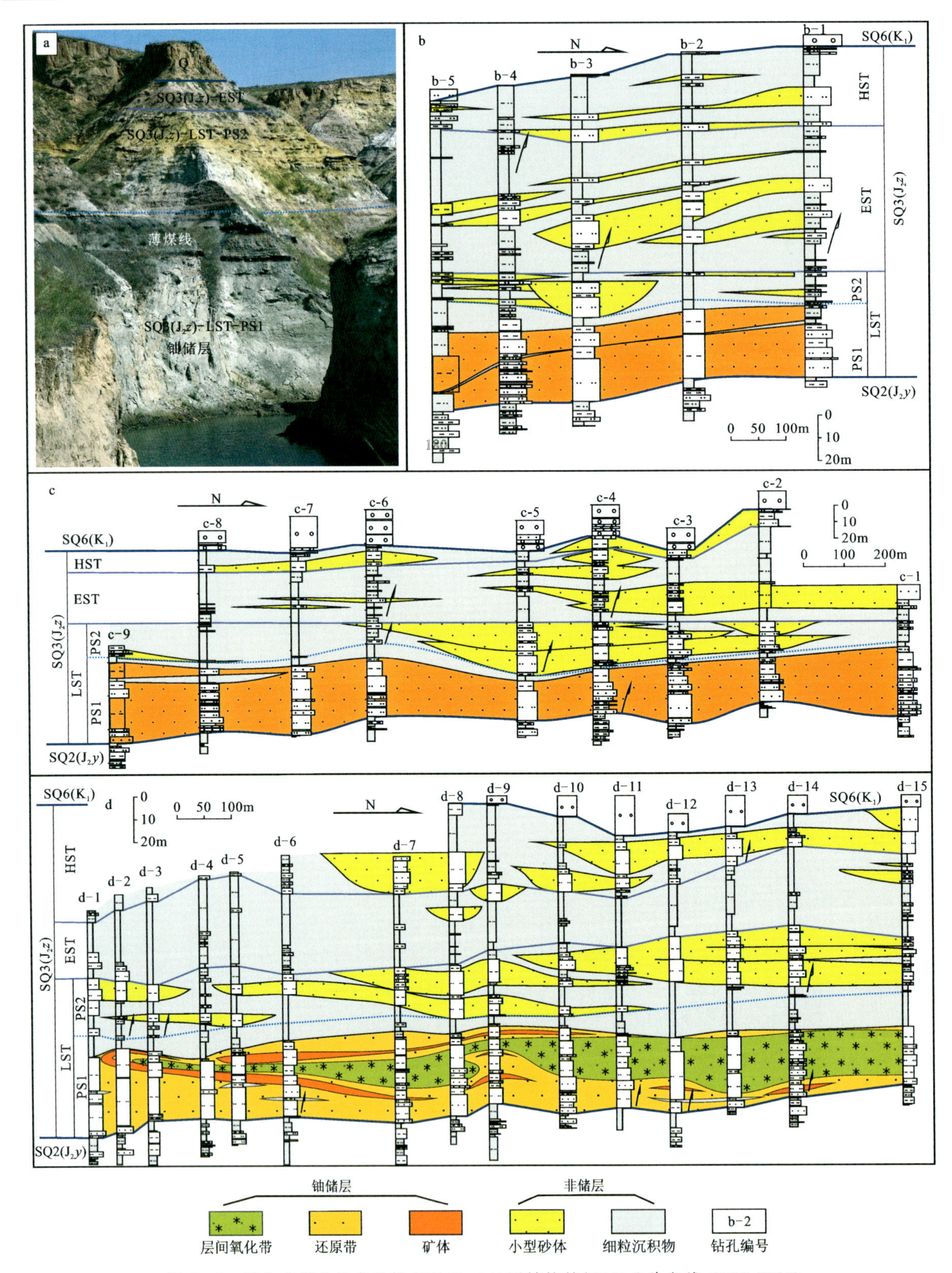

图 2-9　鄂尔多斯盆地东北部 SQ3(J_2z)地层结构特征(据焦养泉等,2006,2007)

a. SQ3(J_2z)的 LST 露头剖面(神山沟);PS1 下部为主要铀储层,上部含两层薄煤层,PS2 砂体规模较小;b、c. SQ3(J_2z)的沉积剖面(神山沟),LST-PS1 中砂体连通性优于其他层位,是良好的潜在铀储层;d. SQ3(J_2z)的沉积剖面(孙家梁),显示 LST-PS1 中的铀储层与铀成矿关系密切

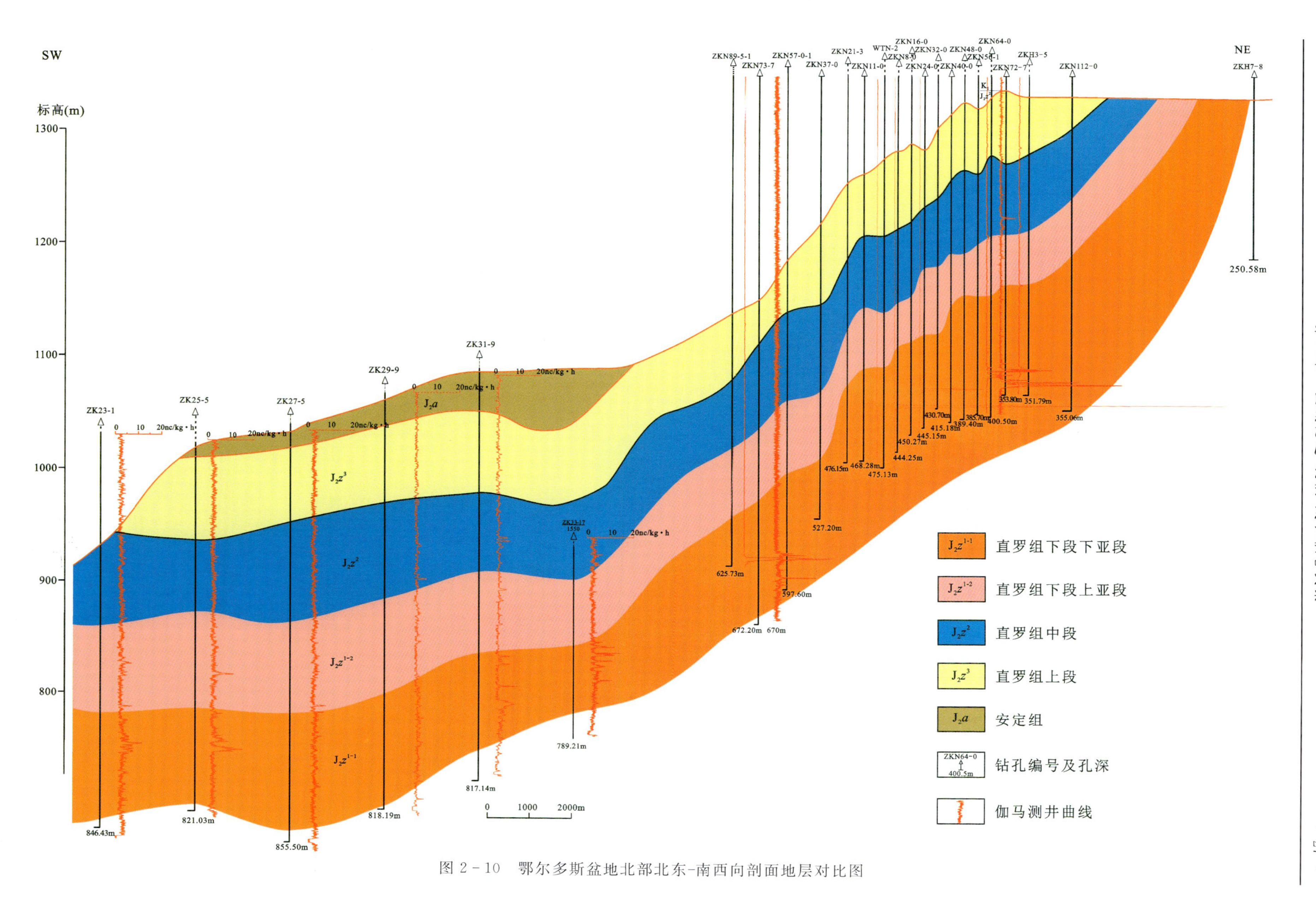

图2-10 鄂尔多斯盆地北部北东-南西向剖面地层对比图

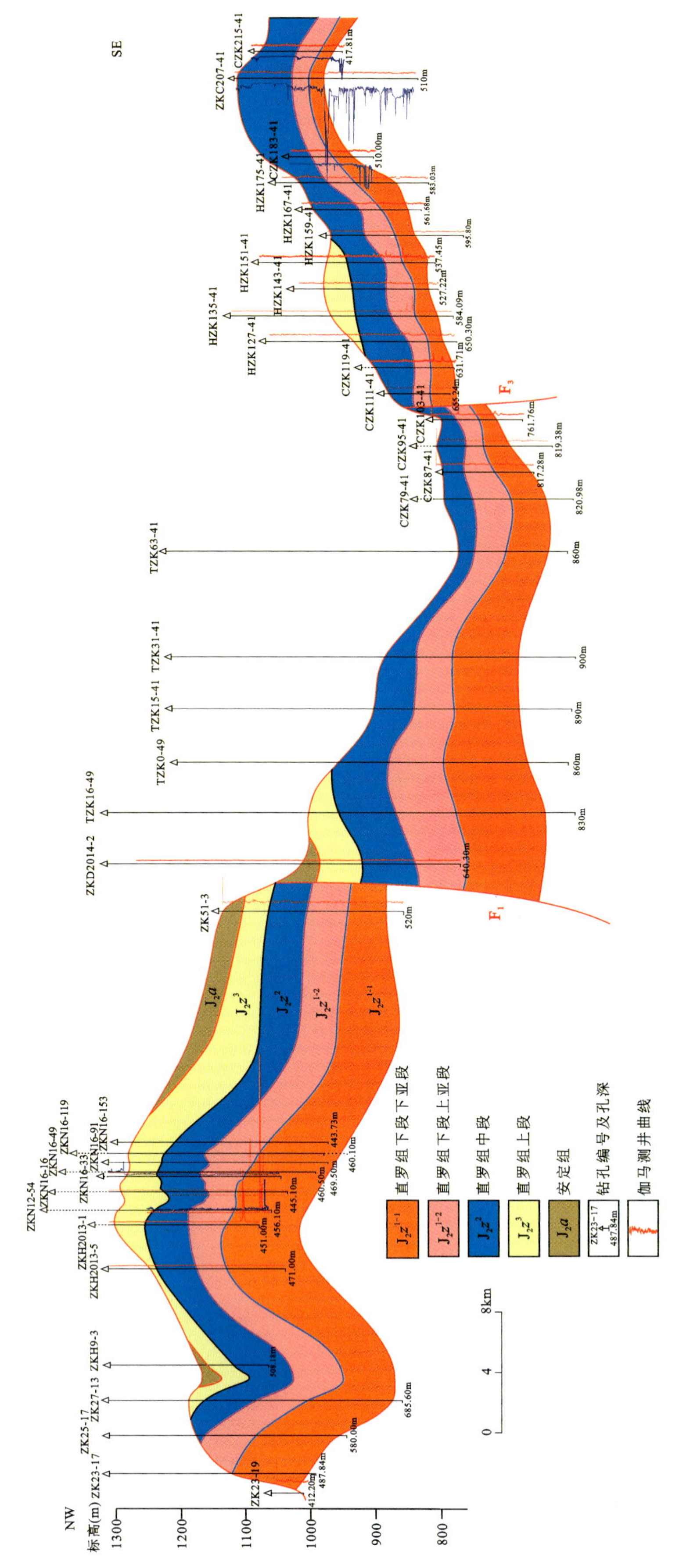

图 2-11　鄂尔多斯盆地北部北西-南东向剖面地层对比图

三、沉积体系类型

通过系统的露头调查、岩性观察、单井的垂向序列分析、测井信息及粒度分析工作等综合分析发现，鄂尔多斯盆地直罗组下段存在4种沉积体系类型，即辫状河沉积体系、辫状河三角洲沉积体系、曲流河沉积体系和(曲流河)三角洲沉积体系。其中，辫状河沉积体系和辫状河三角洲沉积体系发育于直罗组下段下亚段时期(J_2z^{1-1})，曲流河沉积体系和(曲流河)三角洲沉积体系发育于直罗组下段上亚段时期(J_2z^{1-2})。总体上，直罗组下段自下而上沉积体系的类型由辫状河沉积体系过渡为曲流河沉积体系，在直罗组下段下亚段时期(J_2z^{1-1})和上亚段时期(J_2z^{1-2})自北西向南东方向，沉积体系的类型分别由辫状河沉积体系和曲流河沉积体系过渡为辫状河三角洲沉积体系和(曲流河)三角洲沉积体系。

1. 辫状河沉积体系

辫状河沉积体系主要位于研究区北部呼斯梁—纳岭沟一带，以辫状河道为主，两个辫状河道宽度均在20km左右，规模很大，分别呈北北东-南南西向和北北西-南南东向展布(图2-12)。其最大特点是砂体具有极大的宽/厚值以及有限的泛滥平原。在钻孔剖面上，砂体通常表现为一种"泛连通"结构(图2-13)。岩性以粗砂岩和含砾粗砂岩为主，所以它具有砾质辫状河的特点(图2-14)，这表明其已接近物源区。此外，在辫状河沉积体系中，还识别出河道充填和泛滥平原等成因相(图2-15)。

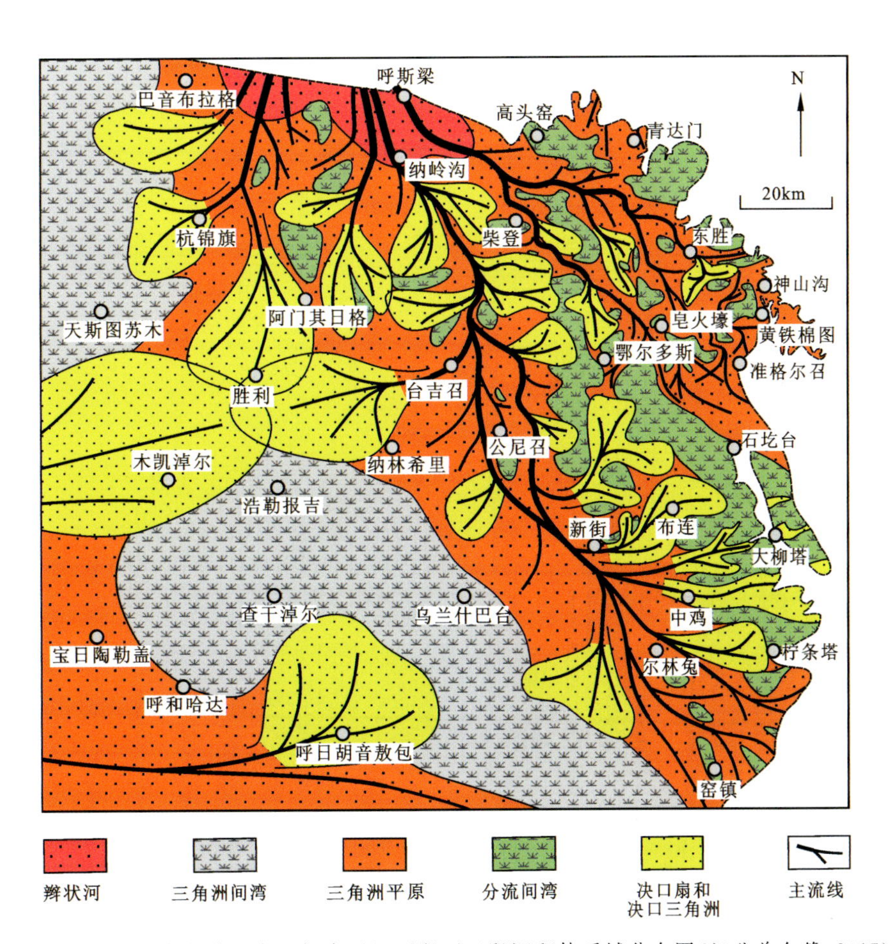

图2-12 鄂尔多斯盆地东北部直罗组下段下亚段沉积体系域分布图(据焦养泉等，2015)

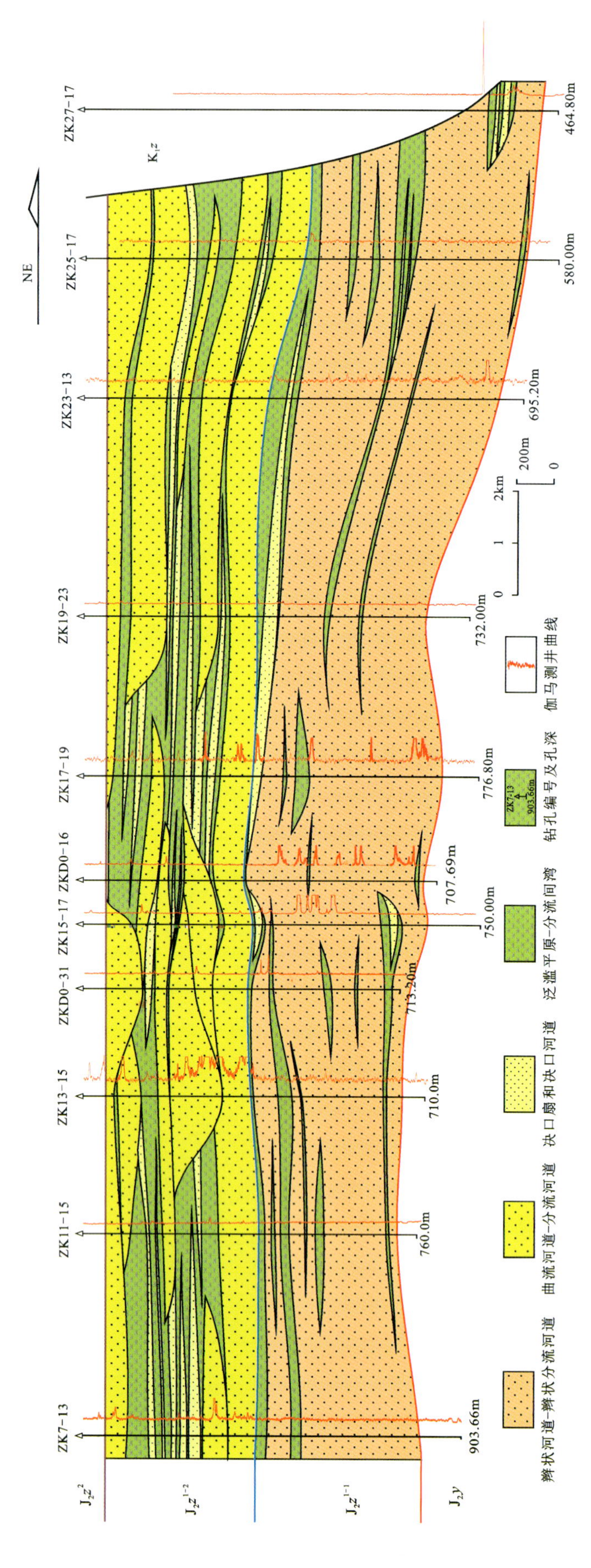

图 2-13 唐公梁—大营地区直罗组下段铀储层沉积剖面图

图 2-14　钻孔揭露的直罗组下段砾质辫状河沉积物岩芯(罕台川以西)

图 2-15　直罗组下段辫状河道砂体与泛滥平原沉积野外露头(高头窑)

2. 辫状河三角洲沉积体系

辫状河三角洲沉积体系是辫状河沉积体系向下游延伸的演化,其主要特点在于河道开始明显分叉,且由砾质河道逐渐演化为砂质辫状分流河道,在平面上呈现出鸟足状的形态(图 2-12);下亚段砂体在部分钻孔中还显示出了下细上粗的倒粒序,体现了三角洲的沉积特色(图 2-16)。研究发现,辫状河三角洲平原上通常广泛发育分流河道、废弃分流河道、分流间湾、决口河道、决口扇、越岸沉积和泥炭沼泽等成因相。相比而言,分流河道砂体是该体系的骨架和特色之所在,而分流间湾等发育有限(图 2-13)。

3. 曲流河沉积体系

直罗组下段上亚段曲流河沉积体系位于研究区北部呼斯梁—纳岭沟地区,主体由曲流河道构成。由于曲流河侧向迁移活跃且多为叠加河道,导致其河道范围很宽,最宽可达 30km,呈近南北向展布(图 2-17)。砂体普遍具有侧向迁移性,它既可以表现为点坝的侧向加积,也可以表现为河道的侧向迁移,这是曲流河沉积体系的典型特征。无论是露头剖面,还是钻孔剖面,所有资料都显示上亚段的砂体数量增加,但河道规模和宽/厚值明显变小,砂体的非均质性增强(图 2-13)。与此相反的现象是河道间的泛滥平原沉积规模变大,这也是曲流河沉积体系的主要特点之一。在曲流河沉积体系中,可识别出河道充填相、决口扇、废弃河道、泛滥平原等多种成因相。

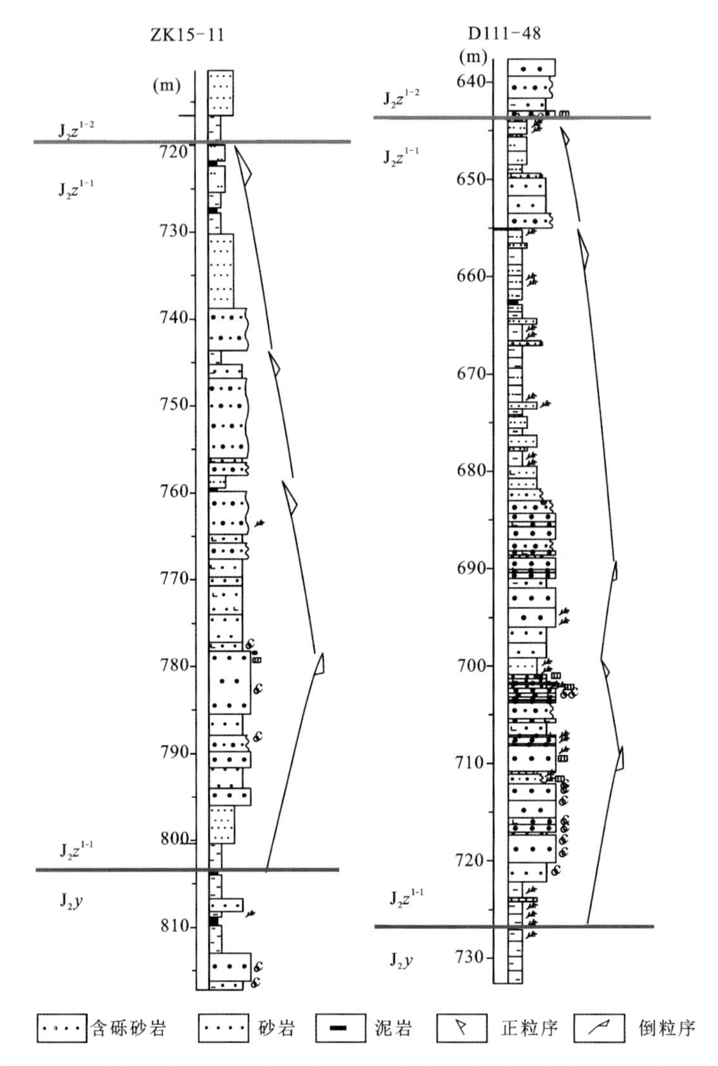

图 2-16　鄂尔多斯盆地北部大营地区直罗组下段下亚段倒粒序特征示意图

4.(曲流河)三角洲沉积体系

(曲流河)三角洲沉积体系在研究区大部分区域均有分布,与下亚段相似,主要由三角洲平原部分构成。三角洲平原主要由分流河道、分流间湾和决口扇组成。分流河道由北部曲流河河道向西南和东南方向延伸而来,其主要特点在于河道开始明显分叉,在平面上呈现出鸟足状的形态(图 2-17);上亚段砂体在北部唐公梁—大营地区部分钻孔中还显示出了先倒粒序后正粒序的组合序列,体现了三角洲的沉积特色,而且以三角洲平原为主体(图 2-18)。(曲流河)三角洲与辫状河三角洲的最大区别在于其分流河道的结构。由于(曲流河)三角洲源于曲流河沉积体系,所以它继承了曲流河的一些特征,如分流河道砂体呈单一的透镜状,且侧向迁移现象明显。不仅如此,(曲流河)三角洲平原上的分流间湾沉积物也显著增加。

四、成矿流场

晚侏罗世的早燕山运动,在阴山造山带表现为大规模逆冲推覆造山作用,这一过程波及到了鄂尔多斯盆地北部地区,从而为大规模的铀成矿作用奠定了基础。一方面,早燕山运动将直罗组铀储层剥露地表,使源于阴山造山带的溶解铀(充氧富铀流体)能充分地入渗到铀储层中,形成区域层间氧化带并使铀

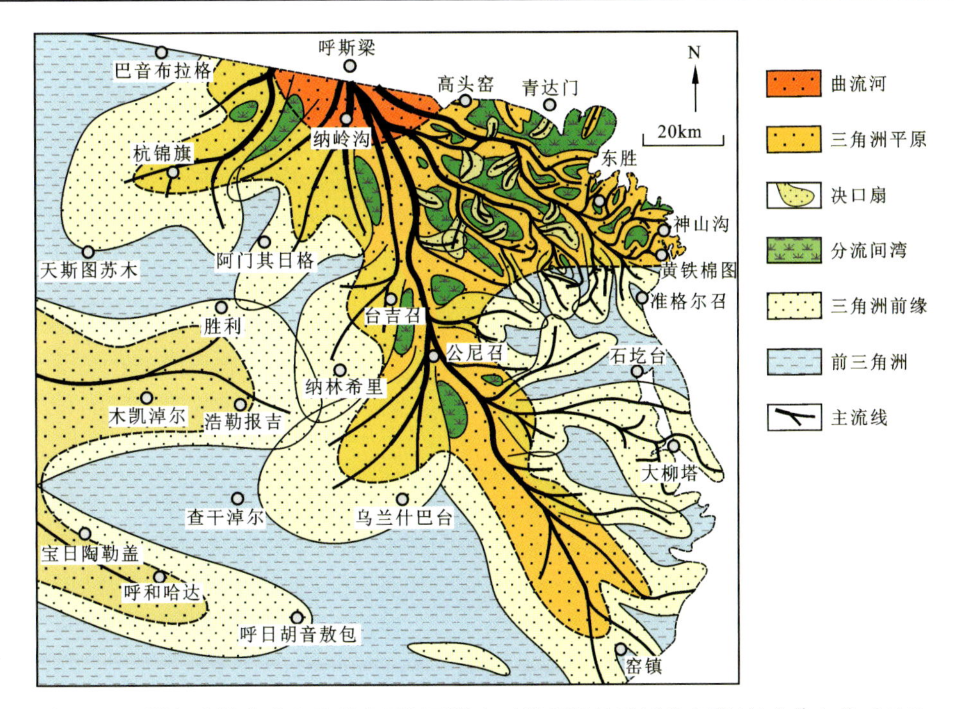

图 2-17　鄂尔多斯盆地东北部直罗组下段上亚段沉积体系域分布图(据焦养泉等,2015)

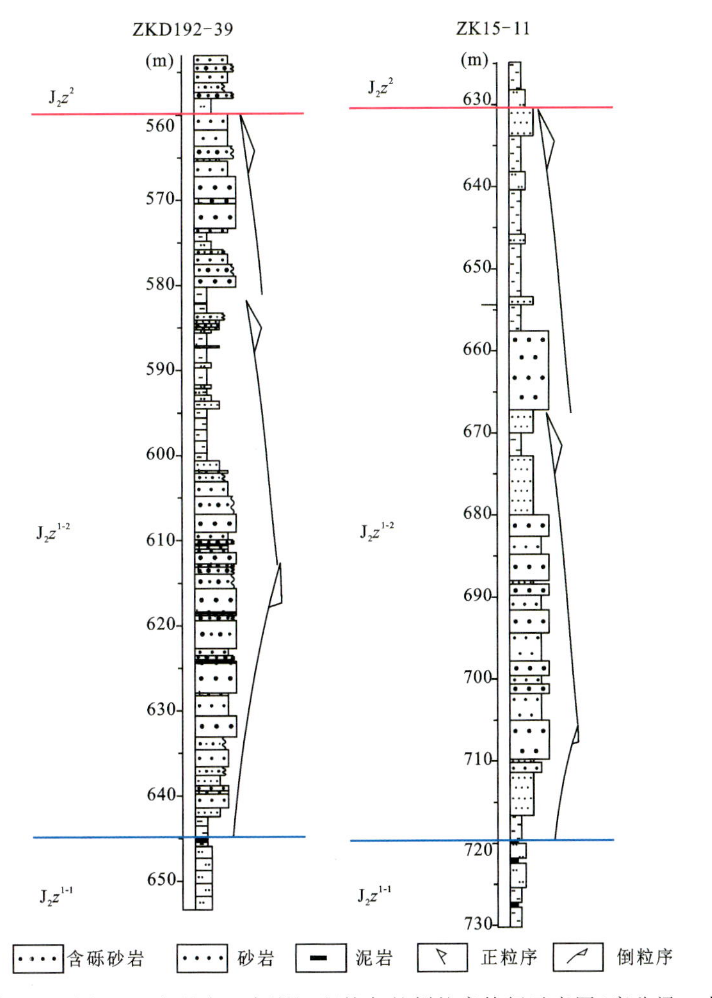

图 2-18　直罗组下段上亚段具有三角洲沉积特色的倒粒序特征示意图(唐公梁—大营地区)

富集成矿；另一方面，区域地质调查发现，早燕山运动的逆冲推覆体系影响到了研究区，泊尔江海子逆冲断层有可能隶属于阴山逆冲推覆体系，它可能充当了区域含矿流场的泄水通道。这样一来，就构成了完整的大规模的补、径、排成矿流体系统，于是主要铀成矿作用开始发生。

河套断陷的形成破坏了“古大型伊陕斜坡”的完整性，切断了阴山造山带铀源向鄂尔多斯盆地输送的途径，导致大规模铀成矿作用被终止。源于造山带的充氧富铀流体缺失必将导致盆地还原流场的增强，而不同时期不同性质的断层可能为流场的重大转换提供了重要输导通道。在盆地内部，河套断陷南缘的配套正断层系列已经影响到了东胜铀矿田。这些正断层以及少数长期活动的诸如泊尔江海子逆断层，可能为盆地还原介质向铀储层和铀矿体中的运移提供了输导通道，从而导致大规模二次还原作用的发生，使东胜铀矿田得以完整保存(图 2－19)。盆山结合部位的“宽缓大斜坡”是同沉积期地表水系的径流区，通过地表水系将造山带物源区大量的风化剥蚀物搬运至沉积盆地沉积而构成潜在的含铀岩系。同样，在成矿期，盆山结合部位的“宽缓大斜坡”也成为富氧含铀成矿流体的径流区与补给区。研究发现，当成矿期的含矿流场与沉积期的古水流场同位同向且基本一致时，往往更加有利于大型“层间氧化带型”砂岩铀矿床的形成。究其原因，主要在于铀储层砂体的多孔介质具有各向异性特征，其平行古水

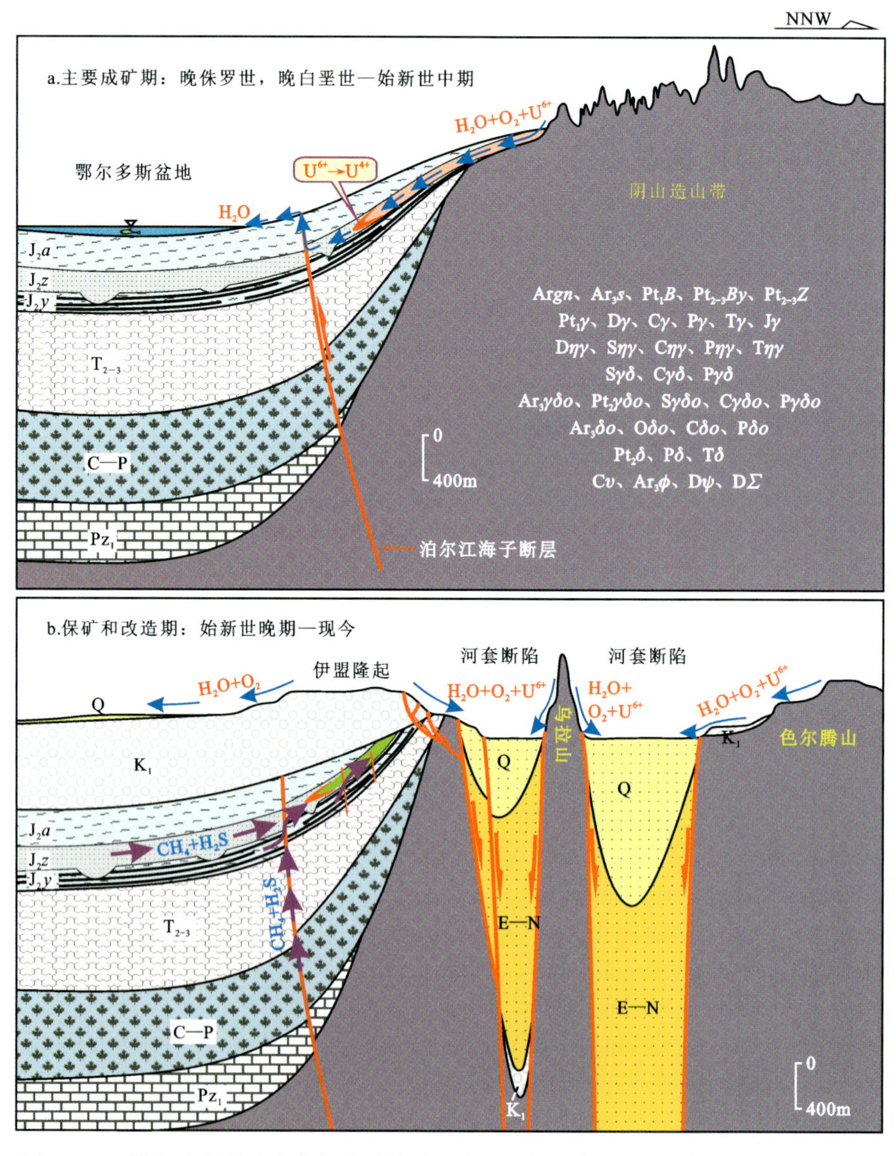

图 2－19 鄂尔多斯盆地东北部东胜铀矿田成矿流场示意图(据焦养泉等，2006，2015)

流的水平渗透率相对最高，所以当含矿流场具有继承性时铀储层砂体中的层间氧化效率最高而且铀的搬运通量最大。因此，有利的“宽缓大斜坡”构造驱动背景是成就大型矿床的根本所在，而一旦当“宽缓大斜坡”被破坏，那么成矿作用就被终止或者形成流场面貌迥异的新成矿系统。

第三节 二连盆地

二连盆地是在内蒙古-大兴安岭海西期褶皱带基底上和燕山期拉张翘断构造应力场的作用下发育起来的中新生代断陷沉积盆地，盆内划分为“五坳一隆”共6个构造单元(图2-20)，即马尼特坳陷、乌兰察布坳陷、川井坳陷、腾格尔坳陷和乌尼特坳陷及苏尼特隆起，三级构造划分为53个凹陷和22个凸起，总面积约11万km^2。

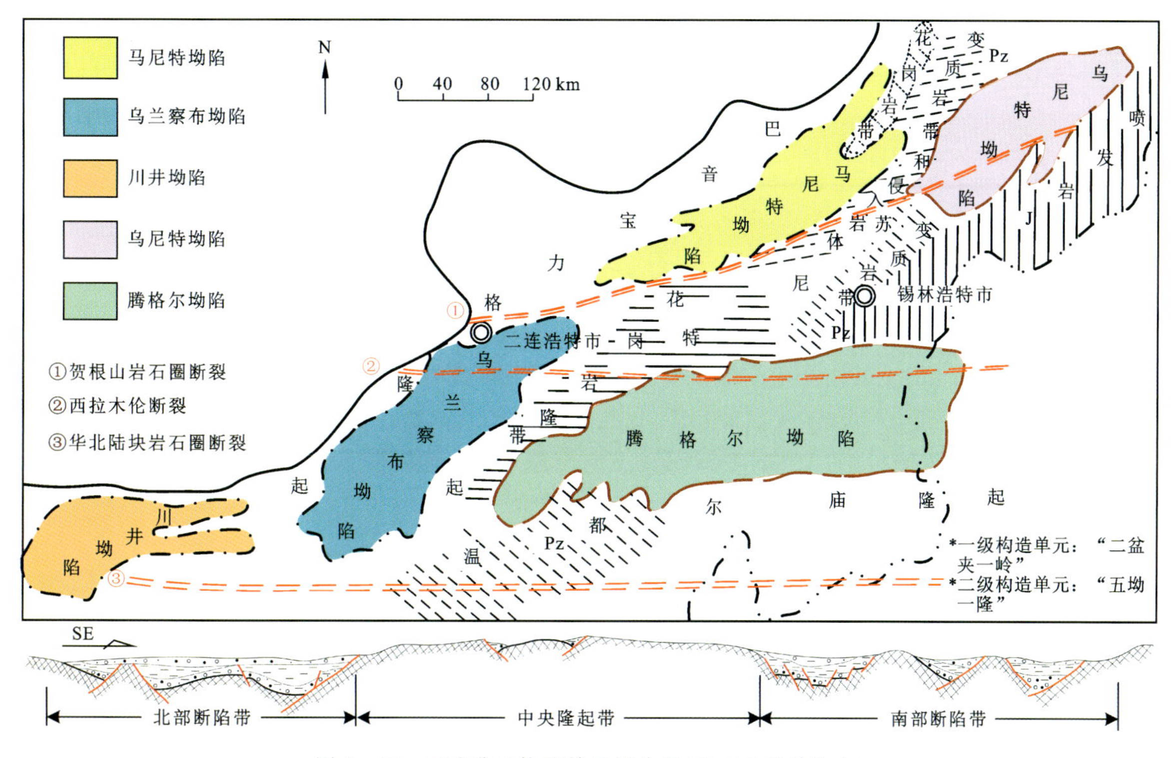

图2-20 二连盆地构造单元划分图(据石油资料综合)

盆地内主要发育下白垩统巴彦花群，包括阿尔善组(K_1a)、腾格尔组(K_1t)和赛汉塔拉组(K_1s)，上白垩统二连达布苏组(K_2e)，古近系和新近系仅在局部地区发育。其中，赛汉塔拉组(K_1s)上段和二连达布苏组(K_2e)是主要含矿层位。

一、构造与演化

古生代末，太平洋板块和欧亚板块强烈挤压，形成二连盆地隆坳相间的构造格局，中生代受印支运动的影响，三叠纪整体抬升遭受剥蚀。根据二连盆地构造演化特征，将二连盆地主要发育期分为两个裂陷幕，即晚侏罗世(J_3)至早白垩世阿尔善期(K_1a)为裂陷Ⅰ幕，腾格尔组(K_1t)至赛汉塔拉组(K_1s)沉积期为裂陷Ⅱ幕，两个裂陷幕形成两个完整的“粗—细—粗”二级层序。

晚侏罗世处于裂陷Ⅰ幕的初始期，裂陷活动强烈，二连盆地相继发育了一系列断块凹陷，同时伴有强烈的火山活动，分割充填沉积了一套杂色粗碎屑岩夹火山岩建造。早白垩世初期，产生了北西-南东向拉张应力，多凸多凹的构造特征开始形成，接受了早白垩世阿尔善组—腾格尔组碎屑岩沉积。

阿尔善组(K_1a)沉积期为裂陷Ⅰ幕中、晚期。早期为湖侵事件的末期，盆地以滨浅湖亚相为主，半深湖亚相分布在各个凹陷的中心(祝玉衡等，2000)，沉积物以底部的杂色砂砾岩夹薄层棕红—紫红色、灰绿色泥岩向上迅速演变为绿灰色、深灰色、黑灰色泥岩夹薄层泥灰岩和粉、细砂岩；晚期，由于构造抬升，湖盆收缩，水体变浅，岩性为绿灰色、灰绿色砂砾岩与泥岩呈不等厚互层。沉积体系以早期发育初期冲洪积-河流沉积体系为主，到中期以滨浅湖-半深湖沉积体系为主，再到晚期以冲洪积-河流沉积体系为主。

腾格尔组(K_1t)沉积期作为裂陷Ⅱ幕的早、中期，盆地沉积体系由最初的扇三角洲、辫状河三角洲-滨浅湖沉积体系演变为半深湖—深湖沉积体系，岩性为灰色、深灰色泥岩夹少量砂岩、砂砾岩，是最主要的生油岩系(卫三元等，2006)。

赛汉塔拉组(K_1s)沉积期作为裂陷Ⅱ幕晚期，盆地回返、萎缩，具有断拗转换性质。此时，断陷强度已大大减弱，沉积速率超过沉降速率。赛汉塔拉组为潮湿环境下形成的一套河流相、三角洲相、河沼相及湖沼相灰色含煤碎屑岩建造，含黄铁矿，有机质含量也较高，其中河流沉积体系中河道充填沉积层是最主要的含矿目的层。赛汉塔拉组的沉积具有以下特点：①沉积范围缩小，但基本上在各个凹陷均有分布；②赛汉塔拉期的湖域面积缩减，以滨浅湖为主，在广大区域主要为河流相、三角洲相等粗碎屑岩沉积；③岩性、岩相在整个盆地内差别较小，厚度小，一般为40～500m；④盆地中的断裂活动减弱，断裂构造基本上没有穿透赛汉塔拉组，但是沉积格局还是受到以前的构造格局控制(卫三元等，2006)。

晚白垩世二连达布苏组(K_2e)沉积时，二连盆地在经历了强断陷作用之后，拗陷作用未发育完全即进入了衰亡期(王冰，1990；孟庆任等，2002；任建业等，1998)。晚白垩世，断裂活动已基本停止，盆地进入裂后热沉降阶段，沉积了二连达布苏组(K_2e)，辫状河相、辫状河三角洲相及滨浅湖相，下部岩性为砖红色、黄色含砾中粗砂岩、中细砂岩夹含砾粉砂岩、泥岩；上部岩性为灰色、灰绿色中细砂岩、粉砂岩、泥岩。

晚白垩世末至古近纪早期，太平洋板块运动方向由原来的北西向转变为北西西向。同时，印度板块与欧亚板块陆壳碰撞，形成一系列张扭性构造，构造反转强烈，二连盆地整体抬升，晚白垩世末至古近纪基本缺失沉积，这一阶段是二连盆地砂岩型铀矿主要的成矿时期。

古近系始新统伊尔丁曼哈组(E_2y)沉积范围在二连盆地分布较广，总体以一套干旱古气候条件下的河流-三角洲、滨浅湖、泛滥平原沉积为主，岩性主要为灰绿色砂岩、砂质砾岩、泥岩，并夹有砖红色砂质泥岩及灰黄色、灰白色砂岩、砂质砾岩。

中新世以来，二连盆地全区抬升剥蚀，部分地区有沉降，在半干旱气候条件下接受了一套以河流相为主的杂色碎屑岩沉积建造，包括中新统通古尔组(N_1t)及上新统宝格达乌拉组(N_2b)，岩性以红色含砂、砾泥岩为主，夹浅黄色、灰白色、浅灰绿色含砾粗砂岩、砂质砾岩。

更新世—全新世，二连盆地处于隆升状态，广泛接受风成砂沉积，出露大面积的第四纪玄武岩及玄武岩台地地貌景观。

二、含铀岩系结构

二连盆地下白垩统赛汉塔拉组(K_1s)上段为主要含铀层位，赛汉高毕小型、巴彦乌拉大型和哈达图大型砂岩铀矿床均赋存于该层位。上白垩统二连达布苏组(K_2e)为次要含铀层位，是努和廷超大型铀矿床的赋矿层位。

(一)赛汉塔拉组含铀岩系结构

1. 赛汉塔拉组重要界面识别

根据典型地震剖面、钻孔测井曲线形态和垂向序列结构，以及钻孔岩芯和野外露头信息识别出的关键界面与标志层：①腾格尔组与赛汉塔拉组之间的层序界面(SB1)；②赛汉塔拉组与上覆层位之间的层序界面(SB2)；③赛汉塔拉组上、下段之间的层序界面；④赛汉塔拉组下段中部的湖泛面。其中，SB1 和 SB2 是具有不整合性质的界面。

2. 赛汉塔拉组地层对比标志层

赛汉塔拉组可划分出 3 个一级标志层，分别是：①赛汉塔拉组下段的含煤岩系；②赛汉塔拉组下段湖泊扩展体系域的泥岩；③赛汉塔拉组上段低位体系域的厚大铀成矿砂体。划分出 8 个二级标志层，分别是：①赛汉塔拉组上段上部曲流河及洪泛红色泥岩；②赛汉塔拉组底部砾石层；③古近系及新近系含钙质、铁锰质红色泥岩及发白砂岩；④腾格尔组砾岩；⑤腾格尔组深湖泥岩；⑥二连达布苏组底部砖红色、黄色块状构造中粗砂岩或含砾砂岩；⑦二连达布苏组上段底部灰色、浅灰色泥岩；⑧二连达布苏组顶部膏盐层。

3. 赛汉塔拉组地层对比

根据古河谷赛汉塔拉组重要界面和地层对比标志层，对古河谷赛汉塔拉组进行了层序地层划分。赛汉塔拉组下段和赛汉塔拉组上段均为一个三级层序，赛汉塔拉组下段层序和赛汉塔拉组上段层序都可以分为低位体系域(LST)、湖泊扩展体系域(EST)和高位体系域(HST)(图 2－21)。

依据上述重要界面和地层对比标志层以及体系域的划分，可将赛汉塔拉组进行系统对比划分，主要的铀储层为赛汉塔拉组上段层序低位体系域和赛汉塔拉组下段层序低位体系域。

(二)二连达布苏组含铀岩系结构

二连盆地额仁淖尔凹陷努和廷铀矿床产出于晚白垩世含铀岩系二连达布苏组。根据岩芯、测井、野外露头和古生物组合等资料，对二连达布苏组关键界面和标志层进行了识别，划分了地层单元。在此基础之上，通过编制全区的网络化骨干剖面，完成了区域的地层对比，建立了二连达布苏组的等时地层格架。

1. 二连达布苏组关键界面和标志层识别

1)关键界面

(1)赛汉塔拉组与二连达布苏组之间的不整合面。二连达布苏组底部岩性以砖红色砂质砾岩、砂岩、泥质砂岩为主，分选性、磨圆度均较好。赛汉塔拉组顶部以一套砖红色、杂色含砾泥岩、粉砂岩为主，夹泥质砂岩、砾岩，总体泥砾混杂，分选差(图 2－22)。

(2)二连达布苏组与脑木根组之间的不整合面。二连达布苏组顶部以灰绿色、灰色细砂岩、粉砂岩为主，夹薄层泥岩，部分地区含有膏岩层。古近系脑木根组底部为黄色、灰色泥岩，见纹层理，含介形类化石(图 2－22)。额仁淖尔凹陷南部脑木根组超覆在二连达布苏组之上，不整合界线明显(图 2－23)。

2)标志层

(1)湖泛事件形成的灰色泥岩层。二连达布苏组中部的湖泛事件具有区域性，广泛分布的灰色、浅灰色泥岩是很好的标志层(图 2－23)。该标志层在湖盆中心明显，厚度大，部分泥岩具水平层理构造(图2－24a)；在湖盆边缘，厚度减薄，部分岩性演变为粉砂岩、细砂岩等。

(2)膏盐层。膏盐是湖泊在萎缩期，水体变浅，由于气候干旱，蒸发量大，逐渐沉淀而形成的。膏盐的分布范围局限，多限于湖泊中心，即膏盐的分布位置常反映湖泊的中心位置。每一期膏盐层的出现代表一次湖盆的萎缩事件，是地层对比过程中一个很重要的标志层。二连达布苏组的膏盐层位于其顶部，可能发育多期，与之共生的是砂岩或泥岩(图 2－24b)。

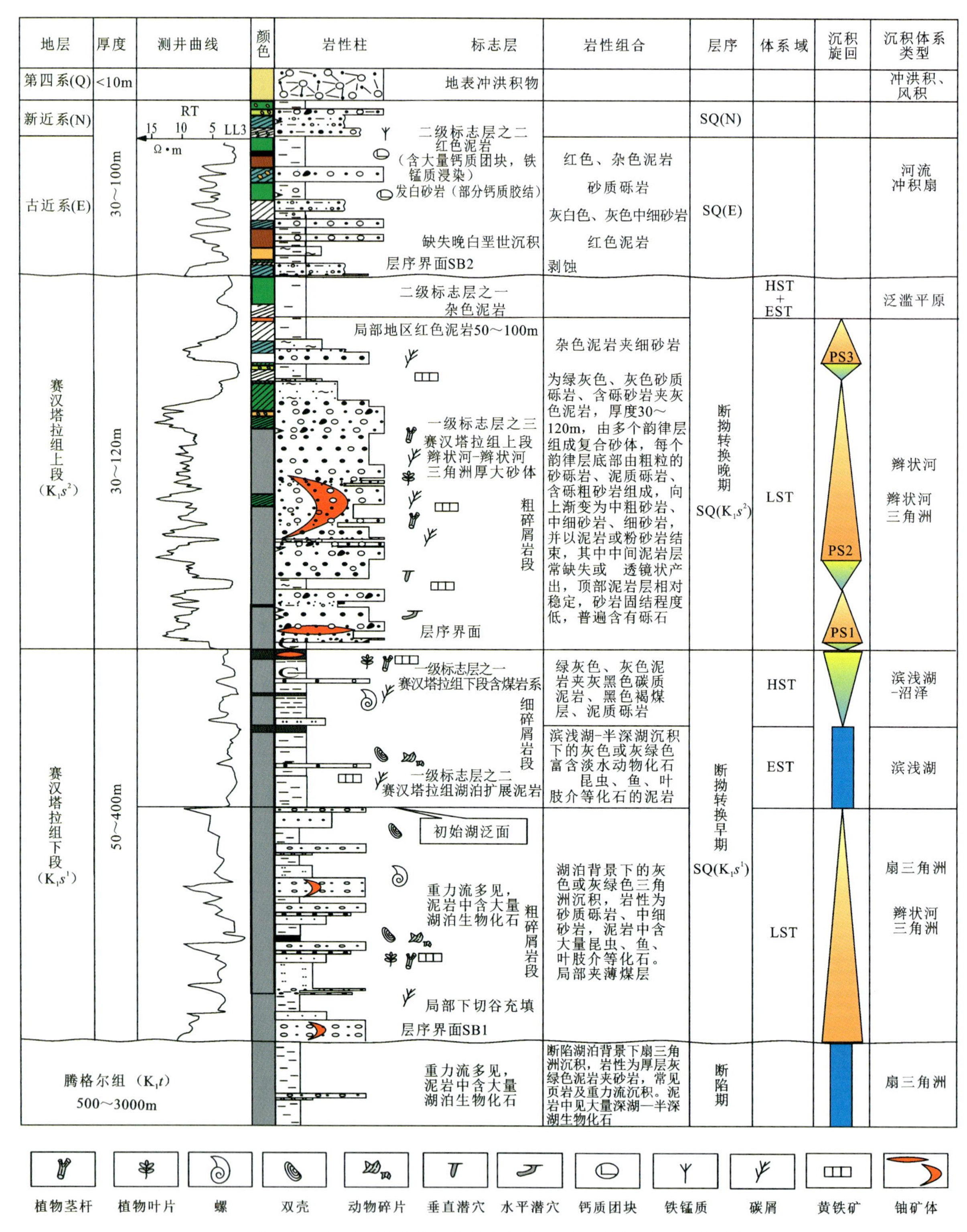

图 2-21　古河谷赛汉塔拉组地层结构、层序界面及标志层特征

2. 层序地层单元划分与对比

1)层序地层单元划分

根据上白垩统二连达布苏组与赛汉塔拉组之间的不整合面以及二连达布苏组与脑木根组之间的不

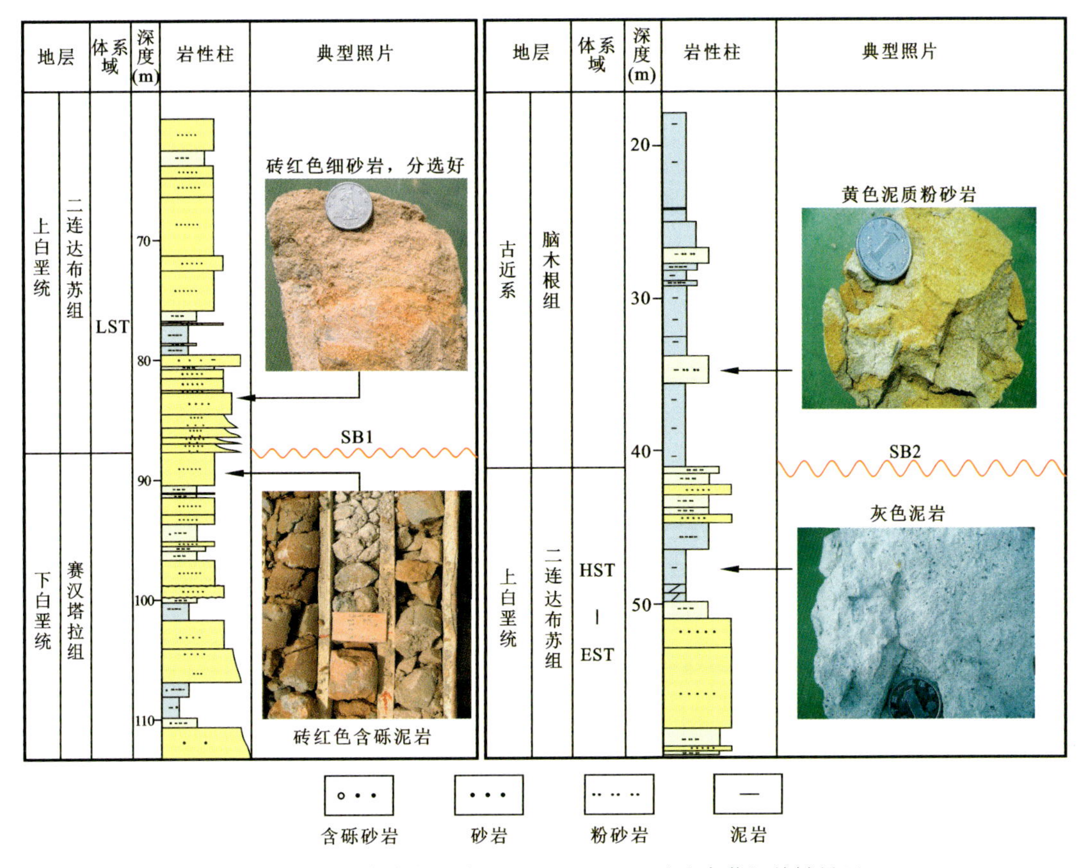

图 2-22　额仁淖尔凹陷 EZK244-455 二连达布苏组关键界面

整合面，研究认为上白垩统二连达布苏组是一个完整的三级层序(SQ)。根据初始湖泛面(FFS)和最大湖泛面(MFS)，可以把二连达布苏组进一步划分为 3 个体系域：低位体系域(LST)、湖泊扩展体系域(EST)和高位体系域(HST)。由于单独划分高位体系域较为困难，且意义不大，因此将湖泊扩展体系域和高位体系域合并为一个编图单元，低位体系域单独作为一个编图单元。

2)层序地层对比

在关键界面和标志层识别的基础上，进行了全区网络化骨干剖面地层对比，并将对比的分层结果对应到剖面间钻孔，进行了局部小区剖面地层对比(图 2-25)。大量的剖面对比表明，在二连达布苏组内，由初始湖泛面划分的低位体系域(LST)和湖泊扩展-高位体系域(EST-HST)两分性明显(图 2-23、图 2-26a)，在湖泊扩展-高位体系域共可识别出 4 个小层序(图 2-26b)。

额仁淖尔凹陷二连达布苏组发育具有以下规律(图 2-27)：二连达布苏组顶、底界分别以不整合与脑木根组、赛汉塔拉组接触，底界面如锅底形态(中间低，四周高)，在盆地边缘上部剥蚀严重；层序内部由 3 个体系域组成，低位体系域主要由红色、灰色、灰绿色砂岩组成，湖泊扩展-高位体系域主要由泥岩组成，顶部含有砂岩、膏盐；地层呈中间厚、两边薄的趋势；岩石粒度具有盆地边缘粗、中间细的特点。

三、沉积体系类型

(一)赛汉塔拉组沉积体系类型

赛汉塔拉组共识别出辫状河沉积体系、辫状河三角洲沉积体系、扇三角洲沉积体系、冲积扇沉积体系、湖泊沉积体系 5 种沉积体系类型(图 2-28)。北东区段赛汉塔拉组下段以辫状河三角洲和扇三角洲

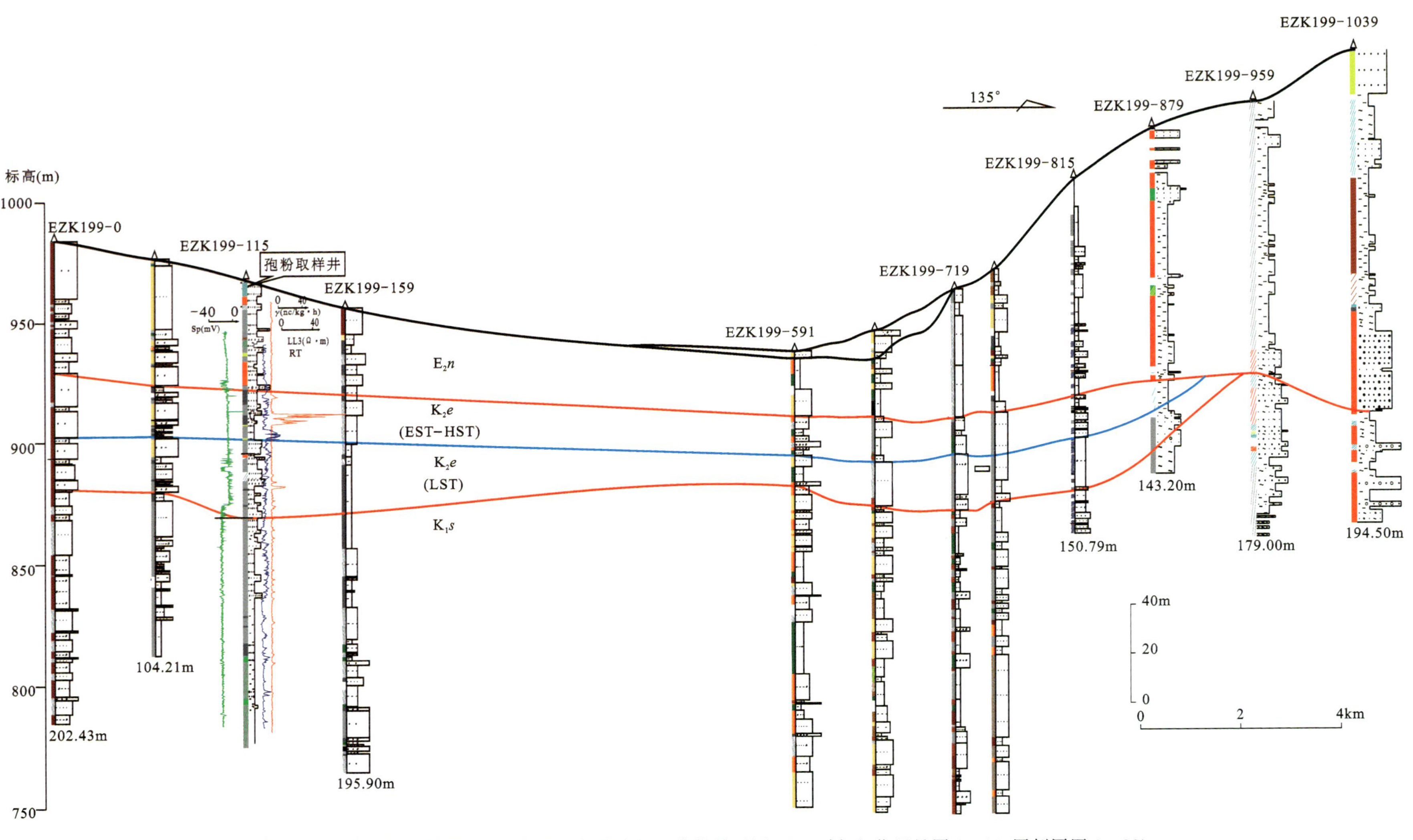

图 2-23　额仁淖尔凹陷二连达布苏组与脑木根组接触关系图(E199 剖面,位置见图 2-25,图例同图 2-22)

图 2-24　额仁淖尔凹陷二连达布苏组标志层的典型岩芯样品照片

a. 初始湖泛时期发育水平层理的泥岩，E352-399，50.8m；b. 与砂岩共生的膏盐，E224-463，47.5m

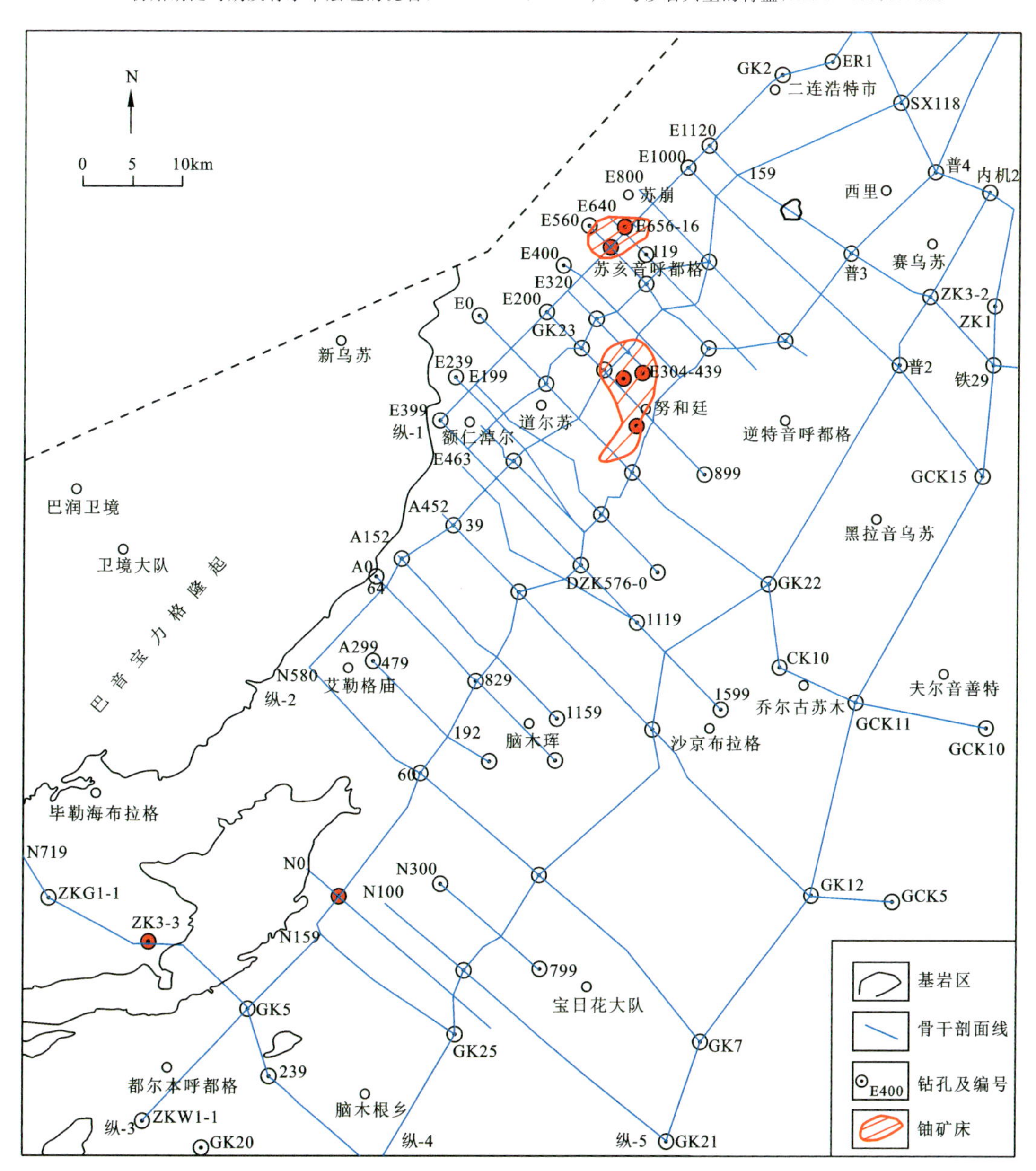

图 2-25　额仁淖尔地区骨架剖面平面位置图

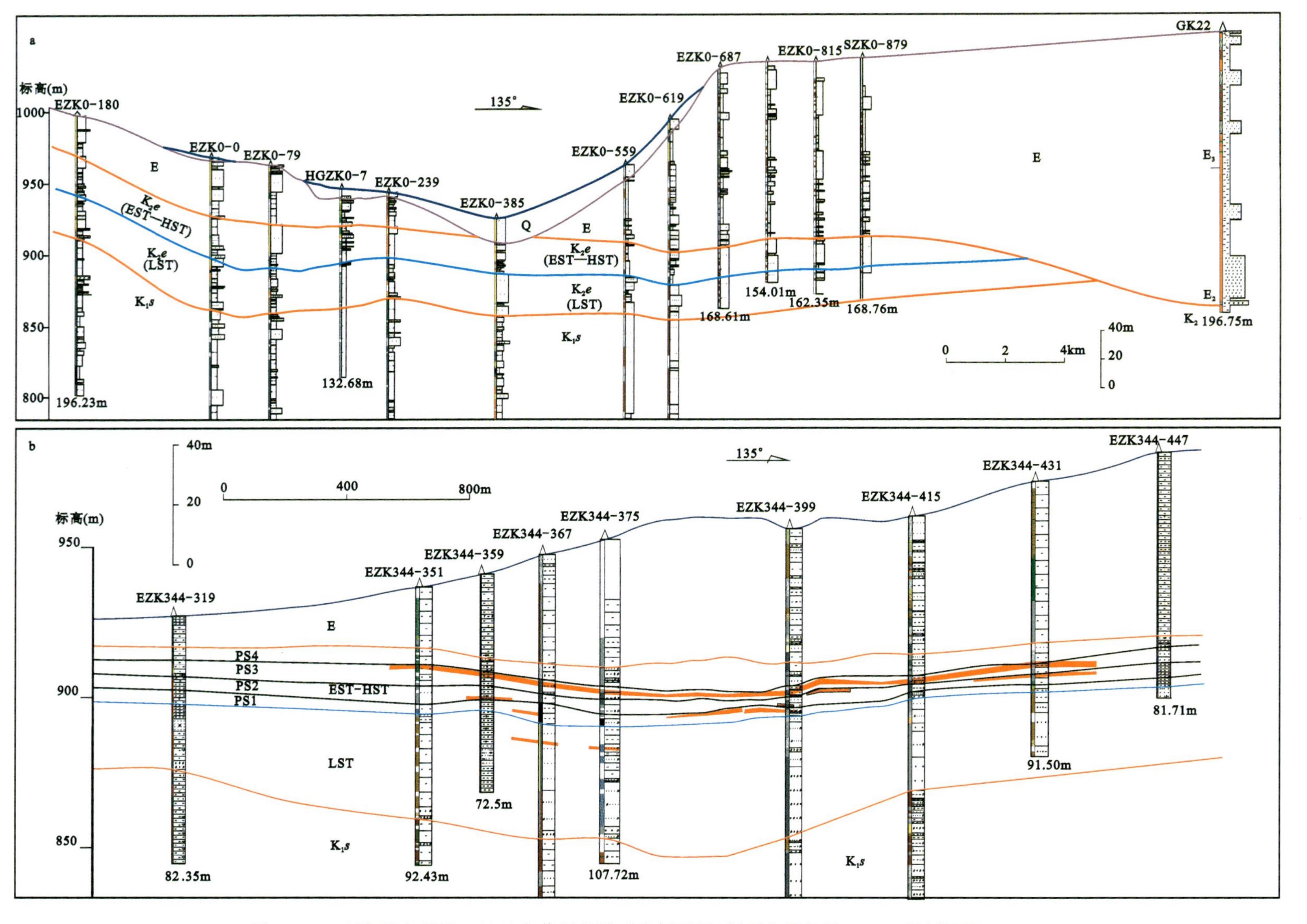

图 2-26　额仁淖尔凹陷二连达布苏组地层对比剖面图（剖面位置见图 2-25，图例同图 2-22）

a. 全区骨干剖面 E0 号线；b. 小区域剖面 E344 号线

沉积为主，赛汉塔拉组上段以辫状河三角洲沉积为主；南西区段赛汉塔拉组下段以砾质辫状河沉积为主，赛汉塔拉组上段以砂质辫状河沉积为主。

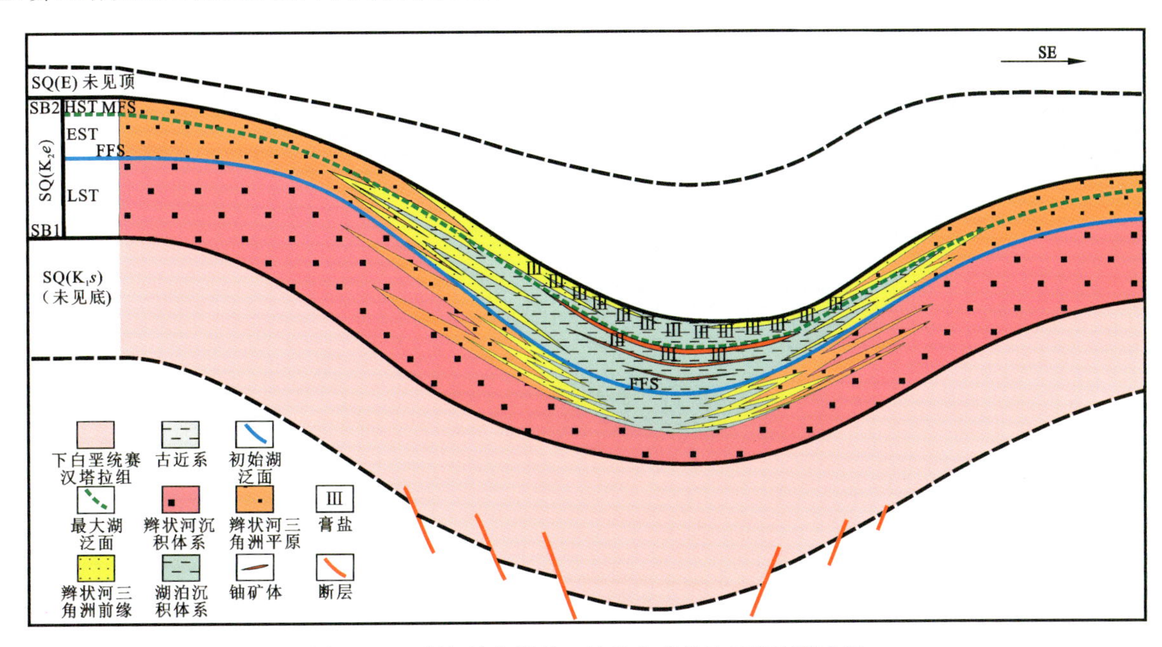

图 2-27　额仁淖尔凹陷二连达布苏组地层发育模式图

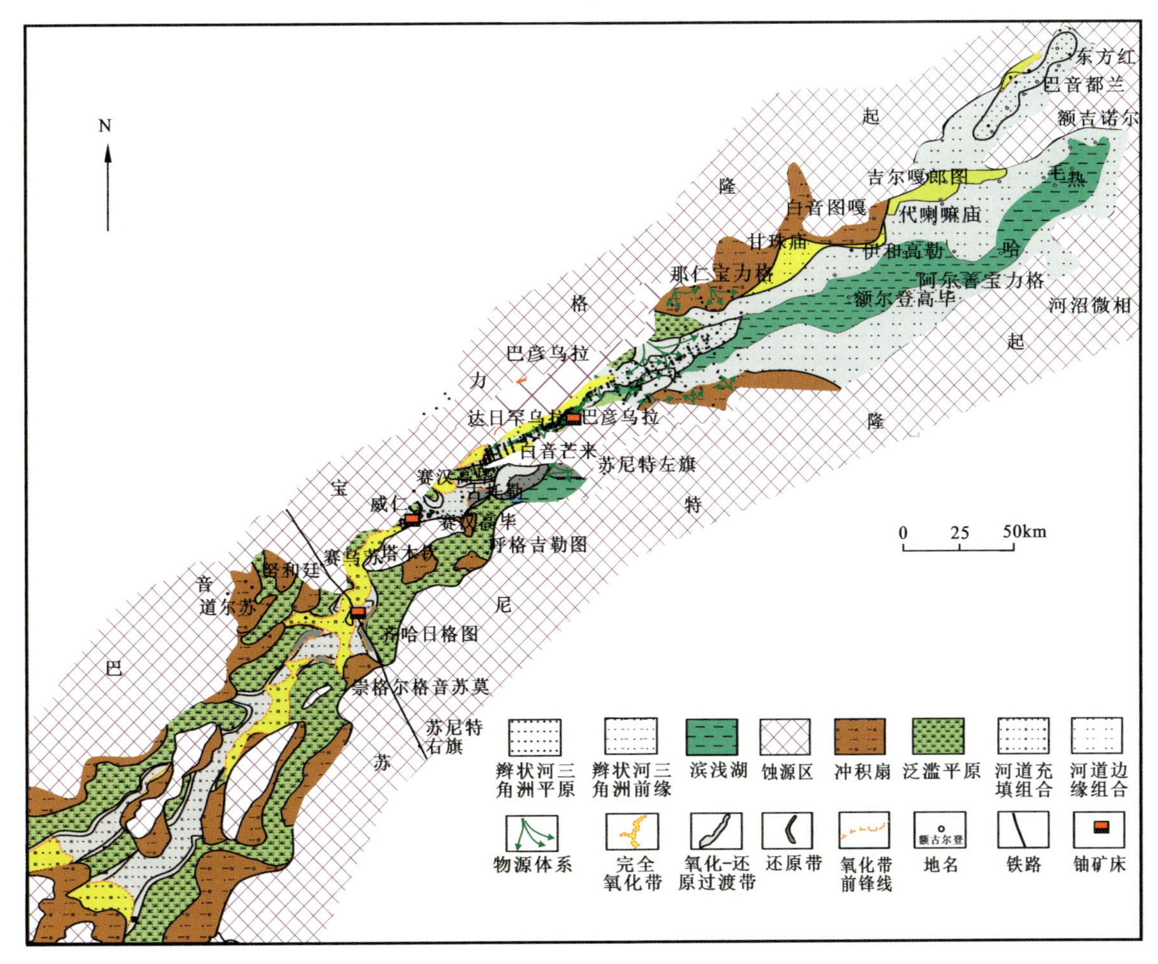

图 2-28　二连盆地中部古河谷赛汉塔拉组沉积体系图

赛汉塔拉组上段主要铀储层砂体的成因类型是辫状河及辫状河三角洲，以砂质沉积为主，砾质沉积为次。其中，巴彦乌拉铀矿床及外围赛汉塔拉组上段主要为辫状河三角洲平原沉积，在其内部能识别出主要辫状分流河道、次要辫状分流河道和分流间湾（图 2－29）。

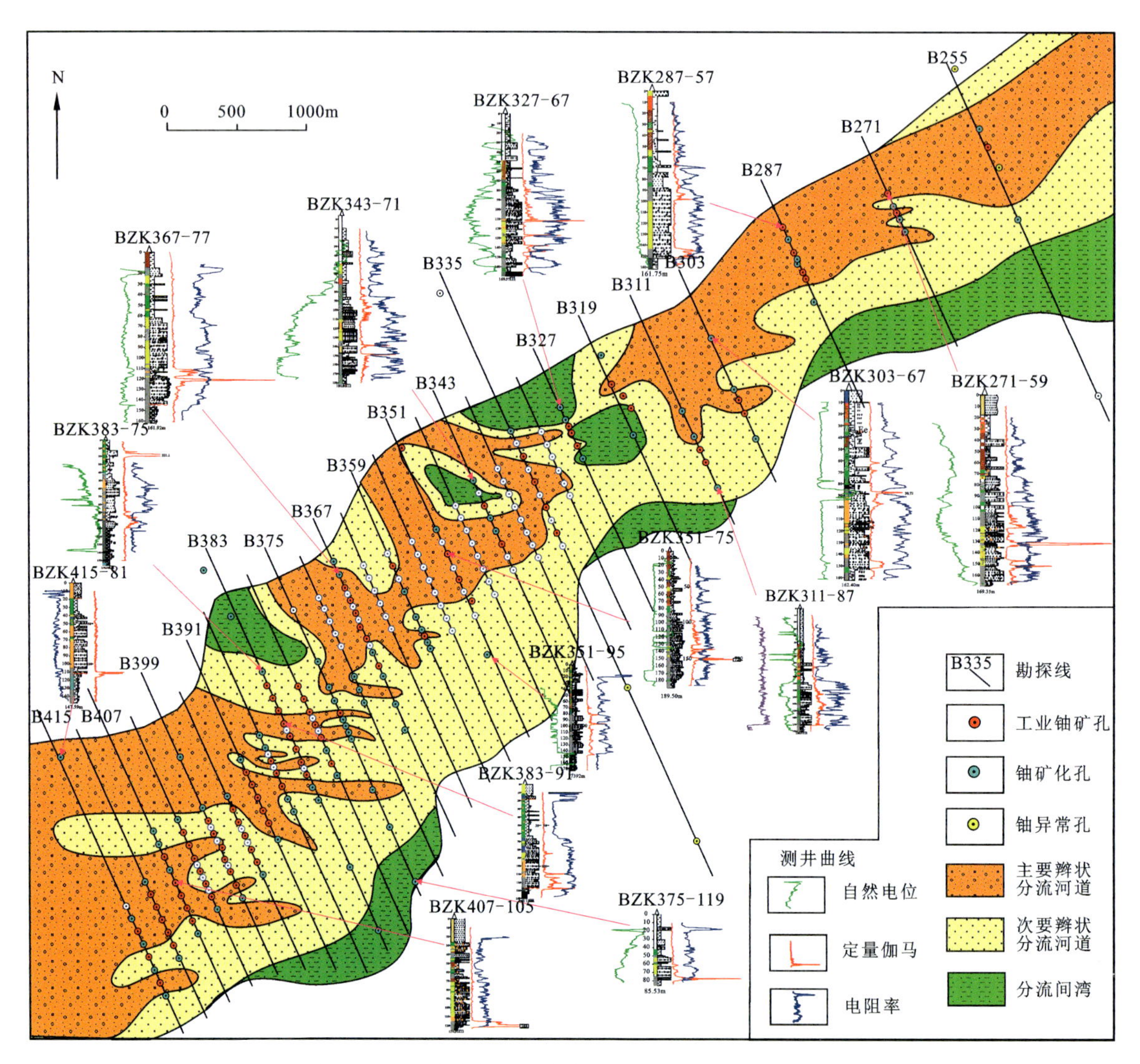

图 2－29　巴彦乌拉铀矿床赛汉塔拉组上段沉积体系图

赛汉高毕铀矿床赛汉塔拉组上段主要发育辫状河沉积体系，盆地边缘发育的冲积扇沉积体系为辫状河提供物源。其中辫状河沉积体系主要由河道充填组合、河道边缘组合和泛滥平原构成（图 2－30）。冲积扇沉积体系由扇根、扇中、扇端及泛滥平原组成。赛汉塔拉组上段主要由南西-北东向的辫状河沉积组成，特别要注意的是周缘蚀源区也发育了侧向补给物源，同样也为辫状河沉积。因此赛汉塔拉组上段发育的是由多个侧向物源补给的辫状河沉积体系。

哈达图铀矿床赛汉塔拉组上段砂体连续性好，但是非均质性依然很突出。赛汉塔拉组下段砾质辫状河道规模较大（图 2－31），总体上呈南西-北东向展布，砾质河道充填构成了河流沉积的主体，地震剖面 L2 线显示了典型的下切河谷特征。剖面上显示砾质辫状河有多河道多期次的叠加，河道砂体相互切割，导致砂体在横向上连续，形成了宽近 10km 的砾质辫状河道沉积体系组合。

赛汉塔拉组上段层序为砂质辫状河沉积，河道砂体发育程度不及砾质辫状河道。砂体逐渐呈现“孤

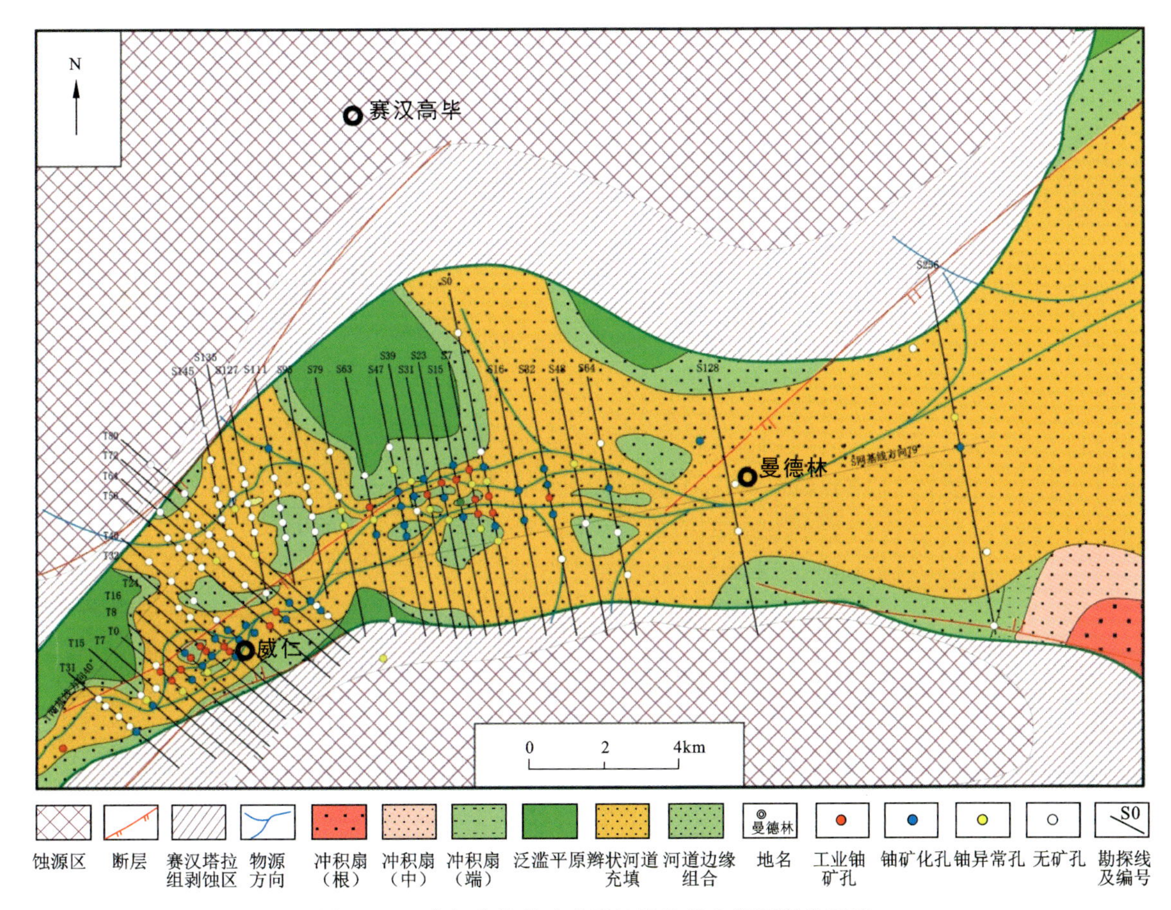

图 2-30 赛汉高毕铀矿床赛汉塔拉组上段沉积体系图

立"特征(图 2-32)。相较于赛汉塔拉组下段层序,赛汉塔拉组上段层序的辫状河道范围增大,物源相对分散,具有典型的辫状河沉积特点。从剖面上看,这时期的辫状河道迁移特点明显,反映了多期次叠加的特征。物源方向上基本继承了早期的砾质辫状河,仍然为多物源的组合特征。

无论是砾质辫状河道还是砂质辫状河道,其沉积体系在平面上都具有明显相变,内部的成因相具有各自的几何形态,在沉积体系级大尺度上表现出了平面沉积非均质性。

(二)二连达布苏组沉积体系类型

根据沉积现象观察,结合典型沉积剖面对二连达布苏组低位体系域(LST)和湖泊扩展-高位体系域(EST-HST)进行了沉积体系分析。研究认为,在额仁淖尔凹陷,低位体系域时期发育的沉积体系类型有辫状河沉积体系、辫状河三角洲沉积体系和湖泊沉积体系,湖泊扩展-高位体系域时期发育的沉积体系类型有辫状河三角洲沉积体系和湖泊沉积体系。

1. 辫状河沉积体系

辫状河沉积体系发育在低位体系域的下部,靠近盆地边缘,以砾质辫状河沉积为主,向盆地方向逐渐过渡为砂质辫状河沉积(图 2-33),识别出的成因相主要有辫状河道和泛滥平原(图 2-34)。砾质辫状河道沉积物岩性组合以砖红色、黄色砾岩、含砾中粗砂岩为主(图 2-35a);砂质辫状河道沉积物岩性组合以中、细砂岩(图 2-35b)为主,底部发育少量砾岩。

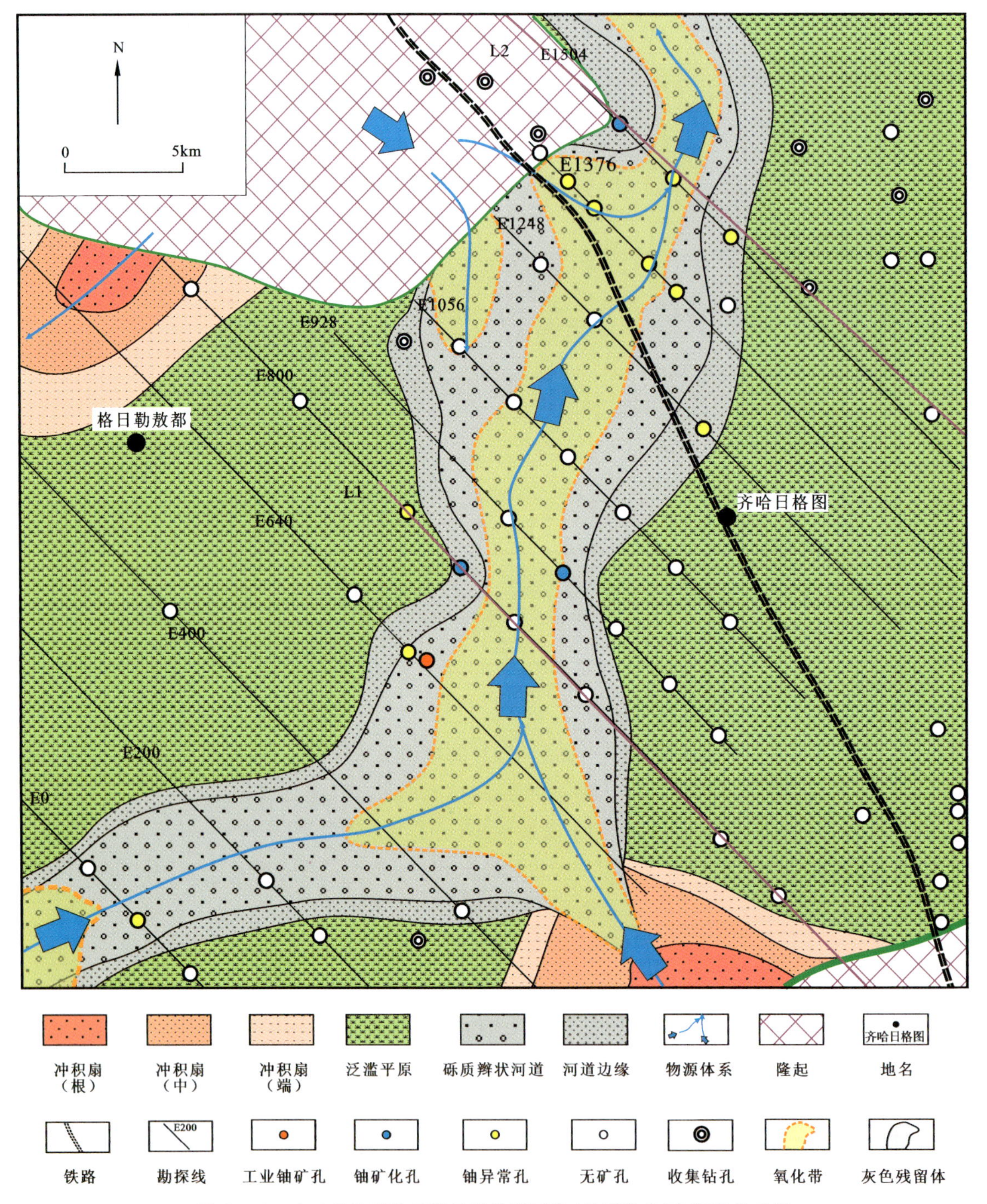

图 2-31　齐哈日格图地区赛汉塔拉组下段（砾质辫状河）沉积体系图

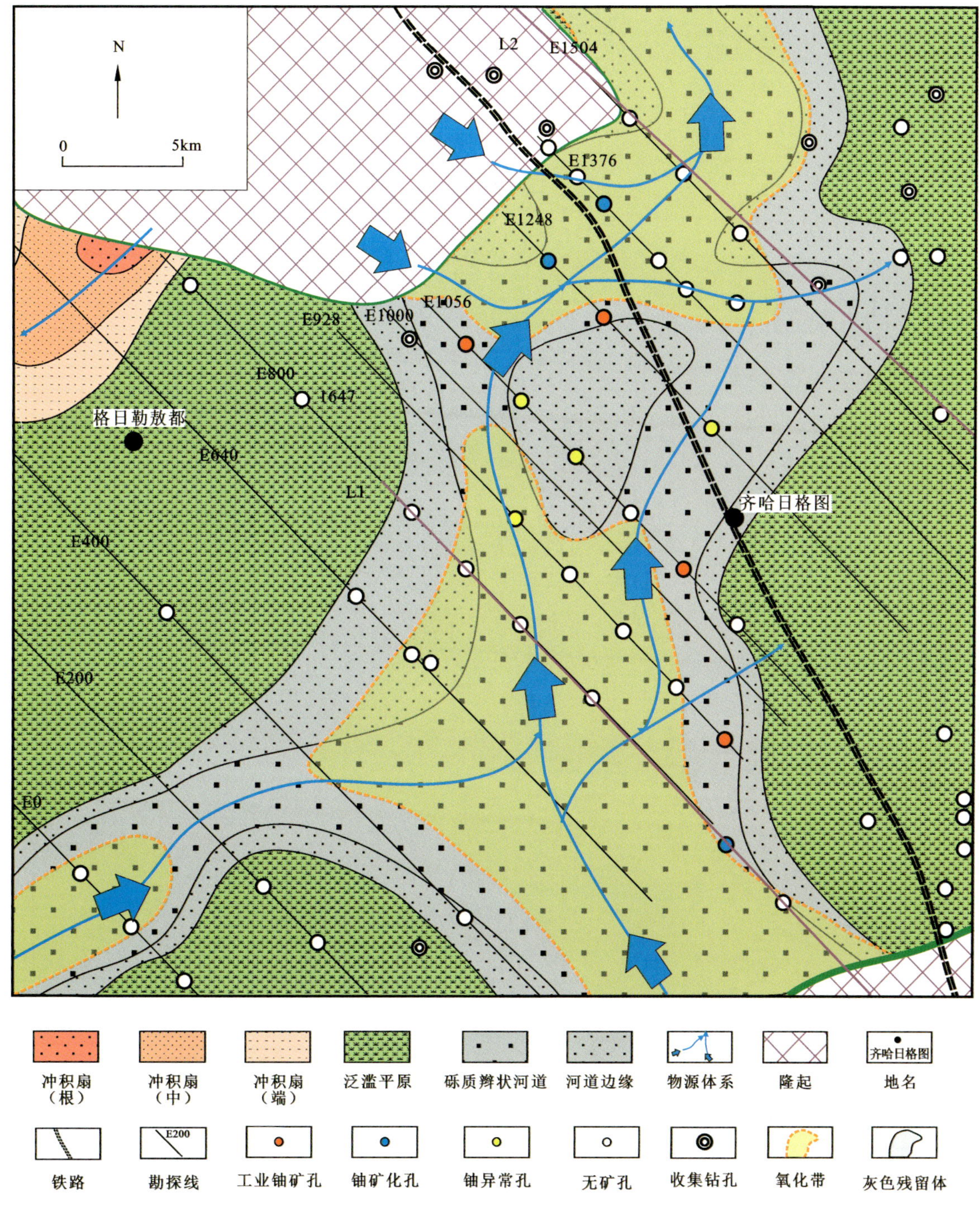

图 2-32　齐哈日格图地区赛汉塔拉组上段（砂质辫状河）沉积体系图

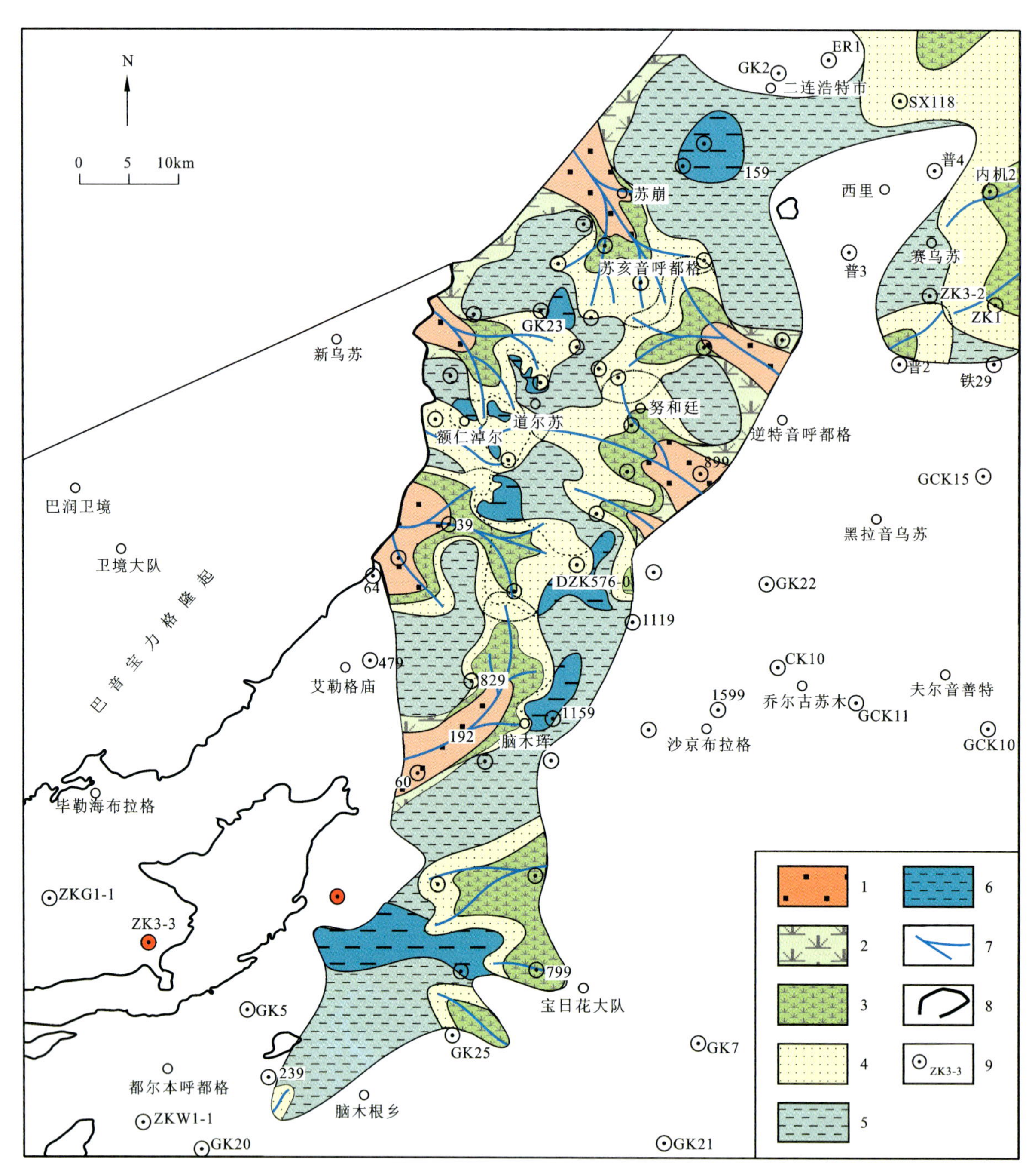

图 2-33　额仁淖尔地区二连达布苏组低位体系域图(据焦养泉等,2009)

1. 主干辫状河道;2. 辫状河三角洲平原;3. 滨岸平原;4. 辫状河三角洲前缘;5. 滨浅湖;6. 半深湖—深湖;7. 水道主流线;8. 基岩区;9. 钻孔位置及编号

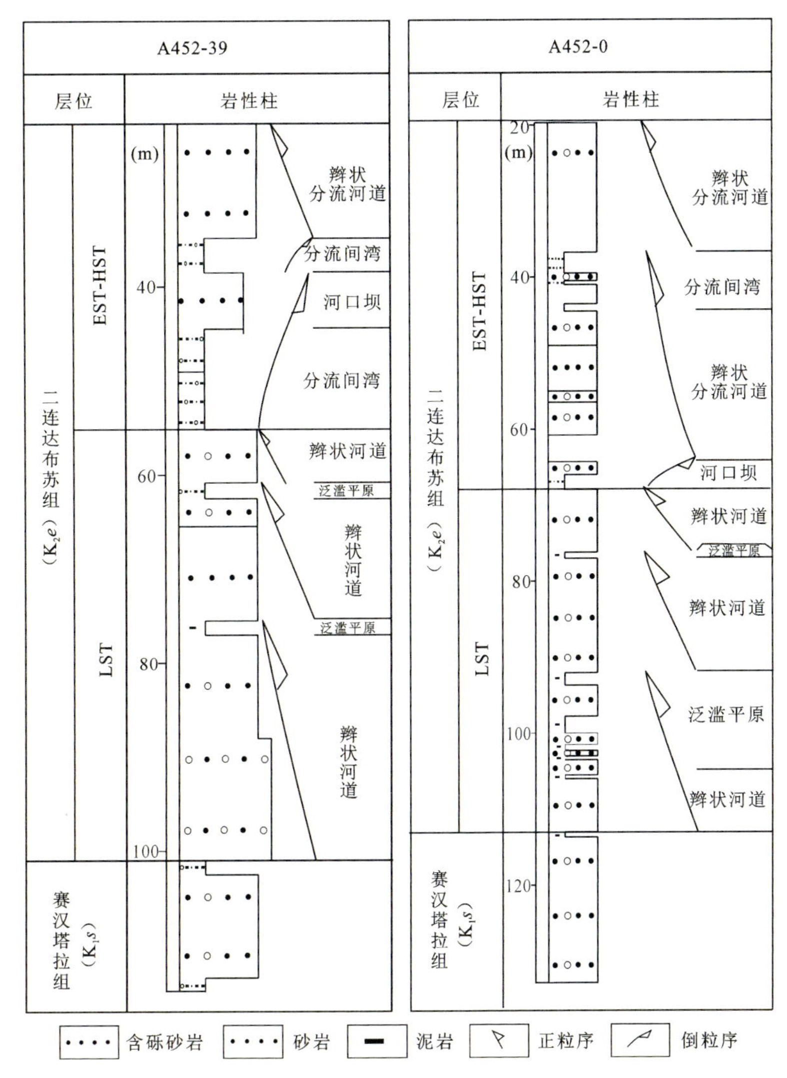

图 2-34 辫状河沉积体系成因标志

图 2-35 辫状河道充填典型照片

a.砾质辫状河道,EZK135-783,123m;b. 砂质辫状河道,EZK352-399,77.5m

2. 辫状河三角洲沉积体系

辫状河三角洲沉积体系在低位体系域中上部及湖泊扩展-高位体系域广泛发育(图2-36、图2-37),空间位置上多垂直于主构造线方向发育,即北西-南东向。辫状河三角洲沉积体系主要由三角洲平原和三角洲前缘构成,其中辫状河三角洲平原发育于辫状河入湖一侧,以大型辫状分流河道砂体发育为主,但与辫状河道沉积相比,砂体的规模及粒度有所下降,沿着物源方向多呈楔形展布(图2-37)。辫状河三角洲前缘以河口坝和水下分流河道沉积为特色,河口坝多呈席状,厚度较小,以细砂岩和粉砂岩发育为主(图2-37)。

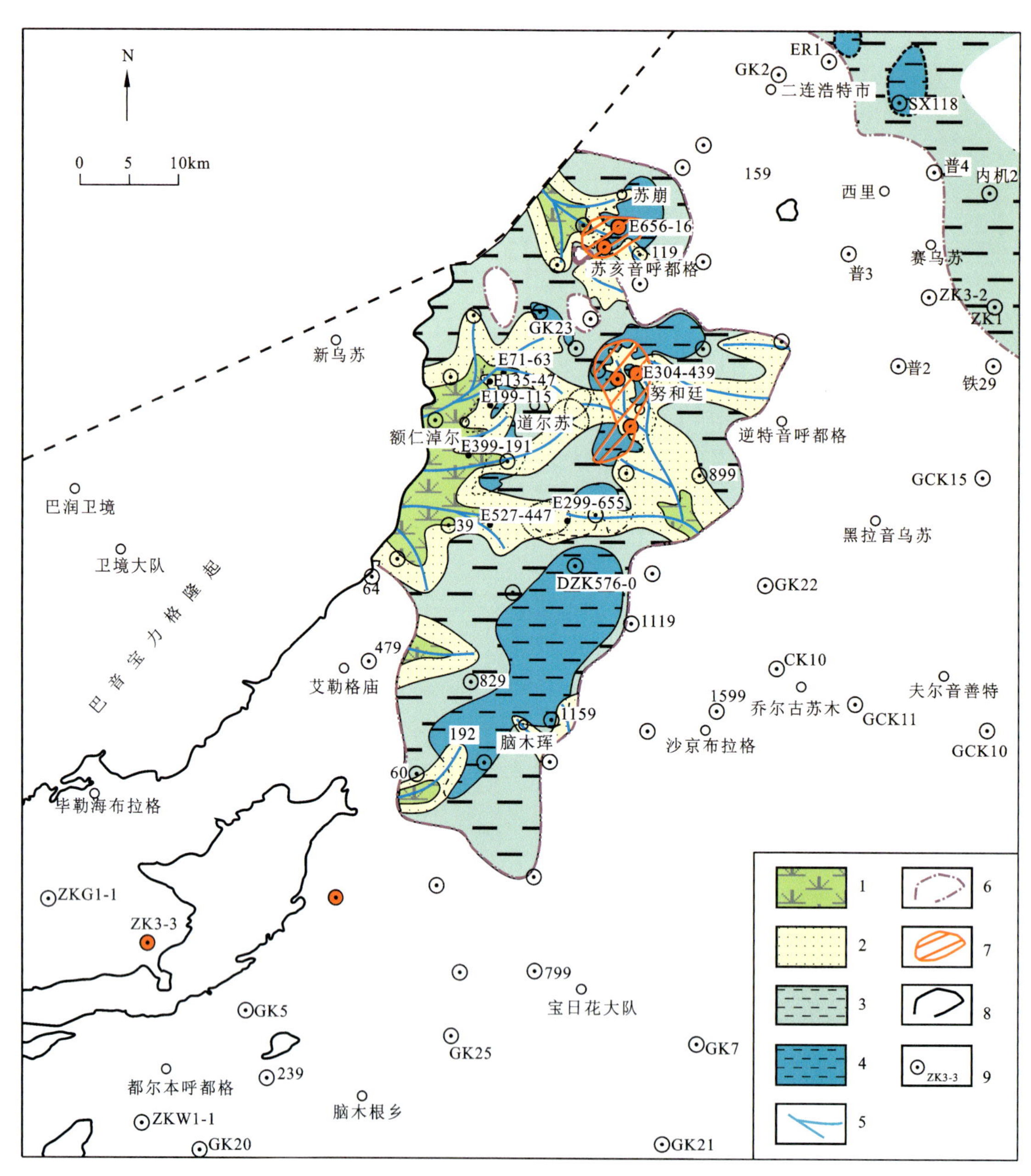

图2-36　额仁淖尔地区二连达布苏组湖泊扩展-高位体系域图(据焦养泉等,2009)

1. 辫状河三角洲平原;2. 辫状河三角洲前缘;3. 滨浅湖;4. 半深湖—深湖;5. 水道主流线;6. 剥蚀区;7. 铀矿体;8. 基岩区;9. 钻孔位置及编号

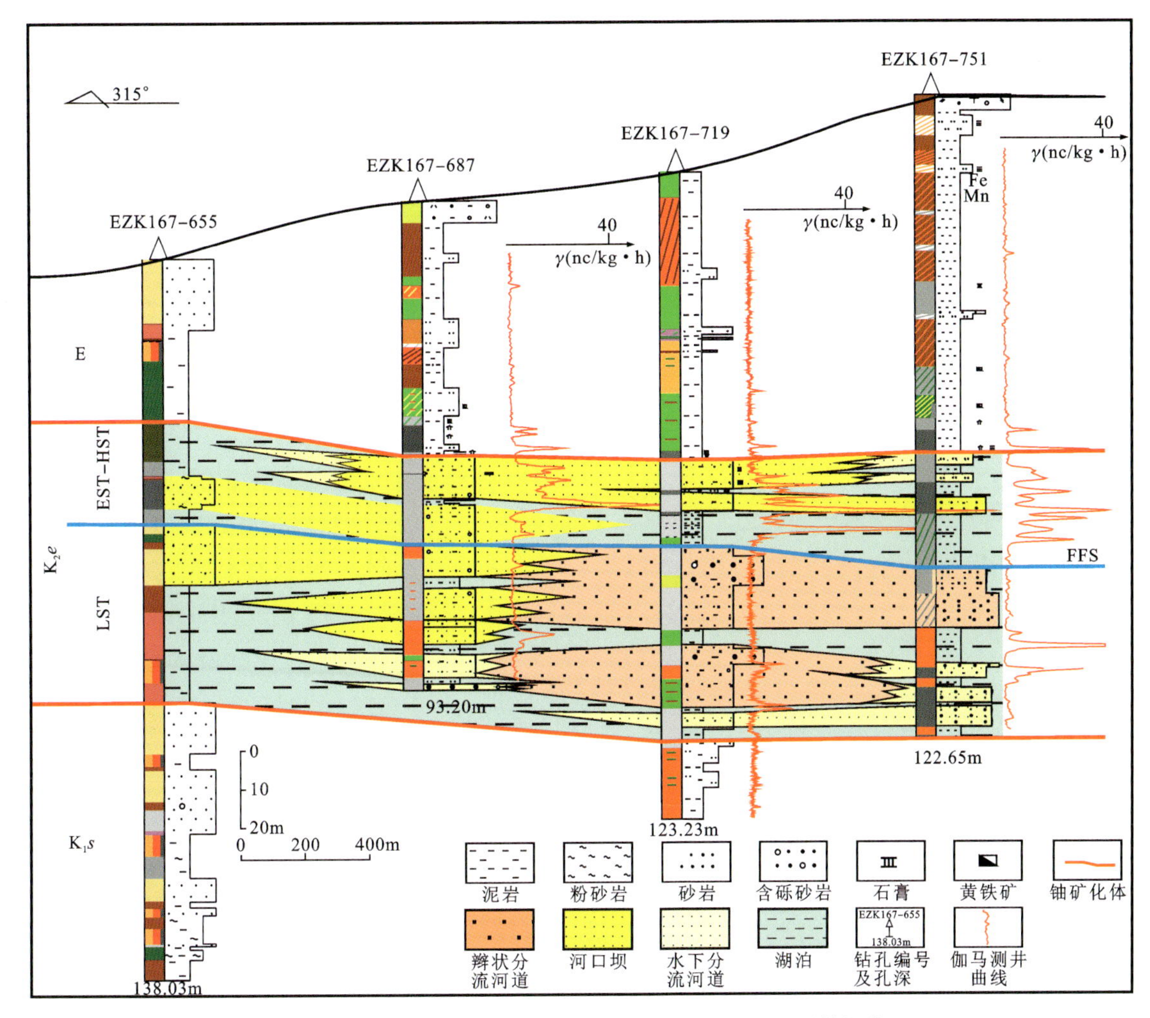

图 2-37　额仁淖尔地区二连达布苏组剖面图(E167 号勘探线)

(1)辫状河三角洲平原。辫状河三角洲平原主体出露地表,常见暴露标志,可见直立的植物根化石(图 2-38a),识别出的成因相主要有辫状分流河道和分流间湾。辫状分流河道几乎控制整个辫状河三角洲平原,岩性组合以砖红色、灰色中砂岩和细砂岩为主,常见槽状交错层理(图 2-38b);总体表现为正粒序。分流间湾岩性组合以砖红色、棕色或灰色粉砂岩、泥岩为主,通常含少量砾石。

图 2-38　辫状河三角洲平原的典型沉积特征

a. 岩芯中的植物根化石,EZK167-175.57m;b. 槽状交错层理,二连盐池露头

(2)辫状河三角洲前缘。辫状河三角洲前缘主体位于水下，岩性组合以中砂岩、细砂岩、粉砂岩和泥岩为主，发育砂泥互层结构，总体表现为倒粒序(图 2-39)，识别出的成因相主要有水下分流河道和河口坝。水下分流河道砂岩总体呈灰色，沉积物粒度较三角洲平原的辫状分流河道细(图 2-40a)，通常以砂岩为主，局部可见砾石。砂体总体呈层状稳定展布，内部由若干个正粒序的砂岩透镜体相互叠置而成(图2-37)。河口坝按照距离河口的远近可分为近端河口坝和远端河口坝。其中，近端河口坝位于水下分流河道的前缘及侧缘，岩性组合以中、细砂岩为主，局部为含砾细砂岩，自下而上多显示由细变粗的反韵律特征(图 2-40b)；远端河口坝砂体较薄，为辫状河三角洲前缘沉积末端，由粉砂岩和细砂岩组成，与前三角洲泥质沉积物呈薄互层状。

3. 湖泊沉积体系

湖泊沉积体系在低位体系域中上部及湖泊扩展体系域和高位体系域广泛发育，主要分布在额仁淖尔地区东北部、中部及西南部，多呈北东-南西向展布(图 2-33、图 2-36)，主要识别出滨浅湖和半深湖—深湖两种成因相组合。滨浅湖相主要分布于额仁淖尔地区东北部、中部及西南部。其中，在东北部呈碟状展布；中部呈带状，近南北向展布；西南部呈舌状展布。滨浅湖以发育泥灰岩为特色，可见动物潜穴(图 2-41a)。半深湖—深湖相以暗色泥岩集中发育为特色，暗色泥岩中见植物叶片，发育水平纹理(图2-41b)。

四、成矿流场

1. 赛汉塔拉组成矿流场

二连盆地自晚白垩世以来，南部的温都尔庙隆起及北部的巴音宝力格隆起发生了多期次的相对快速隆升与剥蚀夷平，带动了盆地内地层的适度抬升及掀斜，成矿作用主要发生于快速抬升期末或构造活动稳定期初(成矿年龄与古构造反演结果对比)，这充分表明建造后多期次的适度构造活化和盆山高差是铀成矿流体迁移的驱动力。二连盆地的成矿时代主要集中在 K_2、E_2、N_2，晚白垩世至新近纪以来表现为弱构造反转、整体抬升和北西向断裂发育交替出现，主要产铀层位赛汉塔拉组遭受一定的抬升剥蚀，构造抬升和构造反转事件的形成有利于构造斜坡和补、径、排含矿流场的形成，是古河谷赛汉塔拉组砂体成矿流体发育的构造背景和主要时期，也是晚白垩世二连达布苏组“同沉积泥岩型”的努和廷铀矿床成矿流体发育的构造背景和主要时期。

在早白垩世赛汉塔拉期(K_1s)盆地反转抬升，以整体下拗为主，凹陷区地形亦趋平坦，但总体仍显凹凸相间的趋势，沉积和沉降中心向断陷中部迁移，此时的古水动力条件仍具有分割性强、差异发育的特点，多以各凹陷为中心，为独立的水文地质系统。但在赛汉塔拉组古河谷(赛汉高毕—巴彦乌拉地区)已不具凹凸分割性(图 2-42)，为一个统一的水文地质系统和成矿流场，为成矿流场含氧水的长距离径流和铀的充分淋滤及搬运创造了有利的古水动力条件。

晚白垩世，随盆地区域性整体抬升，赛汉塔拉组古河谷所在的乌兰察布坳陷东部和马尼特坳陷西部随之隆起而进入长期的风化剥蚀阶段，并一直持续到了始新世，所以从晚白垩世一直到古近纪早期，赛汉塔拉组及早期沉积的地层遭受了长期的风化剥蚀作用，伴随着古气候向半干旱—干旱的转变，大气降水及隆起区基岩裂隙水向古河谷赛汉塔拉组含水层的渗入，并沿河道砂体径流，形成成矿流场，随之发育潜水氧化、潜水-层间氧化和层间氧化及铀的富集等作用。

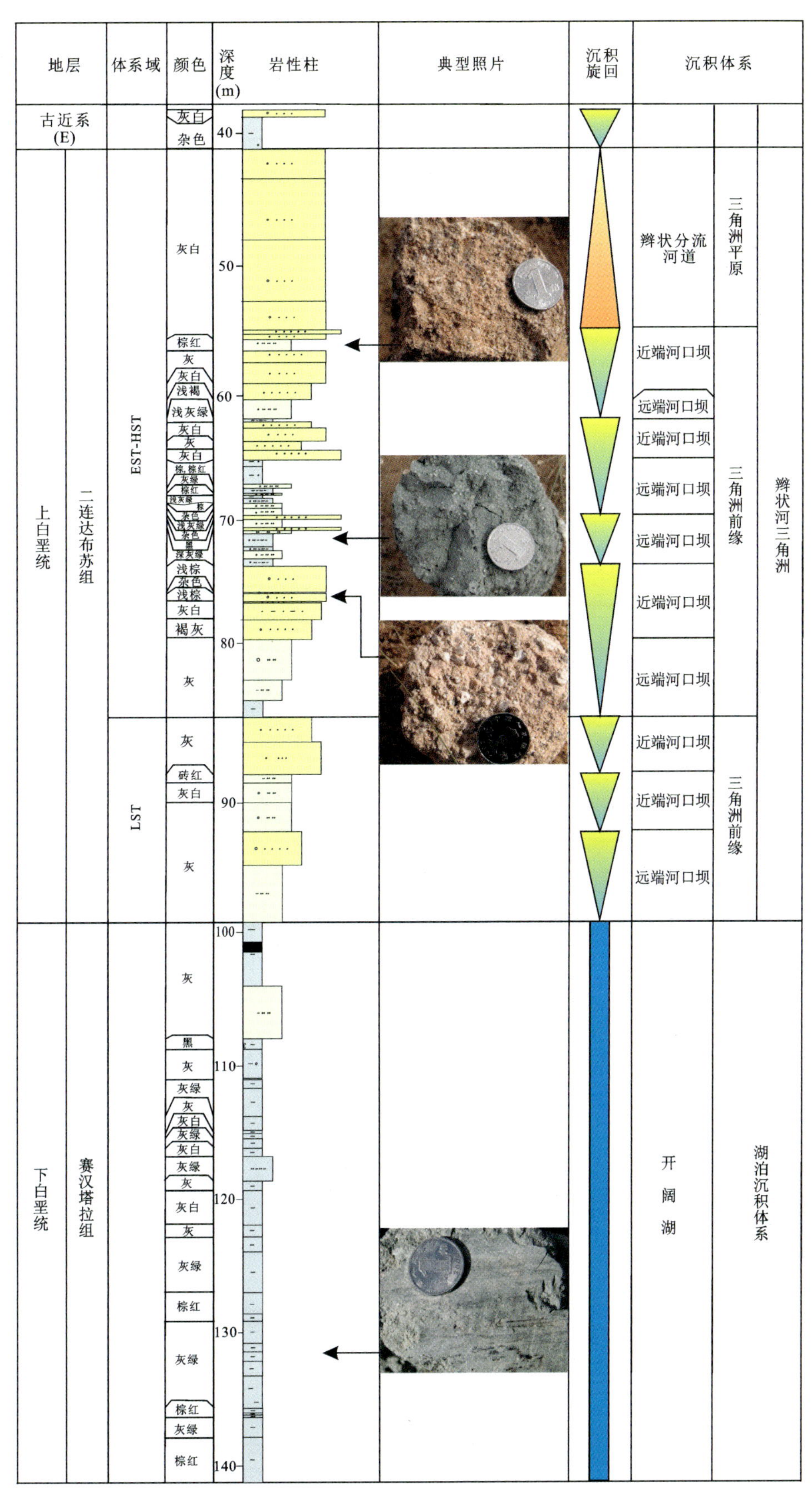

图2-39 额仁淖尔地区EZK527-447三角洲前缘倒粒序特征图

图 2-40 辫状河三角洲平原的典型岩芯照片

a. 水下分流河道砂质沉积，EZK244-455，67m；b. 近端河口坝沉积，EZK244-455，64m

图 2-41 湖泊沉积体系的典型岩芯照片

a. 浅水动物潜穴，二连盐池野外露头；b. 发育水平纹理的灰色泥岩，EZK244-455，26.10m

古近纪始新世—第四纪，地形更加平坦，气候亦更加干旱炎热，赛汉塔拉组古河谷接受了厚度不大的河流相和洪泛平原相沉积，但未改变赛汉塔拉组含水层接受隆起区基岩裂隙水和大气水渗入并沿河道砂层径流的成矿流场，使得含氧含铀水沿河道砂体长期稳定径流，加之区域性长期隆升、半干旱—干旱的古气候与现代荒漠草原地貌，为古河谷赛汉塔拉组含水层长期接受含氧含铀水渗入提供了条件，使潜水氧化、潜水-层间氧化和层间氧化等后生氧化作用不断进行。

赛汉塔拉组古河谷成矿流场地下水的补给主要来自北部、南西部和南东部蚀源区基岩裂隙水和坳陷上游一带地下水的径流补给，在古河谷不同的位置补给和径流方向有所不同。在古河谷哈达图地区赛汉塔拉组上段砂体以河流相沉积为主，盆地边缘部位在晚白垩世直接出露地表。河道中心沉积砂体粒度较粗，岩石渗透性较好，河道侧旁多为洪泛平原沉积的砖红色泥岩。层间氧化作用往往顺河道中心纵向发育，河道侧旁粒度较细的砂岩中富含有机质、黄铁矿等还原介质，在河道两侧形成氧化-还原过渡部位，铀富集形成古河谷砂岩型铀矿。古近系和新近系覆盖后，赛汉塔拉组被封存，氧化作用停止。在古河谷赛汉高毕—巴彦乌拉地区赛汉塔拉组上段砂体以侧向发育的辫状河三角洲砂体为主（图 2-29、图 2-30），成矿流体主要由巴音宝力格隆起沿侧旁向古河道中央氧化，在西部的芒来、巴润地段主要是垂向的潜水氧化作用，形成潜水氧化带，在氧化-还原过渡部位铀矿化富集，在至巴彦乌拉—那仁地段主要发育潜水-层间氧化及层间氧化作用，铀矿体产在潜水氧化-还原界面或层间氧化带前锋线附近的灰色砂岩中。

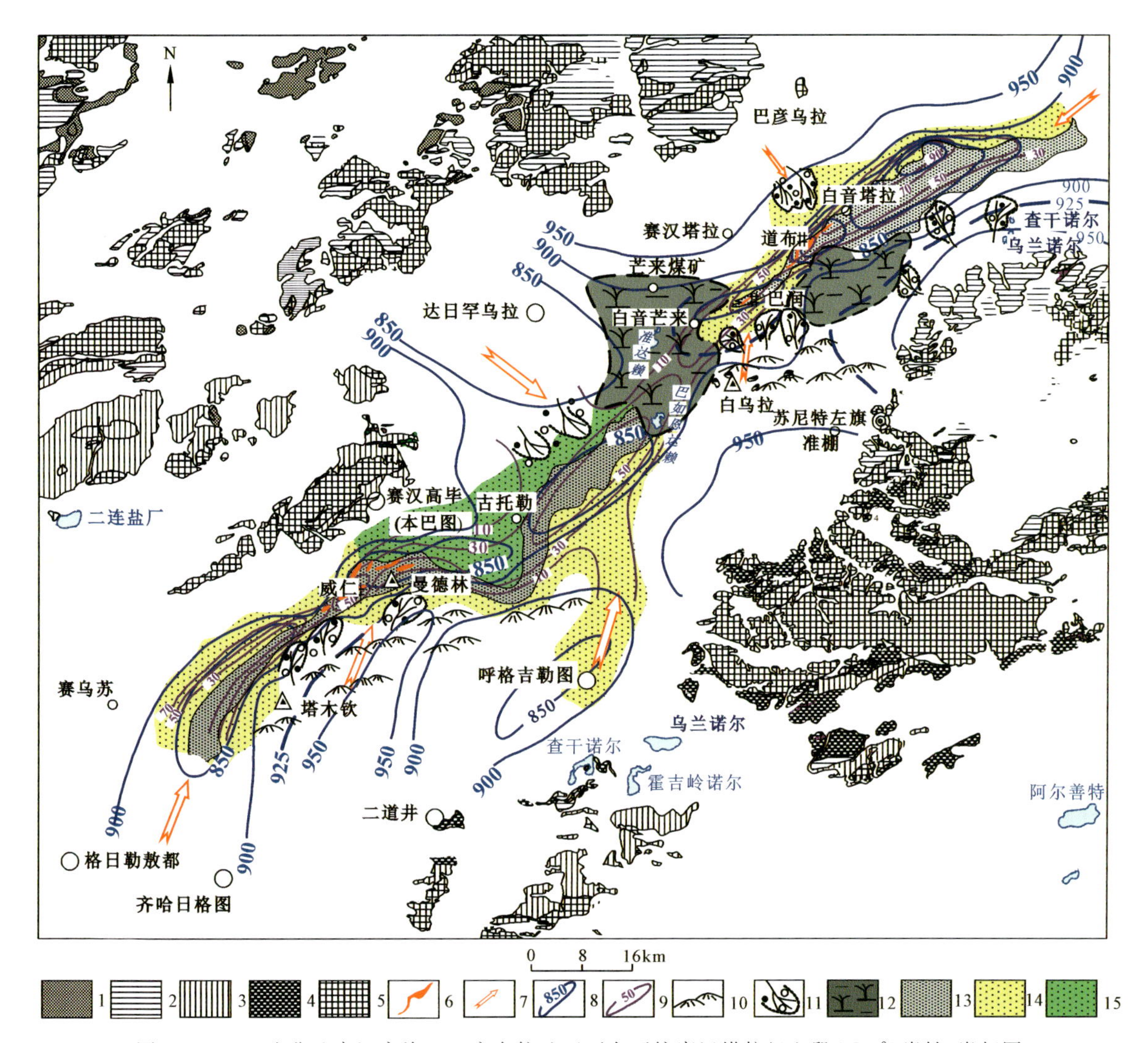

图 2-42　二连盆地赛汉高毕—巴彦乌拉地区下白垩统赛汉塔拉组上段(K_1s^2)岩性-岩相图

1. 晚侏罗世火山岩(J_3bl)；2. 中二叠世浅变质碎屑岩夹灰岩；3. 中泥盆世、晚石炭世浅变质碎屑岩夹中基性火山岩、灰岩透镜体；4. 早寒武世变质岩($\in_1wn$)；5. 酸性、中酸性岩体(γ_4、γ_5)；6. 实测或推测铀矿(化)体；7. 含氧含铀水运移方向；8. 赛汉塔拉组底板等高线及数值(m)；9. 赛汉塔拉组砂体厚度及数值(m)；10. 隐伏蚀源区；11. 冲洪积相；12. 河沼相；13. 河流相(灰色类)；14. 河流相(黄色类)；15. 河流相(绿色类)

2. 二连达布苏组成矿流场

额仁淖尔地区为晚白垩世湖泊发育区，努和廷矿床为沉积中心和汇水中心(图 2-43)，晚白垩世随着向干旱气候的转变，由于强烈的蒸发、浓缩作用，形成了铀的沉淀和富集。现代水动力特征仍继承了沉积时的古水动力特征，主要从南东向北西径流，径流距离较长，同时又接受北西部基岩裂隙水的侧向补给，从北西向南东径流，径流距离短，其中在额仁淖尔地区努和廷至苏崩一带形成局部排泄。

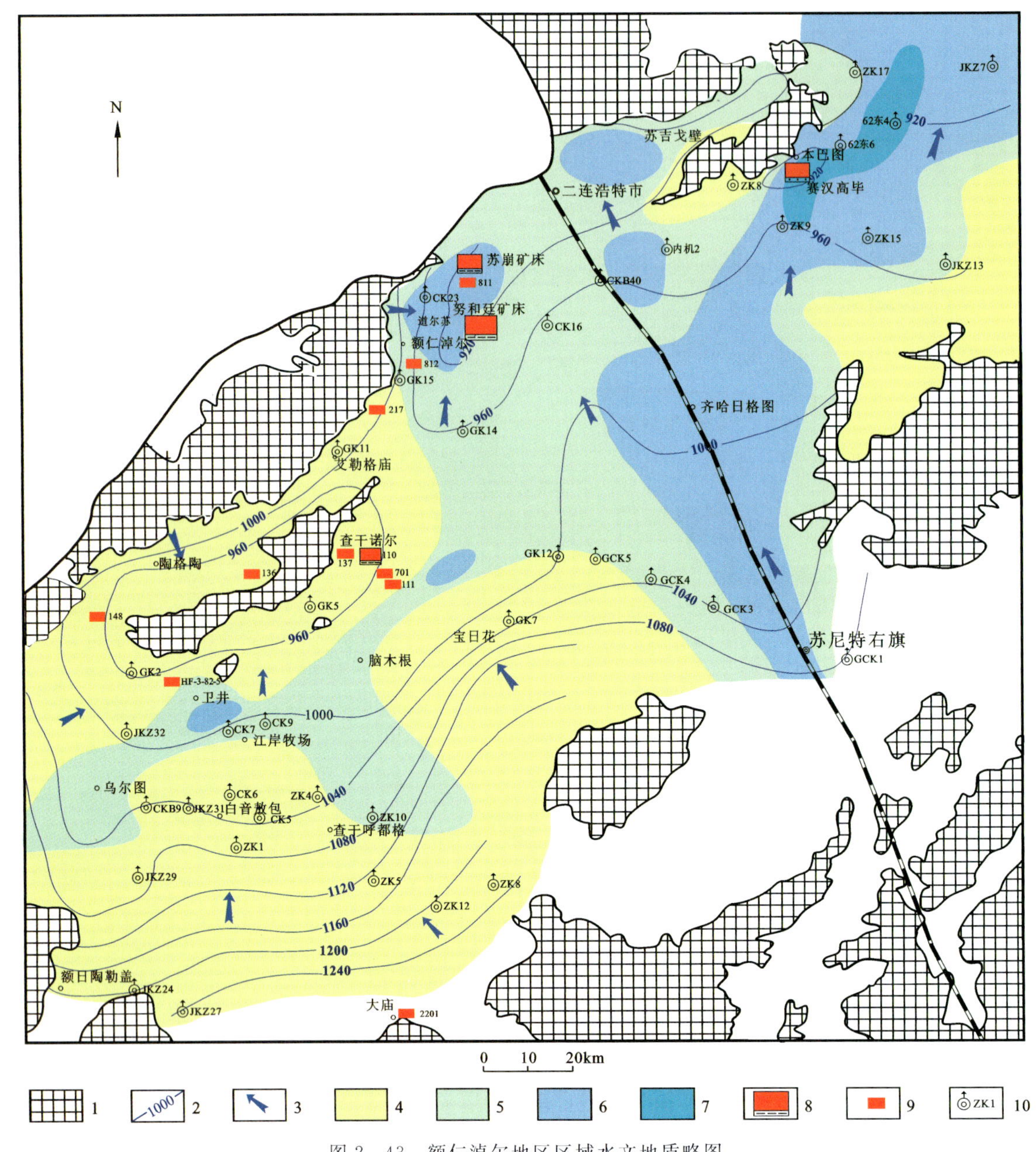

图 2-43　额仁淖尔地区区域水文地质略图

1. 基岩裂隙水亚区；2. 地下水等水位线及标高(m)；3. 地下水流向；4. 涌水量小于 $30m^3/d$ 的区域；5. 涌水量 $30\sim100m^3/d$ 的区域；6. 涌水量 $100\sim1000m^3/d$ 的区域；7. 涌水量大于 $1000m^3/d$ 的区域；8. 铀矿床；9. 铀矿点；10. 钻孔位置及编号

第四节　巴音戈壁盆地

巴音戈壁盆地位于内蒙古高原的西部，盆地面积约 8 万 km^2。盆地东部为狼山山脉，南部为巴彦诺尔公和雅布赖山脉，北部为罕乌拉山脉，盆地西部和东南部分别被巴丹吉林沙漠和亚玛雷克沙漠两大沙漠覆盖，盆地中部宗乃山和沙拉扎山将盆地分割为南、北两部分(图 2-44)。北部为拐子湖坳陷、苏红图坳陷和迈马乌苏坳陷，南部为因格井坳陷、银根坳陷和查干德勒苏坳陷。

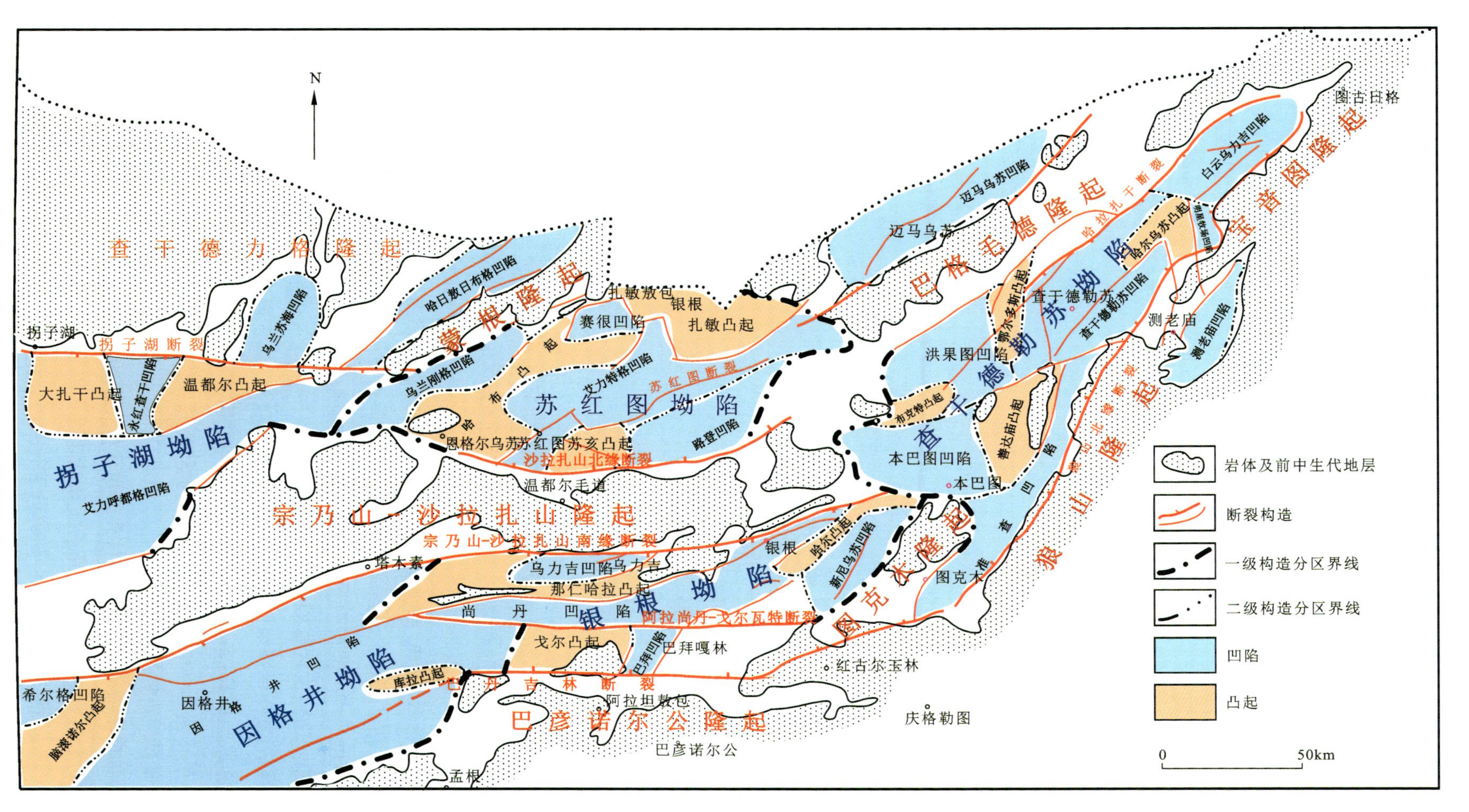

图 2-44　巴音戈壁盆地内部构造分区示意图(据聂逢君,2011)

盆地盖层中新生界发育不全，且均为陆相沉积，三叠系和侏罗系因盆地基底抬升，仅局部接受沉积，分布范围有限。白垩系在盆地中分布最广、发育齐全、厚度最大，在各坳陷均有分布。古近系、新近系和第四系零星分布，厚度薄。

三叠系零星分布于盆地的北东部，以小型湖泊沉积为主。下—中侏罗统在盆地中部和东部零星发育，为一套山麓相-湖相的山间盆地碎屑岩沉积。下白垩统是盆地盖层的沉积主体，在各坳陷中均有分布，是找铀目的层，从下到上分为巴音戈壁组（K_1b）和苏红图组（K_1s）。巴音戈壁组下段（K_1b^1）主要发育冲积扇沉积体系和扇三角洲沉积体系，巴音戈壁组上段（K_1b^2）是盆地的赋矿层位。苏红图组（K_1s）火山岩是一套中、基性火山熔岩组合。上白垩统乌兰苏海组（K_2w）为冲积扇沉积体系和扇三角洲沉积体系。古近系零星分布于盆地东部、北西部和南部，属河湖相沉积。第四系主要有砂砾石层、黏土、淤泥及食盐、芒硝等，风成砂分布最广。

一、构造与演化

巴音戈壁盆地前中生代结晶基底-褶皱基底，早—中侏罗世伸展裂陷盆地，晚侏罗世挤压隆升剥蚀等构造形成了盆地构造格局，最后的挤压隆升剥蚀使富铀花岗岩遭受强烈的风化剥蚀及准平原化，是白垩纪盆地富铀建造及铀成矿的有利构造环境和条件。

早白垩世由于太平洋板块向大陆俯冲作用减弱，地幔柱上拱，岩石圈处于拉张伸展构造环境，区域性阿尔金北东东—北东向断裂构造应力挤压转为拉张伸展活动。早白垩世巴音戈壁期本区以表现北东东—北东向伸展断陷湖盆发育为特点，广泛发育冲积扇-扇三角洲-湖泊沉积体系。浅湖相红色碎屑岩及灰色碎屑岩夹煤线或夹碳酸盐岩、石膏建造，碎屑岩的原岩成分主要为富铀花岗岩，古气候为干热与湿热交替，在三角洲平原辫状河道洼地及滨浅湖沼泽地或深湖相钙、镁质砂岩、泥灰岩中发生铀的同生沉积作用，并具区域性分布特点，如测老庙凹陷东缘、因格井（塔木素）坳陷北缘、本巴图坳陷东南缘、乌力吉凹陷北缘等，均发育同生沉积铀成矿作用，并具较好的成矿潜力。

早白垩世晚期苏红图期在早白垩世早期巴音戈壁期伸展断陷的基础上，以表现强烈的伸展裂陷构造作用为特点，在本区苏红图坳陷、查干德勒苏坳陷、测老庙凹陷、本巴图拗陷均发育强烈的中基性火山岩浆活动，形成的巨厚冲积扇-扇三角洲-浅湖相碎屑岩夹厚层状碱性玄武岩平行不整合于早白垩世巴音戈壁组之上。早白垩世末期，受燕山运动（第Ⅳ幕）的影响，本区发生差异抬升剥蚀作用，使下白垩统遭到不同程度的剥蚀和宽缓的褶皱变形。该时期的岩浆活动控制了盆地热改造或热液铀成矿作用。

随着早白垩世大规模的中基性火山岩浆喷溢，地下能量大量释放，热能的释放使伸展裂陷作用终止。由早白垩世的地幔热柱活动转化为幔枕的冷却收缩和岩石圈的大幅度拉伸沉降及区域性的补偿填平作用，形成了大范围的坳陷沉积。上白垩统乌兰苏海组以“填平补齐”形式，以不整合状态覆盖了区内各坳陷，它往往在坳陷边缘以超覆不整合覆盖在前中生代地层之上，使坳陷范围进一步扩大。区内晚白垩世乌兰苏海组明显表现出下粗上细的分布状态，岩性较单一，以厚层状红色砂砾岩和砂泥岩互层，且具良好的区域性红层盖层为特征。

古近纪，由于印度板块向北俯冲以致与欧亚板块相碰撞作用的影响，本区由白垩纪拉张变为挤压应力状态，从而使盆地处于整体挤压、隆升剥蚀构造背景。在坳陷的边缘常出现正断层转换为逆断层和褶皱隆升构造组合，古近系、新近系局部分布，大多数地区缺失沉积，第四系主要为冲、洪积砂砾和风成砂层。由于该时期强烈的区域性抬升剥蚀作用及坳陷边缘的逆冲断层掀斜作用和褶皱隆升剥蚀作用，使先形成的下白垩统巴音戈壁组成矿层隆升至地表或抬升到近地表及断层逆冲复活形成的断层破碎带，分别控制了本区氧化带铀成矿作用及热液叠加改造铀成矿作用。

总之，巴音戈壁盆地内隆起、坳陷的形成与分布格局严格受阿尔金东延走滑断裂带控制，盆地形成与演化历经了两次挤压隆升剥蚀、两次伸展裂陷、一次热冷却沉降拗陷的演化过程。其中，前中生代基底富铀花岗岩演化阶段及晚侏罗世挤压隆升剥蚀阶段为盆地富铀建造、同生沉积铀成矿提供了有利的构造环境；早白垩世伸展裂陷盆地演化阶段控制了早白垩世巴音戈壁组上段富铀建造及同生沉积铀成矿作用与分布；古近纪、新近纪区域性挤压隆升剥蚀演化阶段（逆冲断层掀斜、褶皱隆升剥蚀作用，断层破碎带）控制了本区古潜水氧化带铀成矿作用及热液叠加改造铀成矿作用与空间分布。

二、含铀岩系结构

巴音戈壁组（K_1b）整合于苏红图组火山岩之下，是由灰白色、橘黄色、褐红色砂砾岩，灰黄色砂岩，以及灰黑色泥质页岩、油页岩组合而成的一套碎屑岩系，岩性岩相稳定，纵向上表现出下粗上细的韵律结构。根据岩性和沉积相组合可分上、下两个岩段。

巴音戈壁组下段（K_1b^1）：出露于各坳陷的边部，总体以红色、褐红色、紫红色、橘红色、灰白色砾岩、砂砾岩、泥质砂砾岩、砂岩为主，夹薄层红色、紫红色粉砂岩和泥岩，局部可见灰色细碎屑岩，厚度大于1 418.4m。底部多为砾岩，往上渐变为砂砾岩及含砾砂岩和细碎屑岩，见不完整正韵律层。岩石分选性差，粒径一般为1～5cm，大者达50cm以上，砾石磨圆度多为次棱角状—次圆状，大多泥砂质胶结，局部为钙质胶结，呈中—厚层状。

巴音戈壁组上段（K_1b^2）：主要出露于盆地南部和西部，次为测老庙地区和迈马乌苏地区，岩性由砖红色、紫红色、黄色砂砾岩、砂岩，灰色、黄色砂岩与砖红色粉砂岩、灰色泥岩、粉砂岩不等厚互层组成，主要为一套细碎屑岩沉积，厚度大于911m，泥岩具水平层理，局部为页理构造。大部分铀矿化赋存于上段砂岩和泥岩中，是区内铀矿找矿的主要目标层。上段根据其岩性特征及沉积旋回对比，又可进一步划分为3个岩段，其中第2岩段为主要的含矿岩段。塔木素铀矿床位于东部标高较小、埋深较大、地层沉积厚度较大的地区。塔木素地区巴音戈壁组上段各岩性段地层厚度展布规律与地层顶、底板标高展布特征一致，表现为东部地层沉积厚度大，西部地层沉积厚度小的特点。整体地层厚度在420～540m之间，最大地层厚度差为120m。东部地层厚度在490～540m之间，西部地层厚度在420～490m之间。地层最厚在H30号勘探线附近，达540m左右。铀矿体位于东部地层厚度较大的地区。

苏红图组（K_1s）为整合于巴音戈壁组之上的一套中、基性火山熔岩组合，主要岩性为黄绿色、紫黑色安山岩、玄武岩（表现为粗面玄武岩）夹砂岩、砾岩、粉砂岩、碳质泥岩及泥岩互层组合。苏红图组主要分布于巴音弋壁盆地北部和东部，厚达1510m（即最厚处，位于查干德勒苏坳陷），在巴隆乌拉、乌力吉等地零星出露。上部火山岩沉积夹层中发育有砂体，铀矿化主要分布在沉积夹层接触部位和土黄色玄武岩中，大部分具后生成因特征。

三、沉积体系类型

通过野外露头考察、典型岩芯分析、钻井分析及系列沉积编图等方法的综合分析发现，巴音戈壁盆地在巴音戈壁组沉积时期属于断陷盆地性质，受其影响塔木素地区在该时期主要发育湖泊和扇三角洲两种沉积体系，沉积物由西北缘的冲积扇提供。此外，结合对该地区巴音戈壁组上段K_1b^{2-2}～K_1b^{2-5}各层位沉积体系编图的分析，恢复了各层位的沉积体系面貌，即巴音戈壁组上段各层位的扇三角洲沉积体系在研究区平面的分布面积较湖泊沉积体系要大得多，前者主要由扇三角洲平原和前缘两种成因相组合组成，而后者则主要发育滨浅湖沉积（图2-45）。

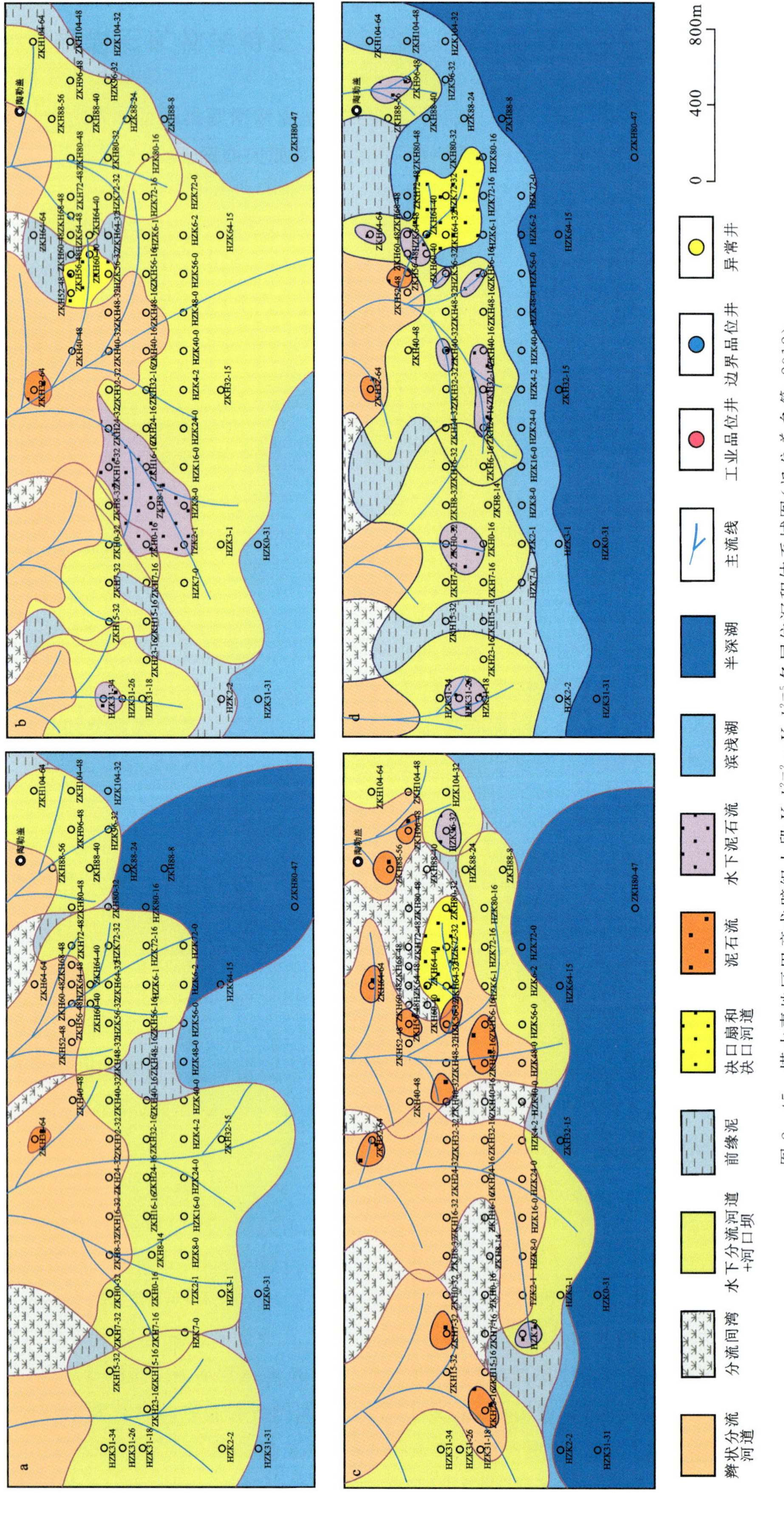

图 2-45 塔木素地区巴音戈壁组上段 K_1b^{2-2}～K_1b^{2-5} 各层位沉积体系域图(据焦养泉等,2012)

a. K_1b^{2-2}; b. K_1b^{2-3}; c. K_1b^{2-4}; d. K_1b^{2-5}

1. 湖泊沉积体系

研究区远离断陷盆地的边界断裂，处于大型扇三角洲沉积体系的中末端，因此部分地区湖泊沉积体系较为发育，通常可划分为半深湖相和滨浅湖相。

(1)半深湖。半深湖相以极厚的富含有机质的粉砂岩和暗色泥岩为特征，在泥岩中通常夹有一些极薄的浊积岩。泥岩中产丰富的以小个体为主的介形虫和叶肢介等化石(图 2-46a)。

图 2-46　典型的湖泊沉积特征

a. 开阔的半深水湖泊沉积中的叶肢介化石，ZKH80-32，119.2m，K_1b^{2-7}；b. 滨浅湖沉积，具水平纹理，ZKH80-32，570.5m，K_1b^{2-2}；c. 滨浅湖含膏泥岩沉积，显示了干旱的古气候背景，ZKH80-32，47m，K_1b^{2-7}

(2)滨浅湖。滨浅湖沉积主要由浅灰色、灰绿色泥岩、粉砂岩和砂岩组成(图 2-46b)，炭化植物碎屑也是一种常见组分。研究区见到了大量的泥灰岩和含膏泥岩，反映了一种干旱背景下发育的湖泊沉积(图 2-46c)。

塔木素地区巴音戈壁组上段 K_1b^{2-2}～K_1b^{2-5}各层位的湖泊沉积体系主要发育滨浅湖沉积，分布范围广，总体分布于研究区的南部，巴音戈壁组上段 K_1b^{2-3}层位的滨浅湖沉积则主要分布在西南部和东南部。滨浅湖的砂体厚度多小于 30m，含砂率低于 30%，暗色泥岩厚度大，多在 40m 以上；岩芯上以细粒沉积物为主，主要发育泥岩、粉砂质泥岩和粉砂岩，生物化石较丰富。除巴音戈壁组上段 K_1b^{2-3}层位半深湖沉积不发育外，其余层位均有发育。半深湖沉积以暗色泥岩为主，厚度达 60m 以上，岩芯上以深灰色泥岩为主(图 2-45)。

2. 扇三角洲沉积体系

扇三角洲是一种具独立特色的沉积体系，其主体部分位于水下，在湖滨形成朵体，并能明确区分出扇前三角洲、扇三角洲前缘、扇三角洲平原，也具有十分明确的三角洲结构。在塔木素地区，巴音戈壁组上段主要的含铀岩段(K_1b^{2-2}～K_1b^{2-5})主要发育扇三角洲前缘和扇三角洲平原，前三角洲与湖泊沉积难以区分，而且两者的沉积特征基本相似，所以在此着重讨论扇三角洲前缘和扇三角洲平原的基本构成。

(1)扇三角洲前缘组合。扇三角洲前缘以河口坝砂体或水下分流河道砂体与三角洲前缘泥(图2-47a)构成的互层沉积为主要特征。扇三角洲前缘是从三角洲前缘湖泊泥岩开始，随着三角洲的进积作用，河口坝由远端河口坝(图2-47b)逐渐过渡为近端河口坝(图2-47c)，从近端河口坝逐渐演变为水下分流河道(图2-47d，e)，所以三角洲前缘在垂向上显示了由下向上变粗的倒粒序(图2-48)。另外，由于受断陷盆地性质的影响，扇三角洲前缘还大量发育水下泥石流(图2-47f)，这种突发的事件沉积在垂向序列上有时表现为正粒序，有时表现为倒粒序。

图2-47　典型的扇三角洲前缘组合成因相标志(据吴立群等，2019)

a. 扇三角洲前缘泥与河口坝沉积，水平纹理发育，ZKH80-32，547.2m；b. 典型远端河口坝，显示暗色泥岩与粉—细砂岩的薄互层状，ZKH24-16，545m；c. 近端河口坝，不均衡冲刷作用，HZK60-40，512.5m；d. 水下分流河道砂体中含斑结构明显，ZKH80-32，455.8m；e. 含大量动物骨骼的水下分流河道底部滞留沉积物，ZKH80-32，310m；f. 水下泥石流，远源与近源、有机与无机沉积物混杂堆积，显示了不平整的顶界面及与其后的相对低能量沉积物的过渡关系，HZK60-40，517m

(2)扇三角洲平原组合。扇三角洲平原的成因相构成复杂，起骨架作用的是辫状分流河道(图2-49a，b)。辫状分流河道在正常水流期间牵引流特色明显，但是在洪水期主要表现为泥石流特色(图2-49c)。位于辫状分流河道间的洼地为分流间湾(图2-49a，d)，在分流间湾中主要进行着两种沉积作用，即决口作用和越岸沉积作用。在时间序列上，扇三角洲平原组合总是经历着由活动到废弃的转化。在扇三角洲发育早期，扇三角洲平原主要受控于主干分流河道，随着分流河道的废弃，决口作用占据优势，所以在垂向序列上三角洲平原总体表现为正粒序(图2-50)。由于三角洲平原总体位于水上，所以在岩芯和露头上可以见到大量的暴露标志，如钙质结核、植物根化石、粗大的动物潜穴等(图2-49e)。

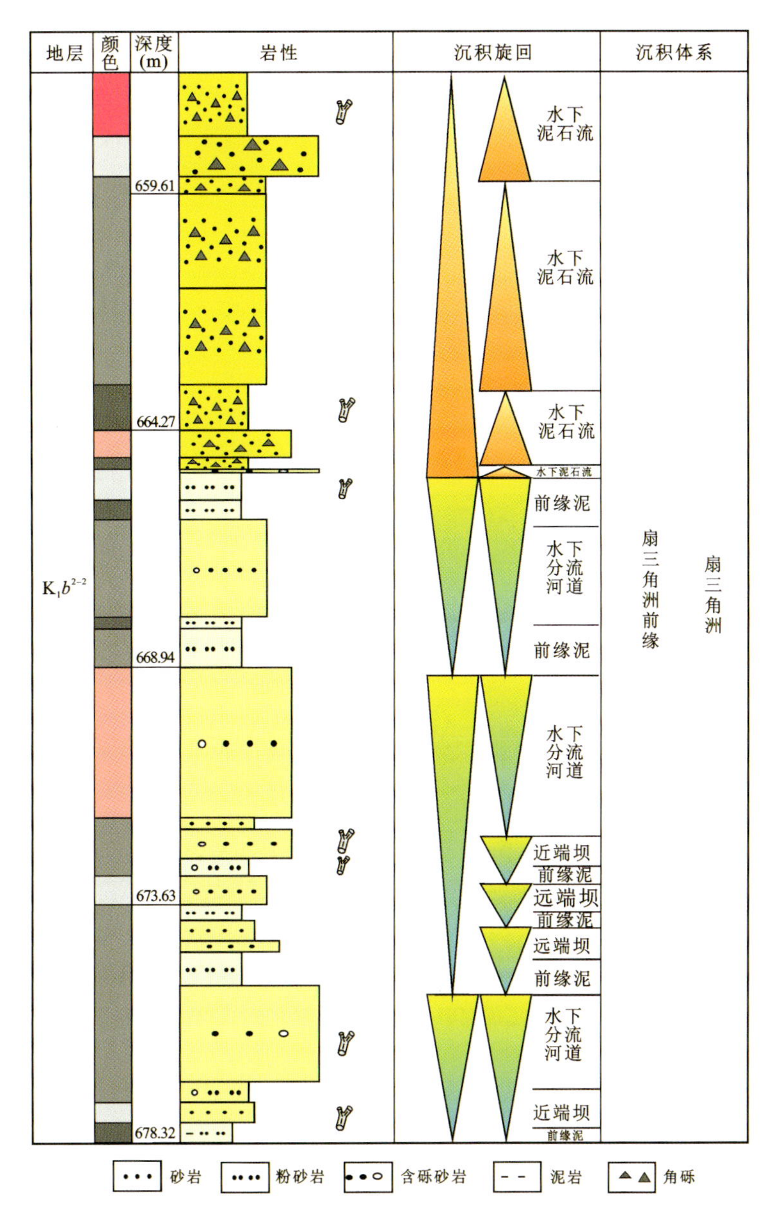

图 2-48　扇三角洲前缘的倒粒序特征示意图(HZK60-40)

巴音戈壁组上段 K_1b^{2-2}～K_1b^{2-5} 各层位的扇三角洲沉积体系主要由扇三角洲平原和前缘两种成因相组合组成。扇三角洲平原主要分布在研究区西北部及北部，主要发育辫状分流河道、分流间湾和泥石流，其中 K_1b^{2-3} 和 K_1b^{2-4} 层位还发育有决口扇等。辫状分流河道多呈长条状或舌状展布；分流间湾则分布在辫状分流河道中间，多呈港湾状；泥石流多分布在分流河道周边，呈分散状展布；决口扇分布在 ZKH52-48、ZKH64-32 区域，呈朵状、舌状分布，由辫状分流河道决口，向分流间湾中推进且延伸较远。扇三角洲前缘主要分布在研究区中部、东北部，主要发育水下分流河道、河口坝、水下泥石流、前缘泥，局部亦可见决口扇。水下分流河道及河口坝纵向呈舌状、朵状展布，横向呈环带状分布，在中部大面积分布；水下泥石流较发育，呈分散状分布；前缘泥分布在水下分流河道及河口坝之间，分布比较局限；K_1b^{2-4}、K_1b^{2-5} 层位决口扇呈朵状展布，分布在 ZKH64-32、HZK72-32 区域，由前缘向滨浅湖推进(图 2-45)。

图 2-49　典型的扇三角洲平原组合成因相标志(据吴立群等,2019)

a. 扇三角洲平原辫状分流河道(照片上部)和分流间湾(照片下部)的空间配置组合;b. 红色的为具有暴露标志的混杂泥石流沉积,ZKH80-32;c. 砾质辫状分流河道,块状构造,ZKH80-32,398m;d. 分流间湾中的大量动物扰动构造;e. 粗大的水平和垂直动物潜穴,ZKH80-32,412.4m

四、成矿流场

巴音戈壁盆地具有较完整的补给、径流、排泄体系,盆地南部坳陷地下水补给主要来源于狼山隆起西侧基岩裂隙水、巴彦乌拉山隆起基岩裂隙水、宗乃山隆起南侧基岩裂隙水及大气降水;盆地北部坳陷地下水补给主要来源于宗乃山北侧基岩裂隙水和杭盖乌拉隆起基岩裂隙水及大气降水。每个坳陷均具独立的地下水动力系统,径流距离短,以浅地表径流及蒸发式排泄为特点。其中,塔木素铀矿床位于因格井坳陷,所以就该坳陷成矿流场进行叙述。

因格井坳陷巴音戈壁组上段(K_1b^2)地下水主要接受北侧基岩裂隙水及上覆地层潜水和层间水的补给,局部含水层出露地表直接接受大气降水的渗入补给,沿不同沉积体系砂岩由北向南向盆内径流,径流距离20～30km,排泄区主要位于因格井坳陷的中心部位。总之,该区有较完整的地下水补给、径流、排泄条件,成矿流场横向宽度较大,补给区有一定的面积,对含氧含铀水向盆内运移是非常有利的。

受燕山构造运动的影响,在因格井坳陷巴音戈壁组上段(K_1b^2)上部再没有接受沉积,一直暴露地

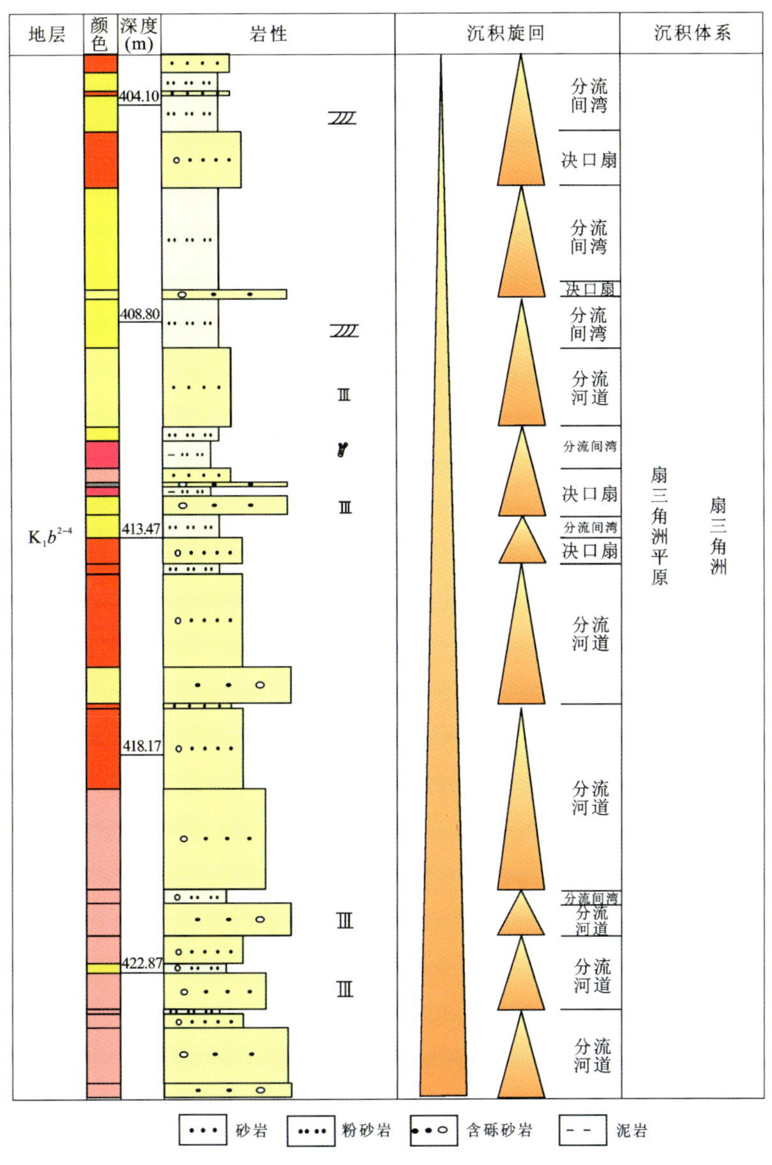

图 2-50　扇三角洲平原的正粒序特征示意图(ZKH80-32)

表并遭受长期的风化剥蚀作用。由于这次构造运动没有改变沉积时的构造格局,所以伴随古气候向干旱和半干旱的转变,从早白垩世末开始,在塔木素地区形成含氧含铀水成矿流场并由蚀源区由北向南向盆内运移。

晚白垩世地下水的运动方向仍然是按水文地质单元由盆缘向盆内径流,此时由于北部宗乃山-沙拉扎山隆起的不断抬升,使因格井坳陷塔木素地区地下水的总体流向仍继承了早白垩世沉积时及其沉积后由北向南的地下水流向,并使沿地下水流向的氧化作用进一步得到发育。晚白垩世末期,燕山构造运动使本区缓慢抬升,但此次构造活动较弱,没有改变成矿流场的流向及径流趋势。

古近纪以来,受喜马拉雅运动的影响,南部的河套盆地下陷,盆地则快速抬升,北部宗乃山-沙拉扎山隆起区仍然继承了以前的隆升趋势,表现为以上升为主的差异升降运动,使因格井坳陷塔木素地区成矿流场仍然继承了上述地质时期由北向南的流动方向,此时期形成的古水动力条件基本上代表了现代水动力条件(图 2-51)。

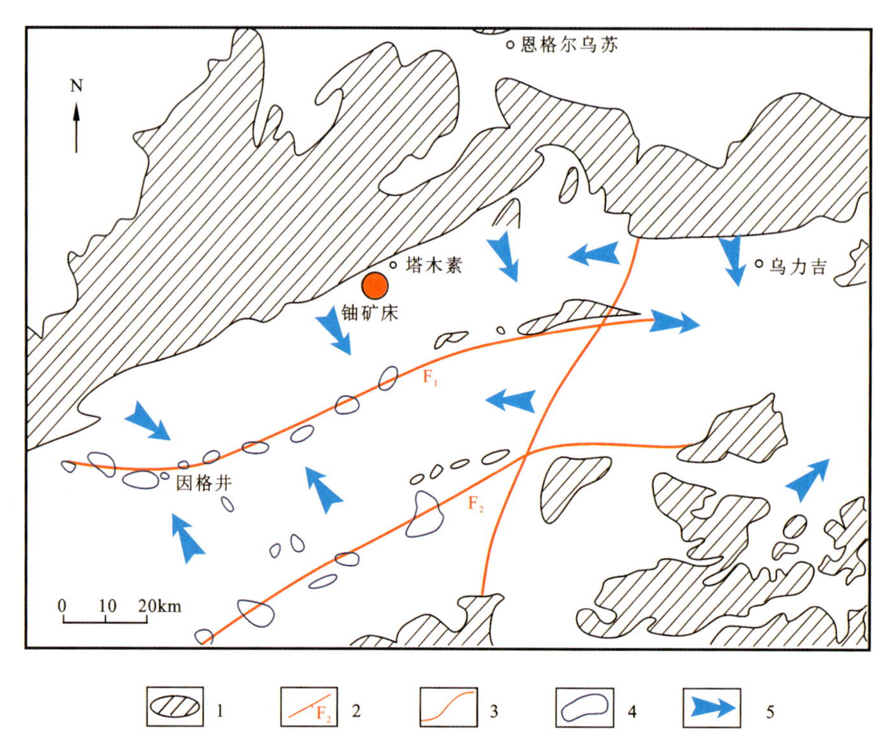

图 2-51　巴音戈壁盆地塔木素地区古水动力及现代水动力示意图

1. 蚀源区；2. 断裂及编号；3. 分水岭；4. 地下水排泄源(区)；5. 地下水流向

第五节　区域铀矿化分布规律

皂火壕特大型、纳岭沟特大型、磁窑堡中型、大营超大型和巴音青格利大型等砂岩型铀矿床组成的东胜铀矿田位于鄂尔多斯盆地北部伊陕单斜构造单元的北东部，磁窑堡中型铀矿床位于鄂尔多斯盆地西缘褶皱冲断带马家滩—甜水堡段的马家滩断褶带内。二连盆地赛汉高毕小型、巴彦乌拉大型和哈达图大型砂岩铀矿床组成的巴彦乌拉铀矿田位于马尼特坳陷西部和乌兰察布坳陷东部，努和廷铀矿田位于乌兰察布坳陷西部额仁淖尔凹陷。巴音戈壁铀矿田塔木素特大型铀矿床位于因格井坳陷北部(图 1-1)。

一、鄂尔多斯盆地铀矿化分布规律

东胜铀矿田是目前我国最大的砂岩型铀资源基地，从东往西依次由皂火壕特大型、纳岭沟特大型、大营超大型和巴音青格利大型砂岩型铀矿床以及多个铀矿产地构成。该矿田位于鄂尔多斯盆地伊陕单斜构造单元，发育稳定的单斜构造，总体上向南西方向倾斜，呈平缓斜坡，为主要找矿目的层直罗组下段砂体、古层间氧化带的发育创造了极为有利的构造条件。

东胜铀矿田的主要赋矿层位是中侏罗统直罗组下段(J_2z^1)，为潮湿气候环境下沉积的一套粗碎屑岩建造。根据直罗组沉积环境的不同，其下段进一步划分为上、下亚段。其中，直罗组下段下亚段(J_2z^{1-1})为辫状河-辫状河三角洲沉积体系；直罗组下段上亚段(J_2z^{1-2})为曲流河-曲流河三角洲沉积体系。岩性主要为灰色、绿色砂岩、砂砾岩，局部夹泥岩、粉砂岩薄层，砂岩固结程度低，较松散，是铀矿赋存的骨架砂体。各铀矿体均产于同一个砂岩朵体不同部位(图 2-52),其中,纳岭沟铀矿床产于砂岩朵体的中心部位,其他铀矿床产于砂岩朵体两侧砂体厚度变异部位,受古层间氧化带控制,产于古层间氧化带前锋线附近或古氧化-还原过渡带中,垂向上铀矿化产于灰色砂岩和绿色砂岩的过渡部位靠灰色砂岩一侧,呈板状、透镜状。

各铀矿床根据成矿年龄和地质演化等因素,将矿床的成矿过程划分为 3 个阶段:沉积预富集阶段(成矿年龄为 177±16Ma)、层间氧化作用成矿阶段(成矿年龄为 149±16Ma、120±11Ma、85±2Ma、61.7±1.8Ma、56.0±5.2Ma)、层间氧化改造阶段(成矿年龄为 38.1±3.9Ma)。

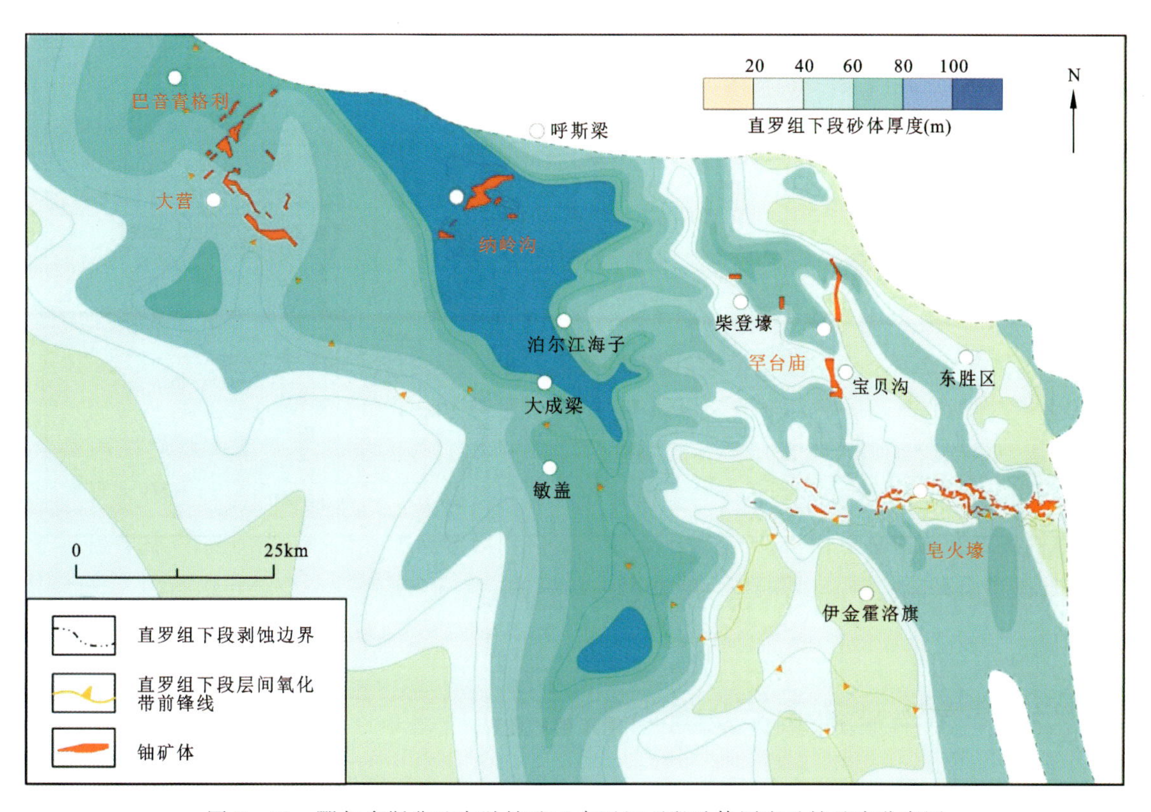

图 2-52　鄂尔多斯盆地东胜铀矿田直罗组下段砂体厚度及铀矿床分布图

二、二连盆地铀矿化分布规律

巴彦乌拉铀矿田主要含矿层位为赛汉塔拉组上段,主要沿坳陷长轴方向的赛汉塔拉组古河谷发育(图 2-53),矿田长近 300km,宽 5~20km,规模巨大,成矿类型为古河谷砂岩型,主要产出有古河谷砂岩型铀矿。铀矿体受潜水氧化-还原界面或顺河道中心发育的层间氧化带前锋线控制,铀矿体产在潜水氧化-还原界面或层间氧化带前锋线附近的灰色砂岩中。努和廷铀矿田含矿层位主要为二连达布苏组,主要为辫状河三角洲和湖泊沉积体系,铀矿田长约 100km,宽 20~30km,铀矿田内已发现了努和廷矿床、苏崩矿床、道尔苏矿产地以及章古音、脑木珲等铀矿点,成矿类型为同沉积泥岩型。二连盆地矿床都产在上述两个铀矿田内,走向为南西-北东向,与早白垩世断裂及凹陷展布方向一致。

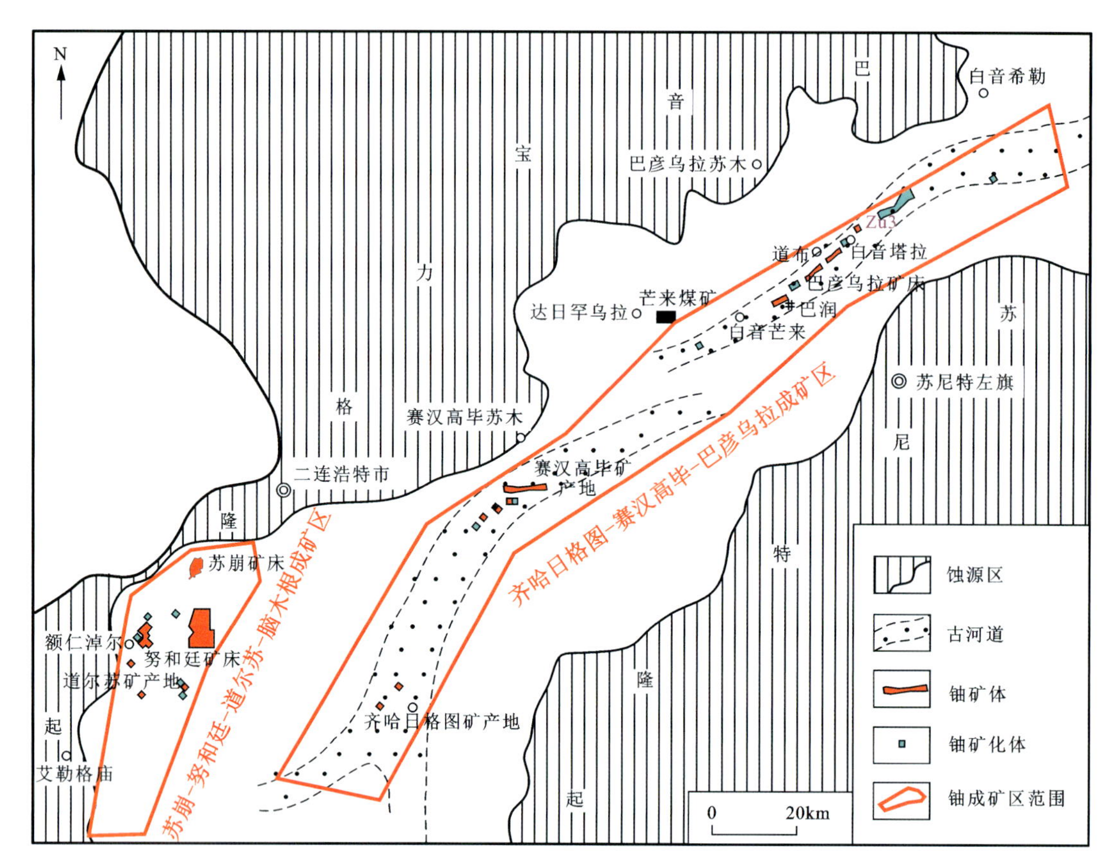

图 2-53 二连盆地铀矿田及铀矿床分布图

三、巴音戈壁盆地铀矿化分布规律

巴音戈壁盆地除了塔木素特大型铀矿床、测老庙小型铀矿床和本巴图矿产地外，还发现大量的矿化点，矿化类型复杂，分布广泛（图 2-54）。铀矿化类型以砂岩型为主，其次为泥岩型，局部发育火山岩型铀矿点。矿化层位主要为下白垩统巴音戈壁组上段，其次为苏红图组。

塔木素铀矿床赋矿层位为巴音戈壁组上段，矿床类型以砂岩型为主，其次为泥岩型。测老庙铀矿床主要有 505、67148、7022、9131 等小型铀矿床，矿床类型主要为泥岩型，赋矿层位为巴音戈壁组上段。本巴图铀矿产地成矿类型以泥岩型为主，其次为砂岩型，赋矿层位为巴音戈壁组上段。铀矿化点矿化类型有砂岩型、泥岩型和火山岩型。其中，砂岩型铀矿化主要见于巴音戈壁组上段，其次为苏红图组和上白垩统乌兰苏海组，如迈马乌苏 159、160、161 矿化点，恩格尔乌苏 T77-1 等矿化点，塔木素地区 303 铀异常点，本巴图地区 5-382、5-460、5-453、5-101、604、302 矿化点等；泥岩型铀矿化产于巴音戈壁组上段和苏红图组泥岩中，如因格井坳陷的 301 铀矿化点、银根坳陷的 5-101 铀矿化点，银根地区塔布陶勒盖一带下白垩统巴音戈壁组上段见有 601、602 两个泥岩型铀矿化点；火山岩型铀矿化主要为玄武岩型，集中分布于苏红图坳陷南缘，如 3160、3098 和 3025 铀矿化点，矿化产于苏红图组土黄色碎裂玄武岩中。

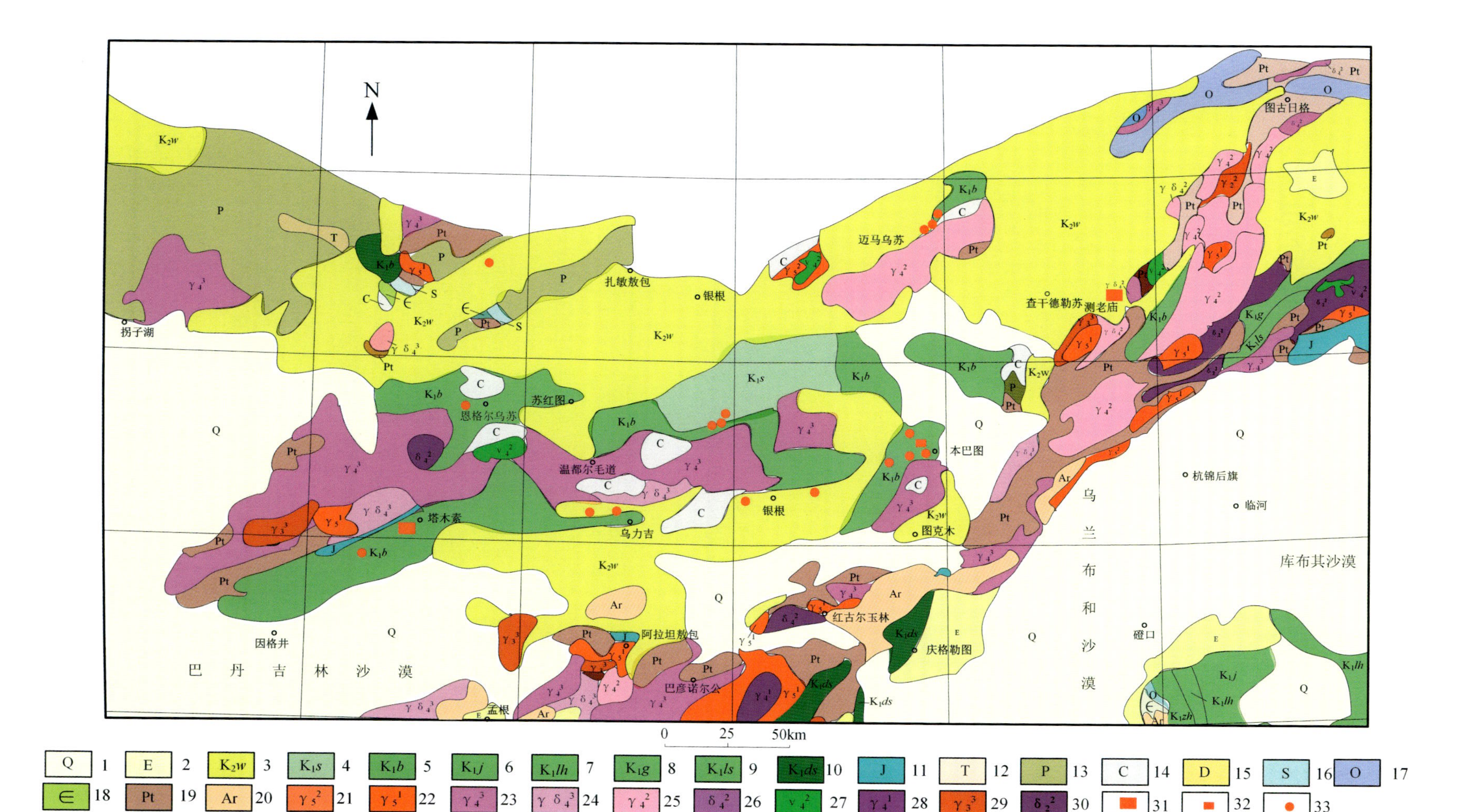

图 2-54　巴音戈壁盆地铀矿化分布图

1. 第四系;2. 新近系;3. 上白垩统乌兰苏海组;4. 下白垩统苏红图组;5. 下白垩统巴音戈壁组;6. 下白垩统泾川组;7. 下白垩统罗汉洞组;8. 下白垩统固阳组;9. 下白垩统李三沟组;10. 下白垩统大水沟组;11. 侏罗系;12. 三叠系;13. 二叠系;14. 石炭系;15. 泥盆系;16. 志留系;17. 奥陶系;18. 寒武系;19. 元古宇;20. 太古宇;21. 燕山期花岗岩;22. 印支期花岗岩;23. 海西晚期花岗岩;24. 海西晚期花岗闪长岩;25. 海西中期花岗岩;26. 海西中期闪长岩;27. 海西中期辉长岩;28. 海西早期花岗岩;29. 加里东晚期花岗岩;30. 扬子-五台晚期闪长岩;31. 铀矿床;32. 铀矿产地;33. 铀矿(化)点

第三章　铀矿床(体)主要地质特征

鄂尔多斯盆地代表性铀矿床(矿产地)包括皂火壕特大型铀矿床、纳岭沟特大型铀矿床、大营超大型铀矿床、柴登壕大型铀矿产地、巴音青格利大型铀矿床、磁窑堡中型铀矿床;二连盆地代表性铀矿床包括巴彦乌拉大型铀矿床、赛汉高毕小型铀矿床、哈达图大型铀矿床、努和廷超大型铀矿床;巴音戈壁盆地代表性铀矿床为塔木素特大型铀矿床。除了努和廷铀矿床为同沉积泥岩型外,其余均为砂岩型铀矿床。这些铀矿床各具特色,对其含铀岩系岩石矿物学和地球化学特征、矿体和矿石特征的描述不仅有利于铀成矿规律和成矿作用的总结,而且有助于认识盆地铀资源的多样性和复杂性。

第一节　皂火壕特大型铀矿床

皂火壕特大型铀矿床位于内蒙古自治区鄂尔多斯市伊金霍洛旗辖区内,西距鄂尔多斯市康巴什(市政府所在地)约50km。皂火壕铀矿床是我国第一个特大型砂岩铀矿床,处于鄂尔多斯盆地北部东胜铀矿田东部(图3-1),主要铀储层为中侏罗统直罗组下段下亚段砂体。

一、铀储层岩石矿物学特征

皂火壕铀矿床铀储层砂体总体呈北西-南东向带状展布,呈泛连通状,砂体厚度一般为20～50m,平均31.80m。根据铀储层砂体厚度展布规律,矿区内发育两条北西-南东向展布的厚大砂带,砂体厚度大于40m,分别为Ⅰ号砂带、Ⅱ号砂带(图3-2),两大厚砂带相距15～20km,由厚度较小的砂体相连。

Ⅰ号砂带位于孙家梁—沙沙圪台地段,砂带宽6～10km,砂体厚度多为30～40m。在孙家梁和沙沙圪台地段砂体厚度变化较大;Ⅱ号砂带呈北西向展布,从新庙壕地段穿过,砂带宽6.6～10.5km,砂体厚度多为30～40m。Ⅱ号砂体厚度变化较大,在新庙壕地段以及皂火壕地段附近零星分布有3个砂体厚度低值区,对砂体的空间展布和非均质性均产生了较大影响,有利于铀的富集与沉淀。

皂火壕铀矿床铀储层砂岩主要为长石砂岩,占56.92%,其次为长石石英砂岩,占36.92%,石英砂岩占4.62%,杂砂岩占1.54%。长石砂岩占绝对优势而杂砂岩不发育,砂岩成分成熟度相对较高。

砂岩中碎屑含量高,占全岩总量的82.00%～90.00%。碎屑成分以石英为主,占碎屑总量的71.52%,在碳酸盐化强烈的岩石中部分石英局部被碳酸盐矿物交代;长石占碎屑总量的22.76%,且部分长石黏土化较强,黏土化长石占长石总量的1/3左右;另外含有一定量的岩屑、云母及少量重矿物。

砂岩中填隙物含量在10.00%～18.00%之间,填隙物主要由杂基和胶结物组成,杂基主要为水云母、高岭石;胶结物主要为绿泥石、少量碳酸盐矿物,另含极少量的黄铁矿、针铁矿和褐铁矿。

砂岩碎屑粒度以中粒、细粒、粗粒为主,分别为54.26%、24.84%、18.13%;粉砂、泥质含量共约占2.29%。砂岩以接触式、孔隙式胶结为主。碎屑颗粒分选性好的占62.49%,中等以上的占84.37%,分

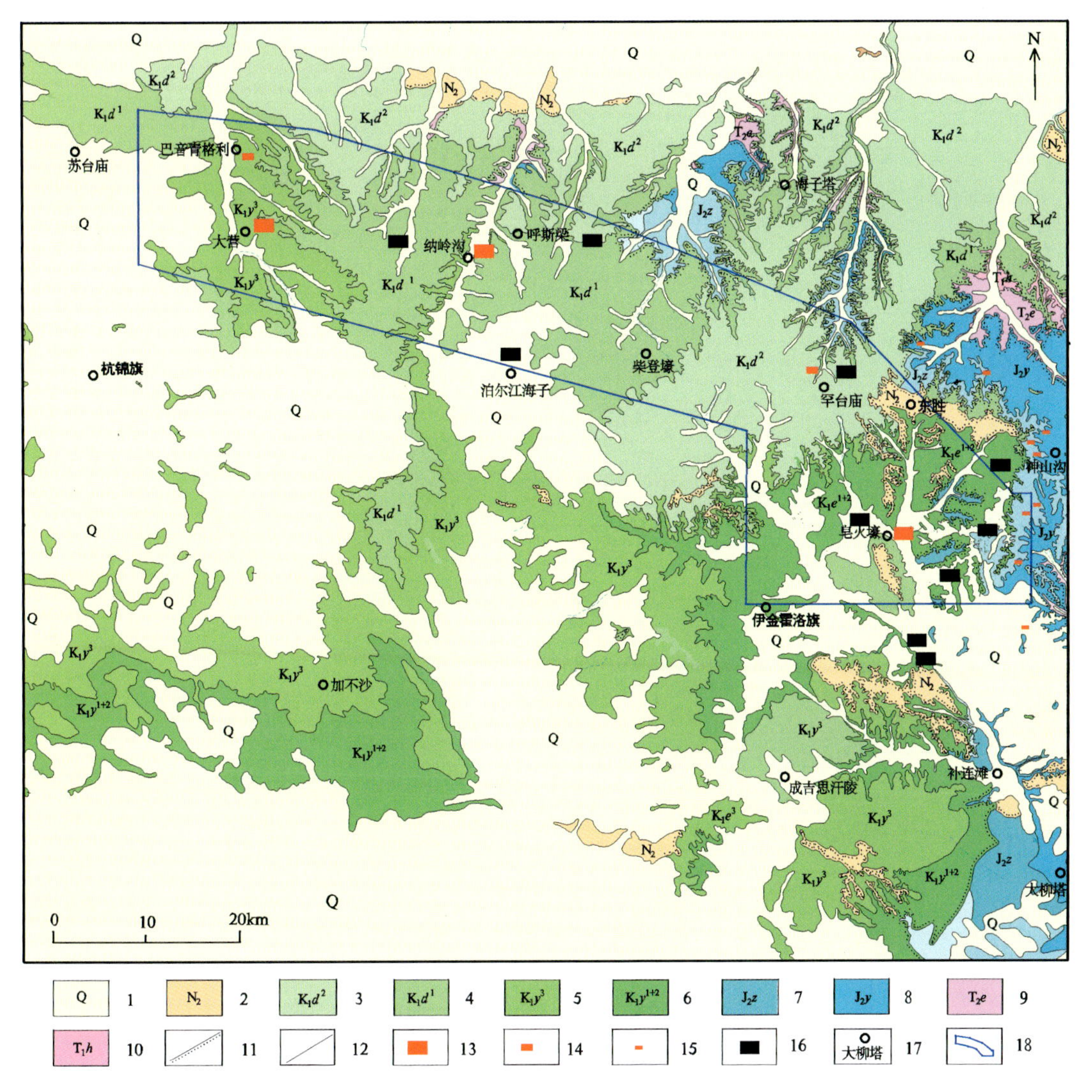

图3-1　鄂尔多斯盆地东北部区域地质矿产略图

1.第四系;2.新近系上新统;3.东胜组第二岩段;4.东胜组第一岩段;5.伊金霍洛组第三岩段;6.伊金霍洛组第一和第二岩段;7.直罗组;8.延安组;9.二马营组;10.和尚沟组;11.不整合接触界线;12.整合接触界线;13.铀矿床;14.铀矿产地;15.铀矿点;16.大型煤矿;17.地名;18.东胜铀矿田范围

选差的占15.63%。砂岩碎屑的总体磨圆度较差,以次棱角状为主,不同磨圆度级别碎屑的百分含量存在一定的变化幅度。砂岩粒度概率曲线形态多为两段或三段直线型,以跳跃组分为主,缺少悬浮组分,粒度频率直方图为单众数型,Φ值集中分布在0~3之间。

二、铀储层岩石地球化学特征

直罗组下段下亚段铀储层中发育控矿的古层间氧化带,具有区域性产出的特点。矿区内发育方向总体由北向南,氧化带发育距离近100km,呈宽缓带状,古层间氧化带前锋线位于新庙壕—皂火壕—沙沙圪台—孙家梁一带,总体呈近东西向展布,长约40km,受辫状河主河道砂体展布方向及河道间湾发育情况的影响,古层间氧化带前锋线局部改变较大(图3-3),氧化砂体前锋向南多呈舌状突出。

古层间氧化带的剖面特征在各勘探线上具有类似的特点,形态较为复杂,以平整的单层板状为主

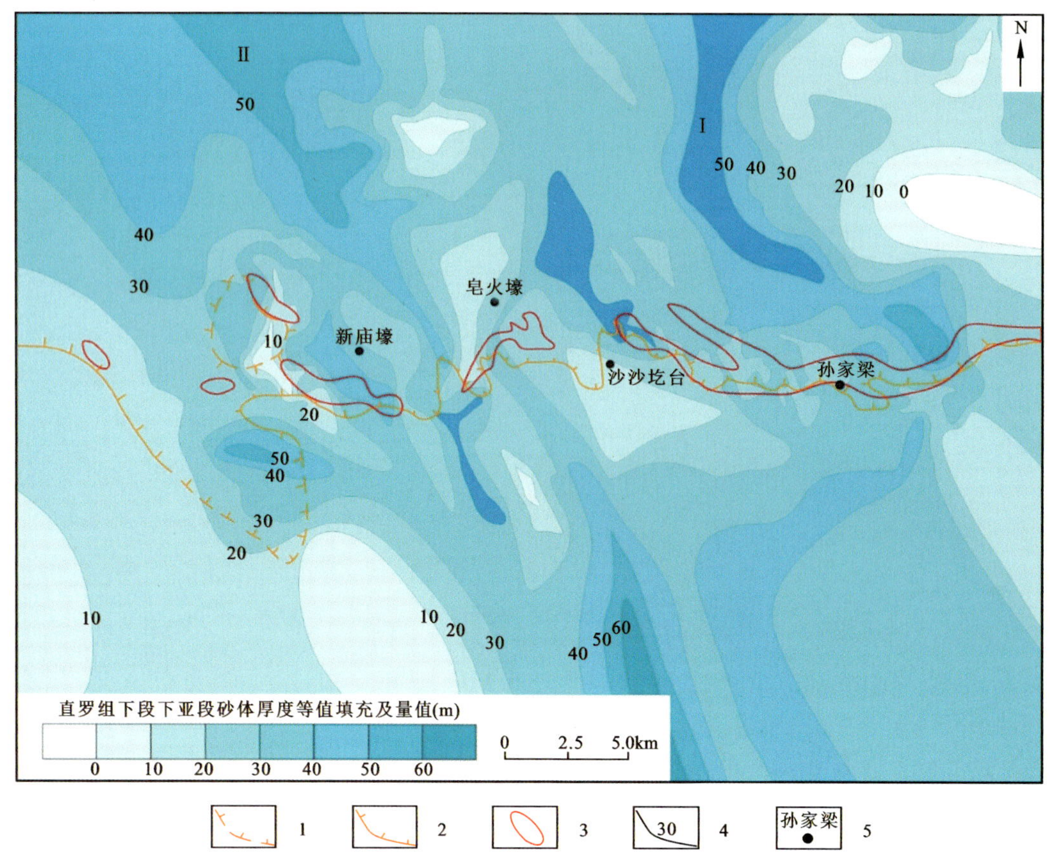

图 3-2 皂火壕铀矿床铀储层砂体空间展布特征

1. 推测的氧化带前锋线；2. 控制的氧化带前锋线；3. 矿体形态；4. 等值线及量值；5. 地名

(图 3-4)，见舌状、透镜状等。矿床内层间氧化-还原过渡带总体表现为宽度由东向西逐渐变窄，埋深由东向西逐渐加深，标高变化趋势与地层的倾向基本一致，亦是由东向西逐渐降低。孙家梁、沙沙圪台地段氧化带前锋线形态表现为东西两侧复杂，中部相对简单，发育方向总体上与古层间地下水运移方向一致，基本为由北向南单向发育，仅在局部地段受河道砂体展布方向变化影响有所改变，呈现为由河道主砂体向两侧氧化，呈舌状延伸；皂火壕地段古层间氧化带前锋线形态复杂；新庙壕地段古层间氧化带前锋线沿多个灰色砂岩残留体分布，氧化-还原过渡带发育规模小，矿体规模较小。

三、矿体特征

皂火壕铀矿床矿体平面形态呈沿层间氧化带前锋线断续展布的带状(图 3-3)，在层间氧化带前锋线北侧矿体稳定、连续性好，层间氧化带前锋线南侧矿体规模相对较小。各地段矿体平面形态存在差异，孙家梁地段呈饼状；沙沙圪台地段呈两条近平行的带状；皂火壕地段矿体分散，呈带状、透镜状；外围新庙壕地段呈透镜状、带状。其中孙家梁—沙沙圪台地段矿体为主矿体，宽 0.10～1.56km，长 10.80km，规模巨大。

剖面上矿体形态以板状、似层状、复卷状为主(图 3-4)，少数为透镜状。下翼矿体尾部具有薄而长的特点，矿体连续性好、厚度小、延伸距离长；上翼矿体呈透镜状，近顶板产出，厚度薄，连续性差。矿体总体上由翼部向头部逐渐收敛、由薄变厚，在层间氧化带前锋线附近矿体累计厚度大，层数多，向两侧层数减少、累计厚度变薄。倾向上向南端翘起，中部下凹，即矿体尾部接近砂体底板产出，向氧化带前锋线

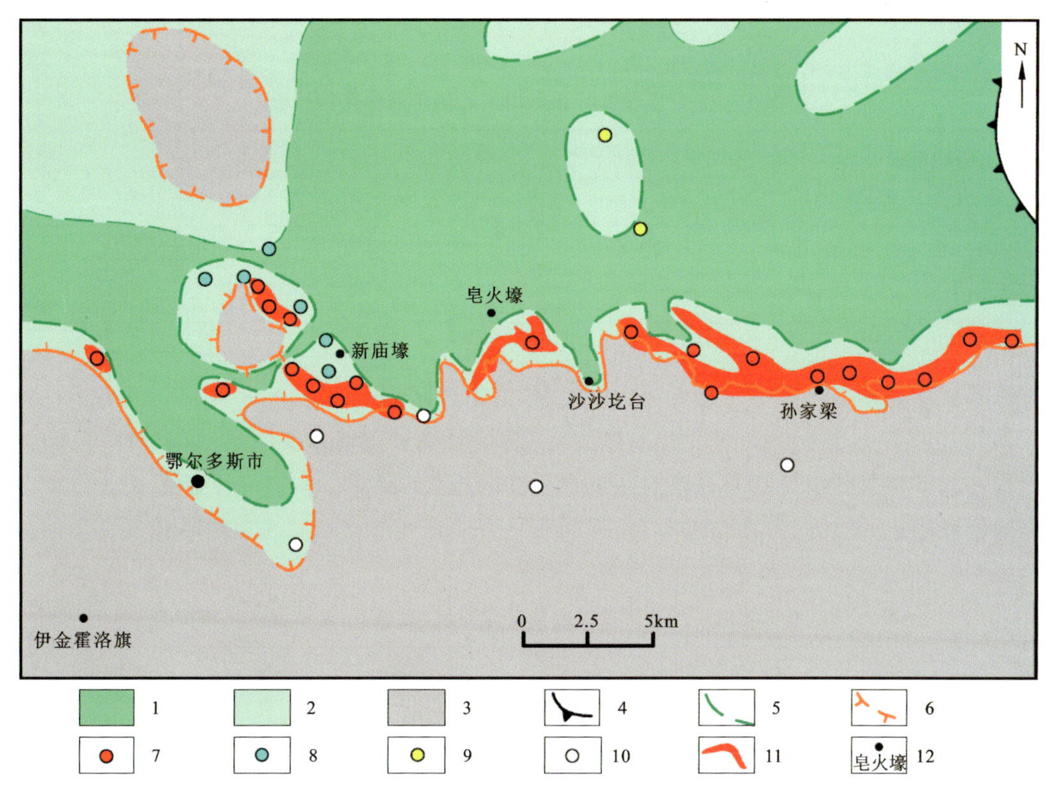

图 3－3　皂火壕铀矿床古层间氧化带平面展布图

1. 氧化带；2. 氧化-还原过渡带；3. 还原带；4. 直罗组剥蚀边界；5. 灰色砂岩尖灭线；6. 氧化带前锋线；7. 工业铀矿孔；8. 铀矿化孔；9. 铀异常孔；10. 无铀矿孔；11. 工业铀矿体；12. 地名

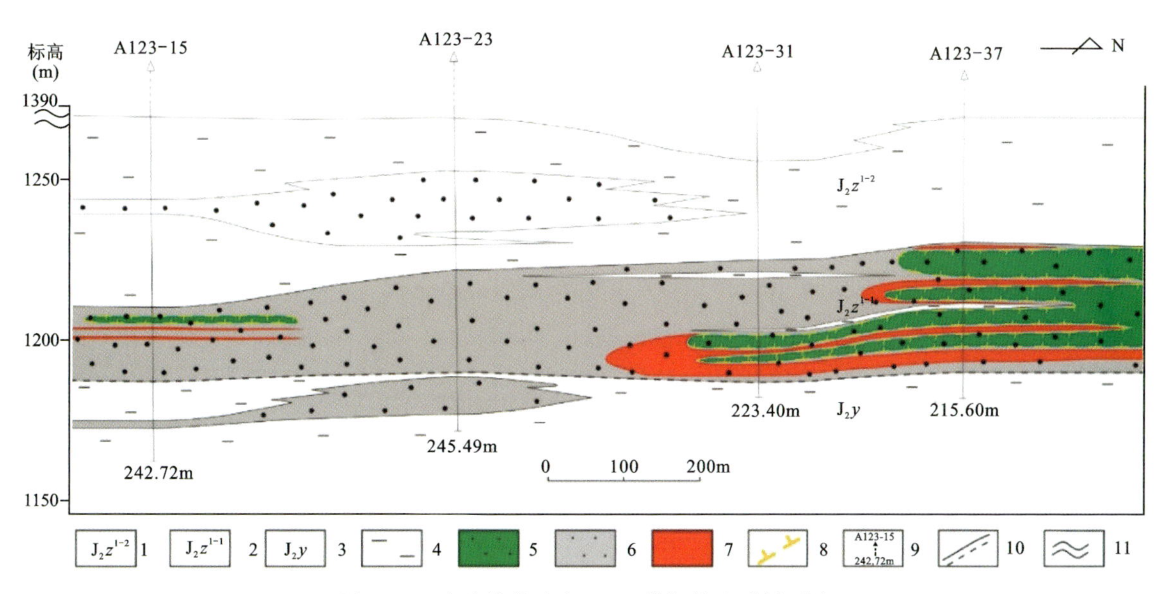

图 3－4　皂火壕铀矿床 A123 勘探线地质剖面图

1. 中侏罗统直罗组下段上亚段；2. 中侏罗统直罗组下段下亚段；3. 中侏罗统延安组；4. 泥岩；5. 绿色砂岩；6. 灰色砂岩；7. 工业铀矿体；8. 氧化带前锋线；9. 钻孔编号及孔深；10. 地层及岩性界线；11. 地层省略符号

方向逐渐翘起而位于砂体中上部。走向上矿体自东向西缓倾，在氧化带前锋线附近矿体发育，矿段增多，形态复杂，倾角大体与地层一致。矿体总体上由北东向南西缓倾斜，矿体标高由北东向南西逐渐降低，矿体埋深受地形控制明显，但总体上仍显示由东向西逐渐加大（表 3－1）。

表 3－1　皂火壕铀矿床各地段矿体平均参数特征表

地段	顶标高(m)	底标高(m)	顶埋深(m)	底埋深(m)
孙家梁(A32—A79 线)	1 272.89	1 272.38	133.25	135.40
沙沙圪台(A83—A183 线)	1 213.82	1 207.78	170.25	176.29
皂火壕(A207—A349 线)	1 131.98	1 130.01	201.13	201.30

皂火壕铀矿床矿体厚度变化总体表现为中间厚，向东西两侧逐渐变薄，平均品位及平米铀量总体表现为自东向西逐渐变小，矿体厚度变化相对较大，一般在层间氧化带前锋线突变部位厚度大，翼部矿体厚度相对较小。矿体品位总体具有自西向东逐渐增高的趋势（表 3－2），高平米铀量矿体主要分布于层间氧化带前锋线附近，总体呈东西向展布，与层间氧化带前锋线展布形态及河道砂体发育方向相吻合。

表 3－2　皂火壕铀矿床各地段工业铀矿体厚度、品位、平米铀量变化特征表

地段	厚度(m)		品位(%)		平米铀量(kg/m²)	
	变化范围	平均	变化范围	平均	变化范围	平均
孙家梁(A32—A79 线)	0.50～8.01	1.83	0.050 0～0.475 0	0.104	1.01～48.47	7.63
沙沙圪台(A83—A183 线)	0.75～12.15	3.72	0.014 4～0.226 2	0.056 5	1.03～29.01	4.52
皂火壕(A207—A349 线)	1.0～7.10	2.75	0.018 1～0.091 9	0.040 0	1.03～6.35	2.23

四、矿石特征

皂火壕铀矿床主要矿石类型为砂岩，主要为疏松、较疏松的浅灰—灰色中砂岩、细砂岩和粗砂岩，砾岩、粉砂岩、泥岩矿石较少。其中，中砂岩占 50.96%，其次为粗砂岩和细砂岩，分别占 23.86%和 22.88%，粉砂岩、泥岩共占 2.20%，砾岩仅占 0.09%。

矿石呈不等粒砂状结构，一般具粒序层理。矿石中碎屑含量高，占全岩总量的 88%左右，碎屑成分以石英为主，其次为长石和云母。胶结物含量较低，一般小于 10.00%。以接触式胶结为主，少见孔隙式胶结，钙质砂岩矿石可见基底式和连生式胶结。胶结物以水云母为主（占 66.80%），次为方解石（占 24.80%），还有黄铁矿（占 4.80%）、针铁矿、褐铁矿，偶见绿泥石。

矿石黏土矿物主要为蒙皂石，所占比重为 73.46%；其次为高岭石（占 12.69%）、伊利石（占 9.77%），少量为绿泥石（占 7.57%），未见混层矿物。

矿石化学成分以 SiO_2、Al_2O_3、CaO 为主，SiO_2 含量平均为 63.76%；Al_2O_3 含量平均为 11.30%；CaO 含量平均为 5.31%。以上三者约占总量的 80.00%，其他氧化物含量较少。

皂火壕铀矿床中铀的存在形式主要有两种，即吸附态铀与铀矿物。以吸附态铀为主，呈超显微状（图 3－5a，b，c），占矿石中铀总量的 70%以上。铀矿物以铀石为主，其次为水硅铀矿与钙水硅铀矿，在矿石中占 13.781%～14.777%，铀石主要呈胶状，局部可见少量的自形晶。铀石多围绕细粒黄铁矿产出，并部分交代黄铁矿（图 3－5d，e，f），部分铀石围绕氧化的钛铁矿或碎屑边缘产出，在富矿石中还常见一些铀石在碎屑颗粒中呈浸染状分布。

通过 U－Pb 同位素测定矿石年龄结果表明：皂火壕地区铀成矿早期发生在晚侏罗世末期—白垩纪，成矿年龄为 149.0±16Ma、124.0±6Ma、120.0±11Ma、85.0±2Ma、84.0±4Ma、76.0±3Ma、76.0±4Ma、74.0±14Ma；晚期铀成矿发生在新近纪的中新世和上新世，成矿年龄为 20.0±2Ma、8.0±1Ma。皂火壕地区铀成矿具有长期性和多期性。

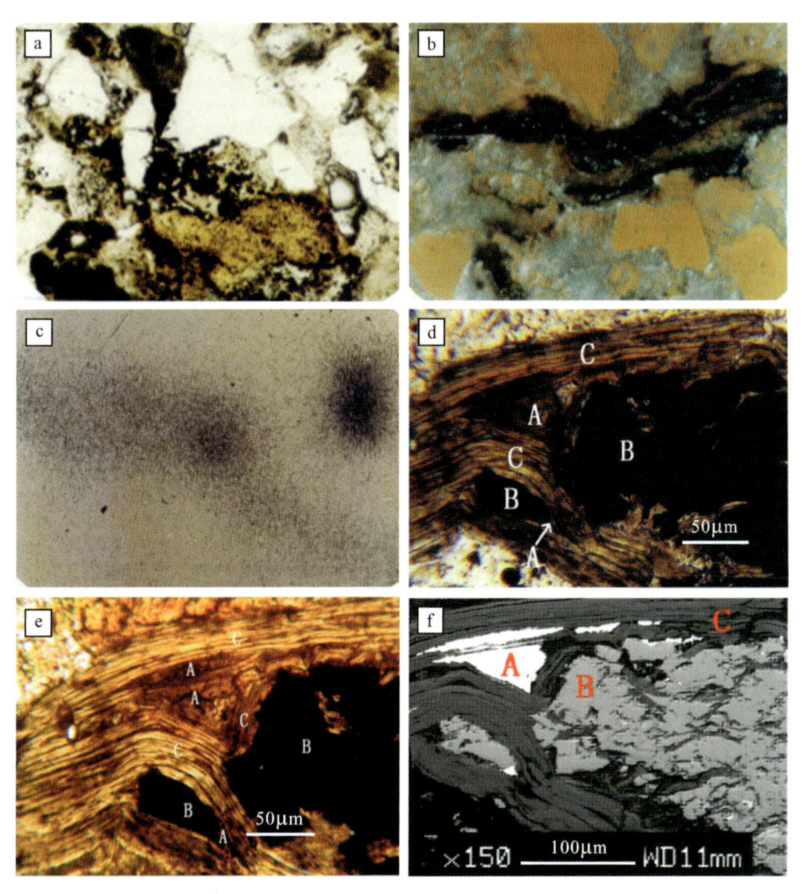

图 3－5　皂火壕铀矿床矿石微观赋存特征

a. 沿粒间和蚀变碎屑(视域中下方)分布的超显微状铀矿物、吸附态铀，×100；b. 含黄铁矿的碳质物中吸附态铀，×100；c. α 径迹，×100，45d；d. 显微镜照相，单偏光，黑云母中的黄铁矿呈透镜状产出，A 为铀矿物(铀石)，B 为黄铁矿，C 为黑云母；e. 显微镜照相，单偏光，铀石(A)呈褐色，局部不透明，最大集合体 100μm×45μm，长透镜状集合体 140μm×12μm，单个颗粒最大 10μm；铀石产出于黑云母(C)间，也产出于黄铁矿(B)边缘；f. 电子探针背散射成像(×150)，A 为铀石，白色，产出于黑云母间和黄铁矿边缘，B 为黄铁矿，灰色，C 为蚀变黑云母，黑色

第二节　纳岭沟特大型铀矿床

纳岭沟特大型铀矿床行政区划隶属于内蒙古自治区鄂尔多斯市东胜区、达拉特旗和杭锦旗，是鄂尔多斯盆地北部发现的第二个特大型砂岩铀矿床，处于东胜铀矿田中部(图 3－1)，主要铀储层为中侏罗统直罗组下段砂体。

一、铀储层岩石矿物学特征

纳岭沟铀矿床直罗组下段砂体宏观上呈泛连通状，是多期次河道砂体垂向叠加、侧向上相连的结果。平面上，砂体总体呈北东-南西向展布，砂体厚度为87.0～228.1m，平均147.3m。直罗组下段砂体厚度大于90m的区域在矿区及周边分布范围大，呈片状（图3-6）；砂体厚度小于90m的区域分布较局限，主要位于矿床北部和南部，形态呈孤岛状；砂体厚度大于150m的区域主要分布在矿床东西两侧，呈近南北向展布的串珠状。由直罗组下段砂体厚度等值线图可以看出，铀矿体主要位于砂体厚度为90～140m的区域内，部分铀矿体位于厚度大于140m的区域内。整体上，铀矿体位于纳岭沟铀矿床砂体厚度相对较薄，且变异较大部位，位于两个砂体厚度较大部位的夹持区。

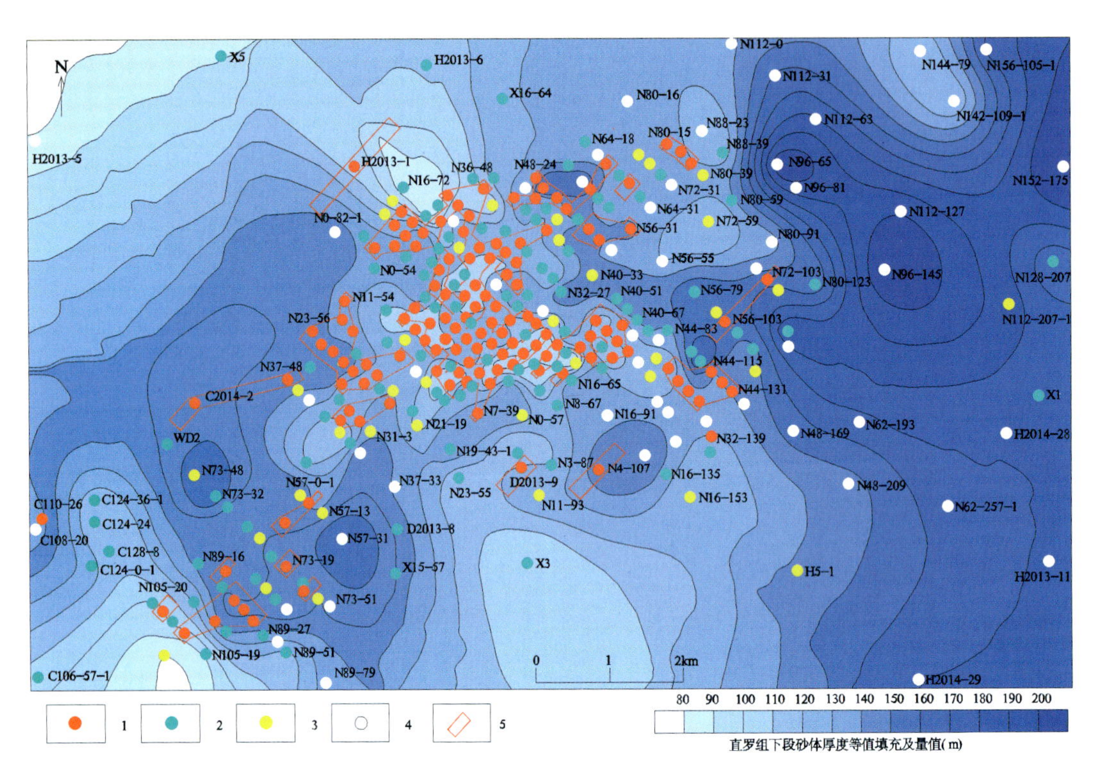

图3-6　纳岭沟铀矿床直罗组下段砂体厚度等值线图

1. 工业铀矿孔；2. 铀矿化孔；3. 铀异常孔；4. 无铀矿孔；5. 铀矿体边界

纳岭沟铀矿床直罗组下段（J_2z^1）为潮湿气候环境下沉积的一套粗碎屑岩建造。下部为辫状河沉积的砂砾岩层，岩性为灰色砾岩、砂质砾岩，局部夹薄层砂岩。多见炭化植物茎秆、煤屑和团块状黄铁矿；上部为辫状河沉积的砂岩层，岩性为灰色、绿色、灰绿色的中粗粒、中粒、中细粒砂岩，固结程度低，较松散，是铀矿赋存的骨架砂体。砂体一般由6～7个正韵律层组成，韵律层底部发育富含泥砾或碳屑的小型冲刷面。

直罗组下段砂岩主要为长石砂岩，占砂岩类型的77.76%，其次为长石石英砂岩，占砂岩类型的21.35%，石英砂岩占0.78%，杂砂岩占0.11%。长石砂岩所占比例大，石英砂岩所占比例小，说明直罗组下段沉积时距物源区较近。杂砂岩所占比例小，说明直罗组下段沉积时水动力条件较稳定。

砂岩以碎屑物为主，占全岩总量的82.0%～90.0%，碎屑成分主要以石英为主，次为长石，含少量岩屑、云母及重矿物。填隙物含量为10.0%～18.0%，主要由杂基和胶结物组成。杂基成分以伊利石、高岭石、水云母为主。胶结物主要为绿泥石，少量碳酸盐矿物，极少量的黄铁矿、针铁矿和褐铁矿。

二、铀储层岩石地球化学特征

纳岭沟铀矿床铀储层发育控矿的绿色古层间氧化带。平面上，完全氧化带发育于矿床北部(图3-7)，发育距离在10.0～18.0km之间，总体呈近东西向带状展布，在矿床北东部呈舌状向南东凸出；氧化-还原过渡带发育规模较大，整体呈北东-南西向展布，沿地下水运移方向发育距离在7.0～25.0km之间，铀矿体均产于氧化-还原过渡带内，古层间氧化带前锋线亦呈北东-南西向展布，但控矿作用不明显；还原带位于矿床南东部，发育规模较小，矿区内延伸距离约15km，还原带砂岩呈灰色，且多见碳屑、黄铁矿等还原介质。

垂向上，绿色古氧化砂岩位于含水层的上部(图3-8)，一般为单层产出，砂体整体呈"上绿下灰"的特征，铀矿化产于绿色古氧化砂岩与灰色砂岩过渡部位的灰色砂岩中，呈板状、似层状产出，层间氧化带前锋线垂向控矿作用更为明显。纳岭沟铀矿床古氧化砂体厚度为0～101.50m，由北西向南东逐渐变薄直至尖灭；古氧化砂体底界埋深为283.20～627.00m，由北东向南西埋深逐渐加大；古氧化砂体底界标高为827.50～1 144.00m，由北东向南西方向逐渐变低，与地层产状基本一致，可能与东部抬升有关，但变化较小。

三、矿体特征

纳岭沟铀矿床矿体产于氧化-还原过渡带内，受氧化带控制作用明显，尤其在垂向上受古层间氧化带控矿作用更为明显。铀矿化均产于绿色古氧化砂岩与灰色砂岩过渡部位的灰色砂岩中。

平面上，纳岭沟铀矿床矿体整体呈北东-南西向带状展布(图3-7)，局部呈透镜状，主矿体长约5500m，宽200～1700m，面积约5.0km^2，整体上连续性较好，规模较大，形态复杂，矿体边部连续性稍差，形成"天窗"。主矿体平均厚度为3.58m(表3-3)，变化较大，在平面上厚度变化无规律性，多为突变；平均品位为0.077 1%，相对高品位区分布在N7—N28线中部和北部，呈近东西向带状展布，其他部位也有零星分布；平均平米铀量为6.11kg/m^2，高值区亦无明显规律，呈点状分布。

其他矿体多与主矿体相重叠，呈零星分布，形态简单，多由1～2个钻孔控制。矿体平均厚度为2.52m，平均品位为0.069 0%，平均平米铀量为3.13kg/m^2。与主矿体相比较，矿体厚度和平米铀量较小，而矿体的平均品位相差无几，略偏小(表3-3)。

表3-3　纳岭沟铀矿床矿体矿化特征统计表

矿体	参数	单位	变化范围	平均值	均方差	变异系数(%)
主矿体	厚度	m	0.90～9.30	3.58	1.87	52.15
	品位	%	0.018 2～0.385 7	0.077 1	0.05	68.40
	平米铀量	kg/m^2	1.04～63.38	6.11	6.70	109.69
其他矿体	厚度	m	0.80～6.40	2.52	1.82	72.17
	品位	%	0.030 5～0.150 8	0.069 0	0.03	47.55
	平米铀量	kg/m^2	1.08～8.62	3.13	2.08	66.55

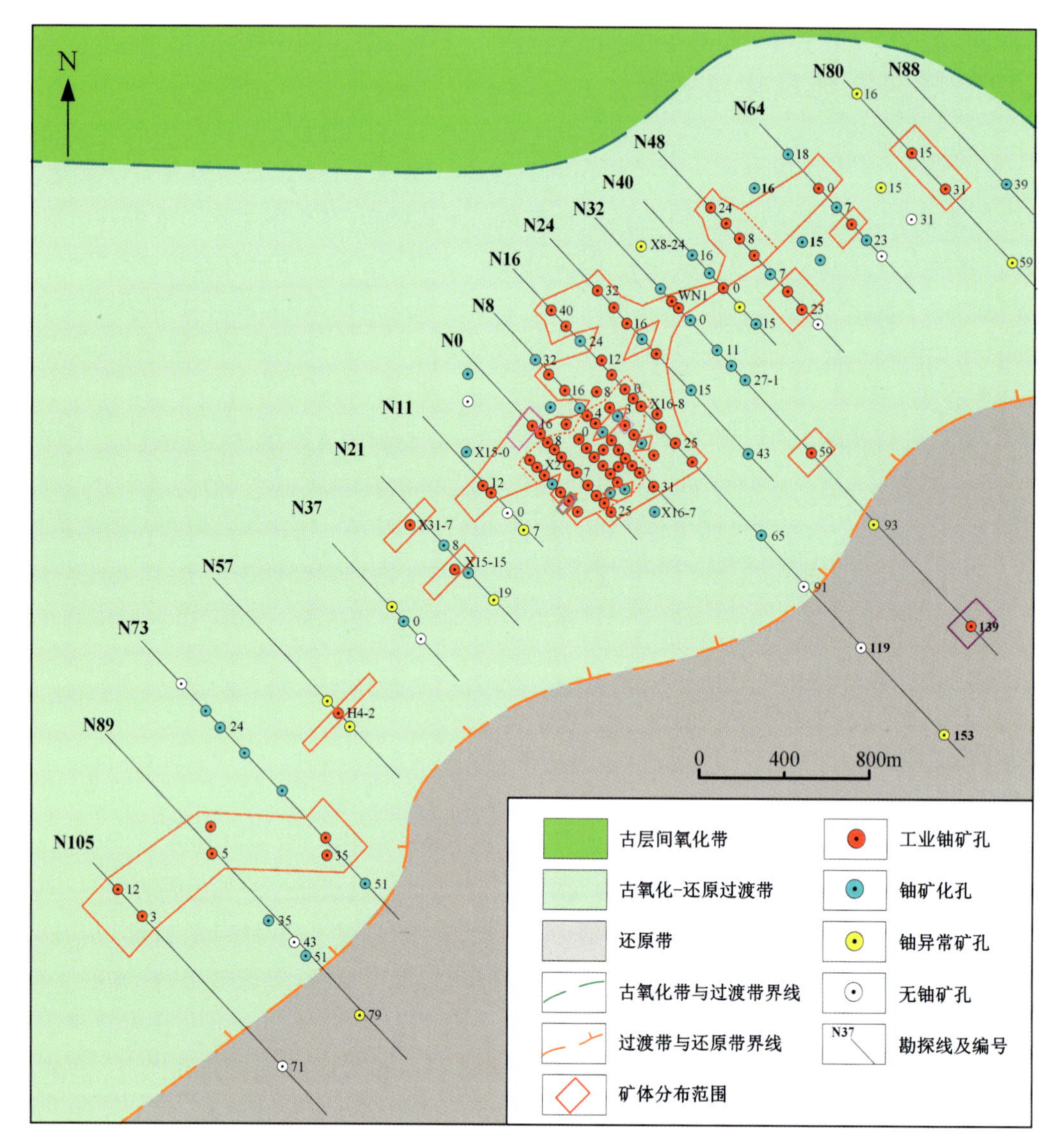

图 3-7　纳岭沟铀矿床直罗组下段岩石地球化学分带及矿体分布示意图

剖面上，主矿体、矿化体呈板状、似层状，产于远离顶、底板的绿色砂岩和灰色砂岩过渡部位的灰色砂岩中(图 3-8)。主矿体顶板埋深为 314.05～464.05m，底板埋深为 321.25～464.95m(表 3-4)，埋深较大，除局部受地形影响外，整体由北东向南西底板埋深逐渐增大，变化具规律性且稳定。主矿体顶板标高为 1 034.92～1 111.07m，底板标高为 1 034.02～1 102.45m，顶、底板标高变化不大，产状平缓，整体由北东向南西缓倾斜。

其他矿体多呈透镜状产于主矿体的上部、下部或主矿体的边部。顶板埋深为 345.45～423.25m，底板埋深为 352.95～428.65m，顶板标高为 1 063.55～1 097.46m，底板标高为 1 056.05～1 095.26m(表 3-4)。由于矿体规模较小，零星分布，埋深和产状变化规律不明显，但整体上具有和主矿体相似的规律，即从北东向南西，矿体顶、底板埋深和标高逐渐增大。

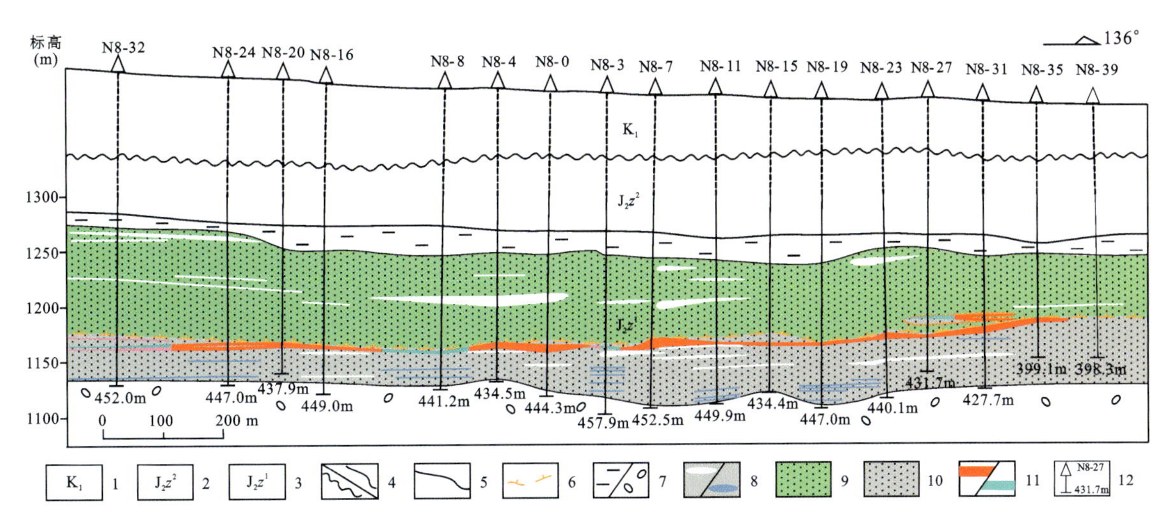

图 3-8　纳岭沟铀矿床 N8 号勘探线剖面示意图

1. 下白垩统;2. 直罗组上段;3. 直罗组下段;4. 不整合界线/整合界线;5. 岩性界线;6. 层间氧化带前锋线;7. 泥岩/砾岩;8. 泥岩夹层/钙质砂岩夹层;9. 绿色砂岩;10. 灰色砂岩;11. 工业铀矿体/铀矿化体;12. 钻孔编号及孔深

表 3-4　纳岭沟铀矿床矿体埋深及标高统计表

统计类别			变化范围(m)	平均值(m)	均方差(m)	变异系数(%)
主矿体	顶板	埋深	314.05～464.05	395.14	22.47	5.69
		标高	1 034.92～1 111.07	1 074.22	11.58	1.08
	底板	埋深	321.25～464.95	400.65	21.87	5.46
		标高	1 034.02～1 102.45	1 068.71	10.91	1.02
其他矿体	顶板	埋深	345.45～423.25	386.84	21.22	5.48
		标高	1 063.55～1 097.46	1 082.75	10.86	1.00
	底板	埋深	352.95～428.65	389.89	21.46	5.50
		标高	1 056.05～1 095.26	1 079.70	11.82	1.09

四、矿石特征

纳岭沟铀矿床矿石为砂岩类,主要为疏松、较疏松的浅灰色、灰色长石砂岩和长石石英砂岩。以中粒、粗粒砂状结构为主,分选性中等,磨圆多为次棱角状。矿石中碎屑颗粒间以接触式胶结为主,少数为孔隙式胶结。

矿石中碎屑含量高,占全岩总量的 90%以上,碎屑成分以石英为主,其次为长石。纳岭沟铀矿床含矿碎屑岩中黏土矿物主要以杂基形式存在,砂岩矿石中平均含量为 10.3%,矿石杂基含量略低于围岩,说明含矿碎屑岩分选性稍高于围岩。根据镜下鉴定及 X 射线衍射分析结果,黏土矿物成分以蒙皂石、高岭石为主,伊利石和绿泥石次之,多呈弯曲片状或碎片状集合体分布于碎屑颗粒之间。黏土矿物对铀具有吸附作用,在电子显微镜下含矿碎屑岩中的黏土矿物普遍含铀。

矿石各主量元素含量与围岩基本相同,但矿石烧失量较高,说明矿石中有机质含量稍高。与标准砂岩成分对比，矿石 SiO_2 含量低而 Al_2O_3、K_2O、Na_2O 含量高，说明含矿碎屑岩中长石含量较高，成分成熟度低。CaO、MgO 含量低，说明矿石中碳酸盐矿物的含量较低。

纳岭沟铀矿床中铀的存在形式有吸附态铀、铀矿物及含铀矿物，并以吸附态铀为主。其中，吸附态铀即铀以分散吸附形式存在，是铀在各种岩石和矿物中最普遍的存在形式；铀矿物主要为铀石，偶见沥青铀矿和含铀钛铁氧化物。

采用全岩 U－Pb 等时年龄测试法对纳岭沟铀矿床矿石样品成矿年龄进行了测试，测得的年龄分别为 84±1Ma（早白垩世中期）、61.7±1.8Ma（相当于古新世）、56.0±5.2Ma（古新世—始新世）、38.1±3.9Ma（相当于始新世中期）。

第三节　大营超大型铀矿床

大营超大型铀矿床行政区划隶属于内蒙古自治区鄂尔多斯市杭锦旗，是我国发现的第一个超大型砂岩铀矿床，处于东胜铀矿田中西部（图 3－1），主要铀储层为中侏罗统直罗组下段砂体。

一、铀储层岩石矿物学特征

大营铀矿床中侏罗统直罗组下段（J_2z^1）辫状河砂体发育，可进一步划分为下亚段（J_2z^{1-1}）和上亚段（J_2z^{1-2}），均是区内重要的铀储层。

直罗组下段下亚段（J_2z^{1-1}）砂体总体上呈北西-南东向展布，砂体厚度大，连续性好，平均厚度为 63.46m，最厚可达 94.70m。砂体厚度分布具有低值区、高值区相间分布的特点：由南西向北东展现为低值→高值→低值→高值→低值的分布序列。其中，砂体厚度高值区（厚度大于 70m）可分为南西部—南部高值区和中部高值区，呈向南西方向突出的弧形，自北西向南东方向展布。直罗组下段上亚段（J_2z^{1-2}）砂体厚度相对较薄，平均厚度为 52.35m，最厚可达 91.40m。与直罗组下段下亚段相比，直罗组下段上亚段砂体厚度具有明显的差异，厚度高值区（厚度大于 60m）内部多出现厚度低值区，河道砂体的侧向迁移性明显。

直罗组下段下亚段（J_2z^{1-1}）为潮湿气候环境下沉积的一套粗碎屑岩建造，为砂质辫状河沉积体系。该岩段下部岩性以灰色、绿色、灰绿色的中粗粒、中粒、中细粒砂岩为主，灰色砂岩中含大量煤屑，夹薄层泥岩。砂岩固结程度低，较松散，是区内铀矿找矿的骨架砂体，一般由 6～7 个正韵律层组成，在区内分布广泛，呈泛连通的网络状。顶部为厚几米至十几米的浅绿色、灰色泥岩，连续性好，是稳定的隔水层。

直罗组下段上亚段（J_2z^{1-2}）为潮湿气候环境下沉积的一套粗碎屑岩建造，为曲流河沉积体系。该岩段下部岩性为绿色、浅绿色、灰色细砂岩、中细砂岩、中粗砂岩。砂岩中多夹泥岩、粉砂岩透镜体，厚度为 1～12m。砂岩固结程度低，较松散，是矿区主要铀层的赋存砂体，一般由 4～6 个正韵律层组成，在区内分布广泛，为独立的含矿含水层。顶部为绿色泥岩、粉砂岩，厚度较大，连续性好，是稳定的隔水层。

大营铀矿床砂岩以长石砂岩为主，占 93.3%，其次为长石石英砂岩，占 4.0%，岩屑长石砂岩占 2.7%。砂岩类型的控制因素主要是大地构造背景，以长石砂岩占绝对优势而杂砂岩不发育，砂岩的成熟度相对较高，表明直罗组下段构造背景较为稳定。砂岩中碎屑物含量较高，达 79%～98%，成分以石英为主，长石次之，含有一定量的云母、岩屑、有机质及少许重矿物。填隙物含量为 8%～33%，主要由杂基和胶结物组成，杂基主要是伊利石、高岭石、水云母，在钙质砂岩中填隙物含量较高，达 18%左右；

胶结物主要为方解石、黄铁矿，极少量的针铁矿和褐铁矿。

二、铀储层岩石地球化学特征

1. 直罗组下段下亚段

平面上，直罗组下段下亚段古层间氧化带发育距离在 5～15km 之间，总体氧化方向由北东向南西。前锋线位于乌力桂庙—大营东部一线，长约 20km，呈不规则的蛇曲状展布(图 3－9)。前锋线南西部还原带砂体呈灰色，富含有机质、黄铁矿等还原介质；前锋线北东部过渡带砂体呈绿色与灰色互层，向北东部绿色砂体厚度增加而灰色砂体厚度变薄，过渡带发育于层间氧化带前锋线与完全氧化带之间，呈北东－南西向和北西－南东向带状展布，宽 1.3～5km，最宽达 12km，从唐公梁西部一直到大营东部，总体呈弧形分布，局部向北东部呈指状突出。

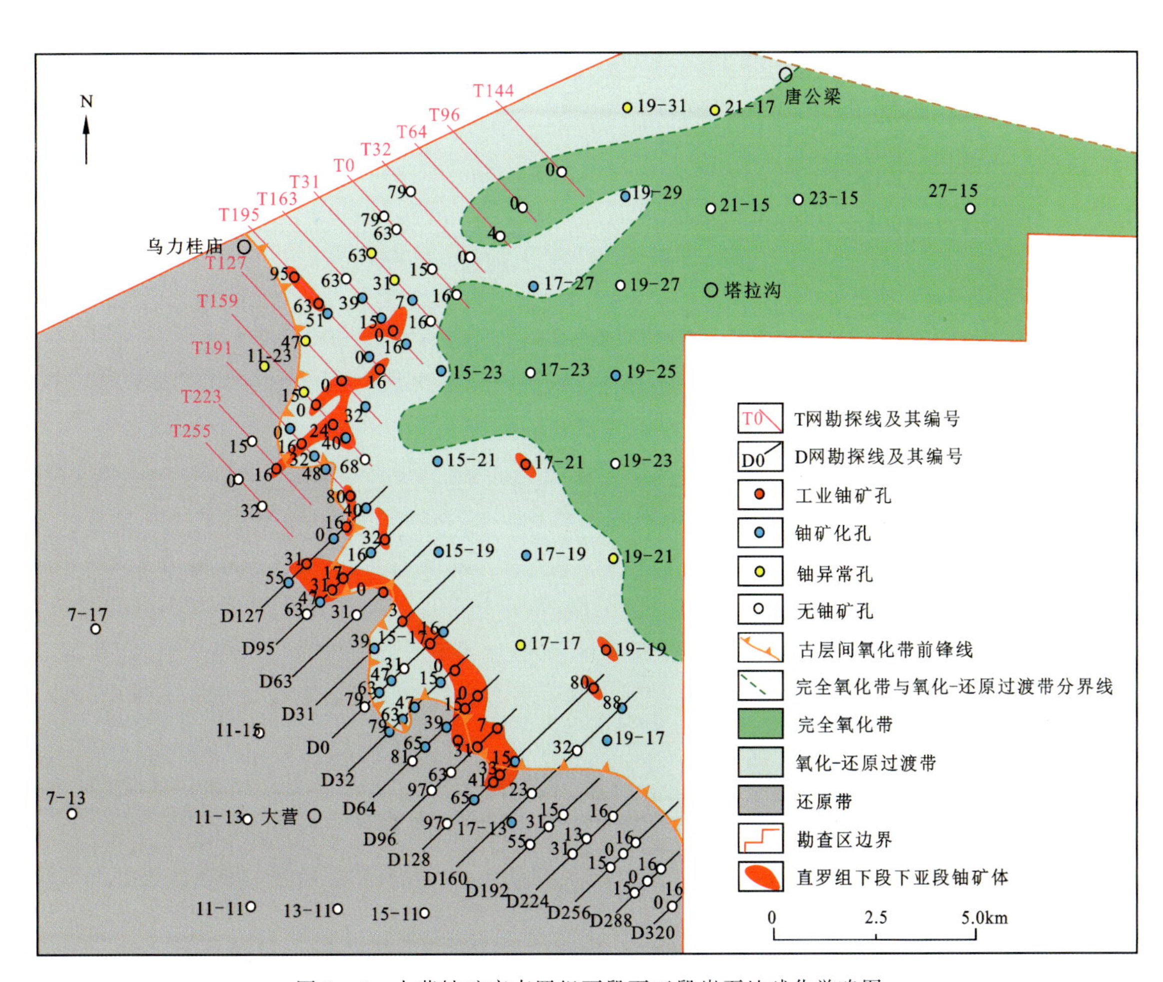

图 3－9　大营铀矿床直罗组下段下亚段岩石地球化学略图

剖面上，直罗组下段下亚段氧化带为绿色古氧化砂岩，受地层倾向及砂体展布控制，过渡带砂岩多呈“上绿下灰”或“灰、绿相间”产出(图 3－10)，呈层状，砂体氧化深度多在 575～730m 之间，绿色古氧化砂岩厚度由北东向南西逐渐变薄，变化趋势与地层产状大致相同。局部受河道砂体分叉及砂岩非均质性的影响，形成多层氧化现象。铀矿化均产于绿色古氧化砂岩与灰色砂岩过渡部位的灰色砂岩中，形态多为板状、似层状。

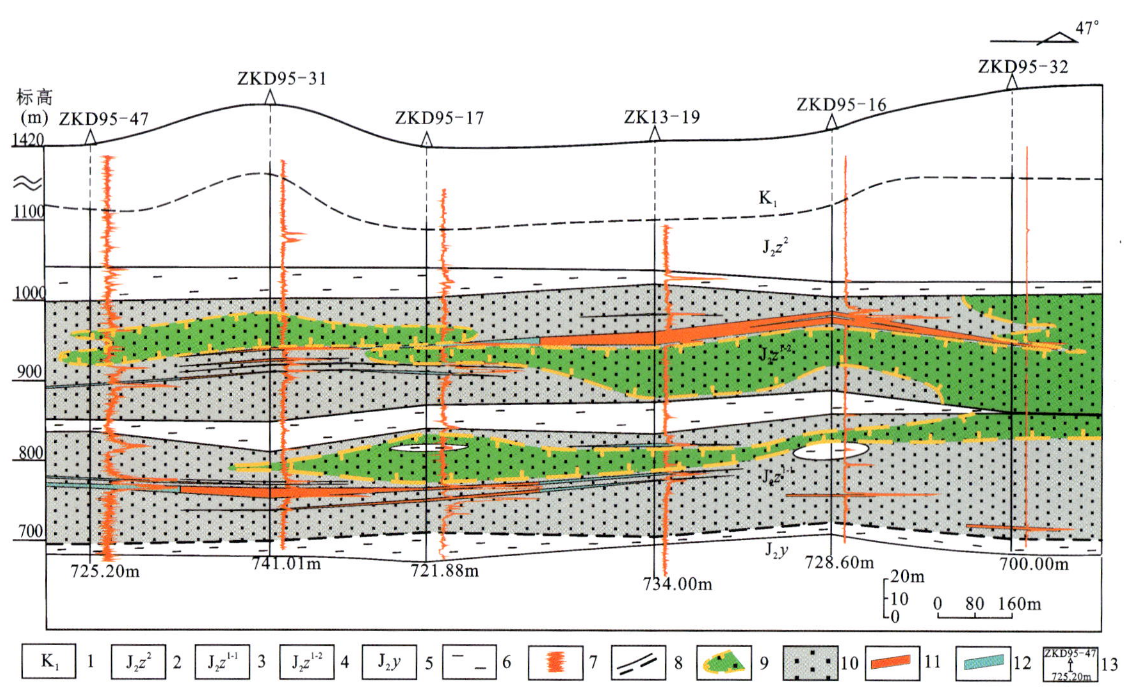

图 3-10　大营铀矿床 D95 号勘探线剖面图

1. 下白垩统；2. 直罗组上段；3. 直罗组下段下亚段；4. 直罗组下段上亚段；5. 延安组；6. 泥岩；7. 伽马测井曲线；8. 地层及岩性界线；9. 层间氧化带及前锋线；10. 灰色砂岩；11. 工业铀矿体；12. 铀矿化体；13. 钻孔编号及孔深

2. 直罗组下段上亚段

平面上，直罗组下段上亚段古层间氧化带发育距离在 4～20km 之间，总体氧化方向由北东向南西。前锋线位于乌力桂庙东部—大营东部一线(图 3-11)，长约 25km，呈不规则状沿近南北—南东向蛇曲状展布，较下亚段氧化带前锋线形态复杂，且局部呈锯齿、舌状突出。前锋线西部、南西部还原带砂体呈灰色，富含有机质、黄铁矿等还原介质；前锋线东部、北东部过渡带砂体呈绿色与灰色互层，向东部、北东部绿色砂体厚度增加而灰色砂体厚度变薄。沿地下水运移方向过渡带发育宽度 2～5km，呈向西突出的弯月状，北部呈北东向展布，中间呈近南北向展布，南部呈北西向展布。

剖面上，直罗组下段上亚段氧化带形态与下亚段具类似的特征，同样由北东向南西氧化，绿色古氧化砂岩厚度逐渐变薄，深度加大，变化趋势与地层产状大致相同，砂体氧化深度多在 515～700m 之间，铀矿化产于绿色古氧化砂岩与灰色砂岩过渡部位的灰色砂岩中，形态多为板状、似层状(图 3-10)、似卷状(图 3-12)。

三、矿体特征

直罗组下段下亚段铀矿带总体呈北西-南东向展布(图 3-9)，长 15～20km，宽 800～2000m 不等，向两端处于开放状态，呈条带状，严格受层间氧化-还原过渡带控制。剖面上，直罗组下段下亚段矿体在矿床北部多产于古层间氧化带的上翼，发育于含矿砂体的中上部，受地层、河道砂体展布方向及层间氧化带发育方向影响，矿体产状与目的层砂体的产状一致，向南西缓倾斜。在矿床南部直罗组下亚段矿体

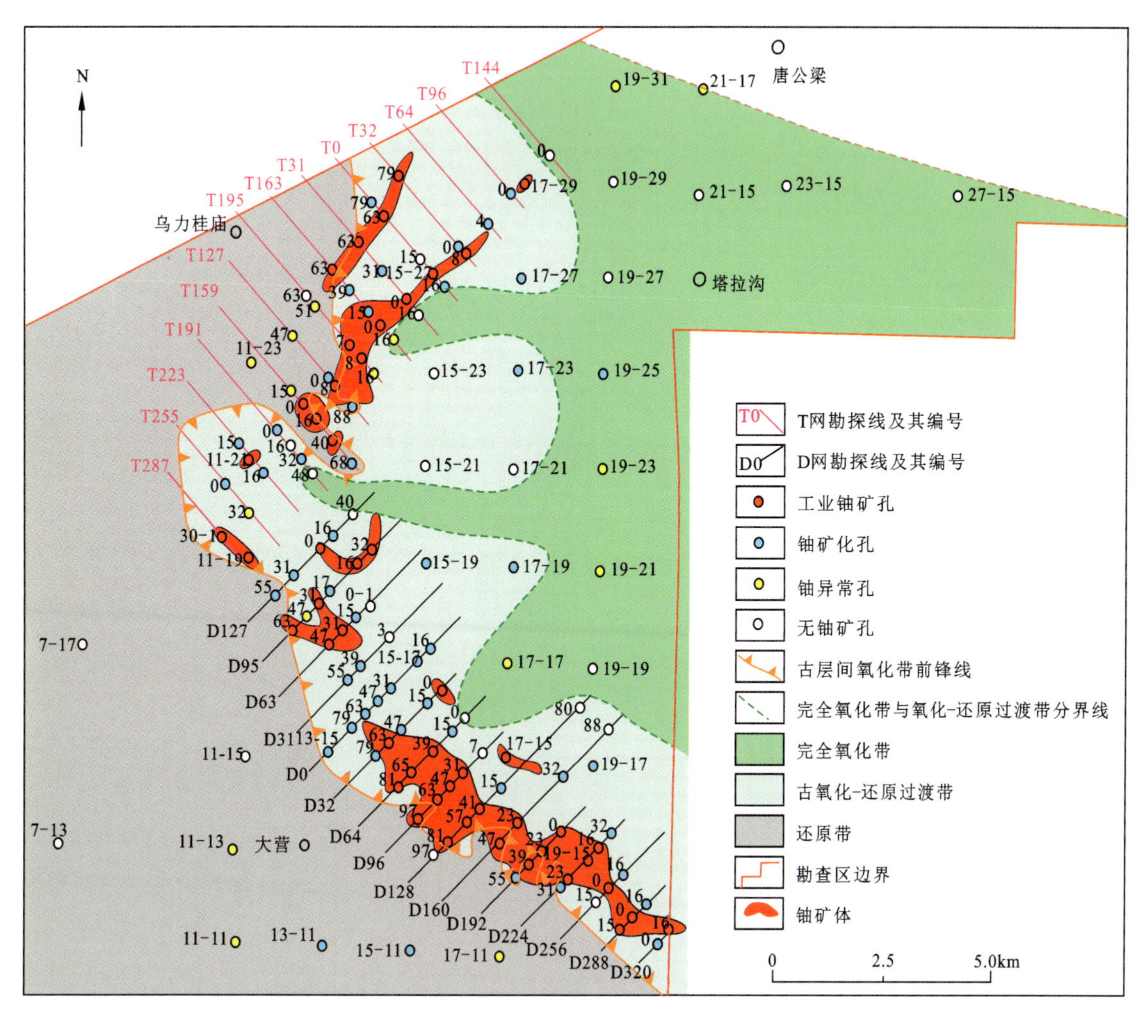

图 3-11 大营铀矿床直罗组下段上亚段岩石地球化学略图

多产于古层间氧化带下翼，发育于含矿砂体的中下部，呈近水平产出，与顶、底板的产状基本一致。矿体均以平整的板状为主，很少见到卷状矿体的卷头部分，矿化体主要沿工业矿体周边分布。矿体底界埋深为 600.45～823.49m，平均为 706.46m。

直罗组下段上亚段铀矿带总体呈北东-南西向和北西-南东向展布，大致上呈向北东开口的“U”形，长约 20km，宽 400～2000m 不等(图 3-11)，受北部砂体发育特征及层间氧化带的控制，北东端矿带有向北西转向的趋势，矿带内矿体沿走向、倾向的连续性较差，矿体呈带状、透镜状(图 3-10)。剖面上，直罗组下段上亚段矿体整体上比下亚段矿体连续且富集，以层间氧化带控制的翼部矿体为主，下翼矿体较上翼矿体连续性好且规模大，远离氧化带前锋线矿体富集减弱，连续性逐渐变差，且上、下翼矿体之间的距离加大。矿体均以平整的板状为主，局部呈波状起伏，在层间氧化带前锋线附近见有卷头矿的迹象(图 3-12)。矿体底界埋深为 524.35～712.05m，平均为 607.03m。

直罗组下段上亚段矿层厚度较大，最大厚度为 26.40m，约为下亚段矿层最大厚度的 3 倍，平均厚度为 5.71m(表 3-5)；直罗组下段上亚段矿石品位较下亚段高，变化范围较下亚段大，最高品位为 0.182 3%；平米铀量的变化特征与品位的变化特征相对应，在氧化带前锋线附近的矿体平米铀量高，受氧化带前锋线控制作用明显，直罗组下段上亚段的最大平米铀量为 27.11kg/m^2，约为下亚段的 3.65 倍。直罗组下段上亚段与下亚段相比，具有矿体厚度大、品位高、平米铀量高的特点。

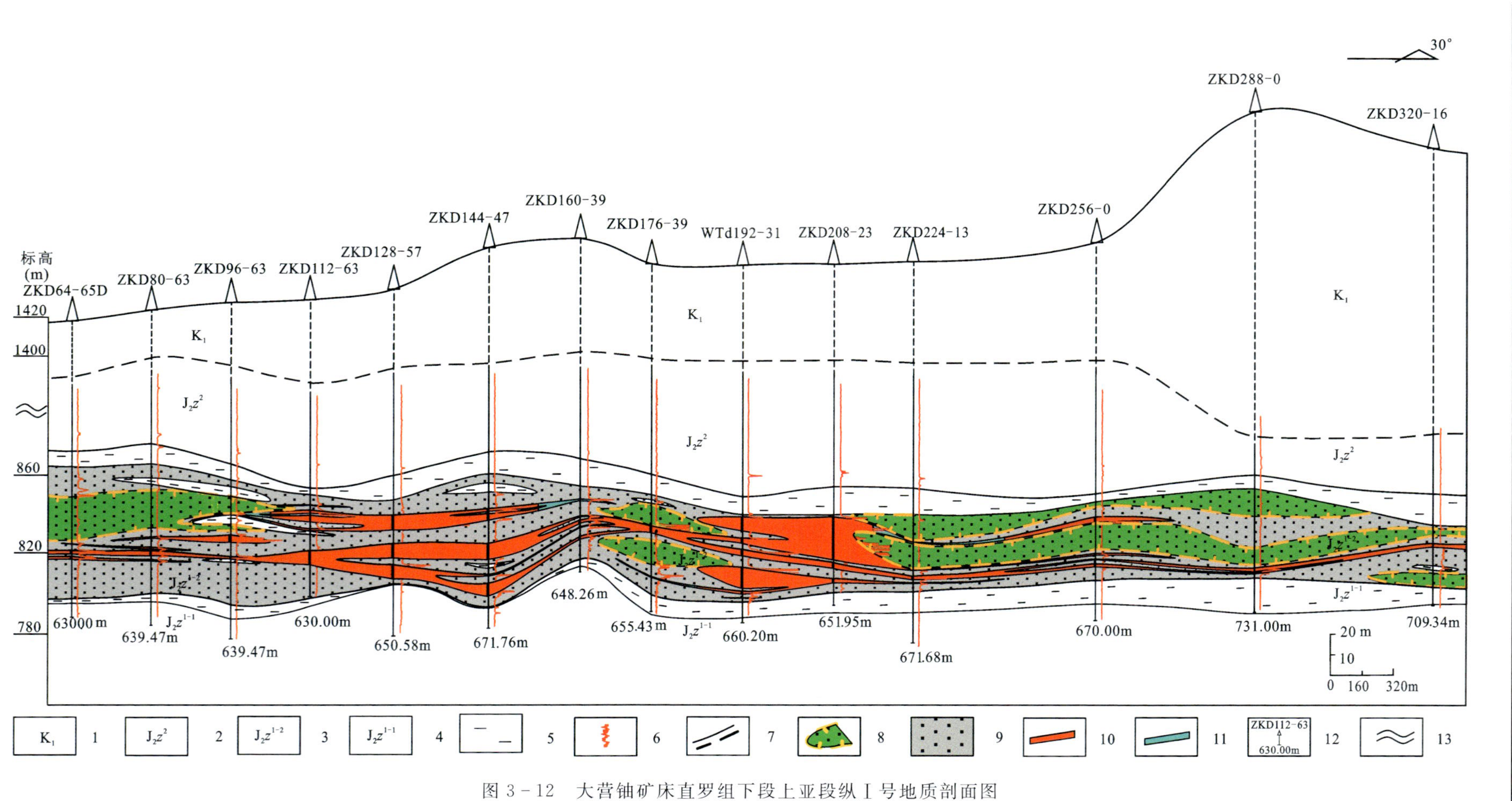

图 3-12　大营铀矿床直罗组下段上亚段纵Ⅰ号地质剖面图

1. 下白垩统;2. 直罗组上段;3. 直罗组下段上亚段;4. 直罗组下段下亚段;5. 泥岩;6. 伽马测井曲线;7. 地层及岩性界线;8. 层间氧化带及前锋线;9. 灰色砂体;10. 工业铀矿体;11. 铀矿化体;12. 钻孔编号及孔深;13. 地层省略符号

表 3-5　大营铀矿床直罗组下段矿体厚度、品位、平米铀量变化特征一览表

含矿层位	厚度(m)		品位(%)		平米铀量(kg/m^2)	
	变化范围	平均值	变化范围	平均值	变化范围	平均值
直罗组下段下亚段	1.00～8.70	3.88	0.016 3～0.071 9	0.032 3	1.01～7.43	2.64
直罗组下段上亚段	0.80～26.40	5.71	0.016 2～0.182 3	0.034 9	1.00～27.11	4.54

四、矿石特征

大营铀矿床矿石以浅灰色、深灰色长石砂岩和石英长石砂岩为主，不等粒砂状结构，分选较好，磨圆多为次棱角状，一般具有粒序层理。矿石成岩程度不高，胶结疏松，孔隙较发育，呈网络状连通，连通性较好，修正的岩芯采集率(RQD)大于80%，较完整，矿石粒度以中粒和中粗粒为主，可渗透矿石占绝对优势。

矿石中碎屑含量高，占全岩总量的85%～90%，成分以石英为主，其次为长石和云母，分别占碎屑总量的60%～69%、20%～35%和1%～15%，另外还含有少量的岩屑。矿石中碎屑颗粒间以接触式胶结为主，少数为孔隙式胶结。胶结物以水云母为主，次为方解石，还有黄铁矿、针铁矿、褐铁矿。杂基成分主要为蒙脱石，所占比重在60%左右，其次为高岭石、绿泥石、伊利石。

围岩与矿石化学成分基本相近，仅烧失量有所降低，与绿色砂岩中炭化植物碎屑被氧化有关。矿石中铀具有3种存在形式，以吸附态铀为主，铀矿物以铀石为主，见少量的含铀矿物。具体描述如下：

(1)吸附态铀。铀以分散吸附形式存在于高岭石、伊利石等黏土矿物中，常常存在于砂岩胶结物和岩屑、矿物碎屑物表面，或被煤、碳屑、有机质、黄铁矿(絮状、胶状、草莓状)、泥质、蚀变钛铁矿等吸附。

(2)铀矿物。铀以独立铀矿物形式存在，主要为铀石、沥青铀矿。铀石在铀矿物中呈超显微状分布于砂岩中，电子显微镜下呈单个纺锤状或柱状晶体，铀石还常与沥青铀矿、钛铀矿等共生或伴生；沥青铀矿在铀矿物中为显微状或超显微状，常与乳滴状、星点状、草莓状黄铁矿及碳屑共生。

(3)含铀矿物。铀以含铀矿物(含钛铀矿物)形式存在。含钛铀矿物与一般的钛铀矿成分相比，TiO_2 含量偏低，而 SiO_2 含量明显偏高，往往在高品位砂岩矿石中含铀钛铁矿增多。

采用全岩U-Pb等时年龄测试法对大营铀矿床矿石样品成矿年龄进行了测试，测得的年龄分别为128.2±4.2Ma、54.6±1.8Ma，说明大营铀矿床的主要成矿期为晚侏罗世—渐新世早期。

第四节　柴登壕大型铀矿产地

柴登壕大型铀矿产地行政区划隶属于内蒙古自治区鄂尔多斯市东胜区，是近年在鄂尔多斯盆地发现的又一个大型砂岩铀矿产地，处于东胜铀矿田中东部(图3-1)，主要铀储层为中侏罗统直罗组下段下亚段砂体。

一、铀储层岩石矿物学特征

柴登壕铀矿产地铀储层直罗组下段下亚段砂体厚6.90～130.70m，平均厚度43.76m，总体呈北西-

南东向展布，发育较稳定。其中，青达门地段西南部砂体厚度较大，厚度多大于80m。农胜新、宝贝沟地段砂体厚度相对较薄，砂体厚度一般为30～40m，且砂体厚度较薄的区域呈多个“孤岛”状零星分布。砂体埋深总体上由北东向南西逐渐加大，与地层产状基本一致。

铀储层砂岩主要类型以长石质石英砂岩和长石砂岩为主，且长石的含量在25%左右，长石砂岩中长石的含量相对较低。砂岩以碎屑物为主，含量85.00%～90.00%，平均值为87.00%，成分以石英、长石为主，石英占碎屑物含量的62.00%～79.00%，平均值为71.43%，且多为单晶石英，见少量多晶石英，少部分颗粒碎裂，具波状消光；长石占碎屑物含量的15.00%～30.00%，平均值为23.57%，为斜长石与微斜长石，长石多水云母化。填隙物由杂基和胶结物组成，杂基中多见伊利石和高岭石，伊利石含量比高岭石略高，伊利石占砂岩含量的2.00%～8.00%，平均值为5.86%，高岭石占砂岩含量的2.00%～5.00%，平均值为3.43%。

二、铀储层岩石地球化学特征

柴登壕铀矿产地位于直罗组下段下亚段区域古层间氧化带前锋线的北东部。完全氧化带分布在矿床的北部和东部，局部呈舌状突出，古氧化方向总体表现为由北向南、由北东向南西。农胜新和宝贝沟地段可能受砂体非均质性影响，氧化方向表现为由东西两侧向中间氧化的特征。根据区内的古层间氧化带特征，在直罗组下段下亚段圈出了青达门、农胜新和宝贝沟3个灰色残留体，其中青达门灰色残留体呈北西-南东向展布，农胜新和宝贝沟灰色残留体呈近南北向展布(图3-13)。

青达门灰色残留体总体呈北西-南东向带状展布，长约17km，宽1.0～4.0km，面积约28km^2。完全氧化带位于北东部、东部，局部呈舌状突出(图3-13)。氧化-还原过渡带分布于灰色残留体的周边，表现为环形氧化的特征，北部发育宽度0.9～2.5km，东部发育宽度0.5～2.3km。农胜新灰色残留体总体呈近南北向条带状展布，长约5.5km，宽0.2～0.8km，面积约2.5km^2，氧化-还原过渡带发育于灰色残留体的周边，具环形氧化的特征，东部共存带发育宽度0.2～2.2km，西部发育规模暂未进行控制。宝贝沟灰色残留体总体呈近南北向带状展布，局部呈齿状向东突出。灰色残留体长约6.3km，宽0.2～2.0km，面积约7.0km^2。完全氧化带位于灰色残留体的东部。氧化-还原过渡带发育于灰色残留体的周边，具环形氧化的特征，西侧共存带发育规模未得到控制。

剖面上绿色古氧化砂体多呈舌状位于含水层的中部，受砂岩渗透性差异影响，向残留体方向呈指状尖灭。区内氧化带的底面埋深94.00～413.20m，平均为254.23m，且总体上表现为由北东向南西由浅变深的特征，但各个地段受地层非均质性的影响，又略有差距。青达门地段氧化带的底面埋深138.80～413.20m，平均为267.59m，氧化砂体的厚度逐渐向灰色残留体方向变薄至尖灭，氧化-还原过渡带呈现“上绿下灰”的特征(图3-14)，局部受泥岩夹层的影响，局部区域会出现多层氧化，且完全氧化带与还原带之间的距离较短，即氧化-还原过渡带发育宽度较窄；农胜新和宝贝沟地段氧化带呈南北向，表现为由东向西的氧化，还原带的宽度均较窄，受地层非均质性的影响，可见多层灰色还原砂体薄层。农胜新地段氧化带的底面埋深94.00～352.70m，平均为203.63m，且从东西两侧向中间绿色古氧化砂体逐渐变薄至尖灭，氧化-还原过渡带则表现为还原性灰色砂体和绿色古氧化砂体呈互层产出；宝贝沟地段氧化带的底面埋深242.50～322.80m，平均为284.21m，且与农胜新地段具有相类似的特征，从东西两侧向中间绿色古氧化砂体逐渐变薄至尖灭，不同的是氧化-还原过渡带表现为绿色古氧化砂体位于上部，还原性灰色砂体位于下部，具有“上绿下灰”的特点。

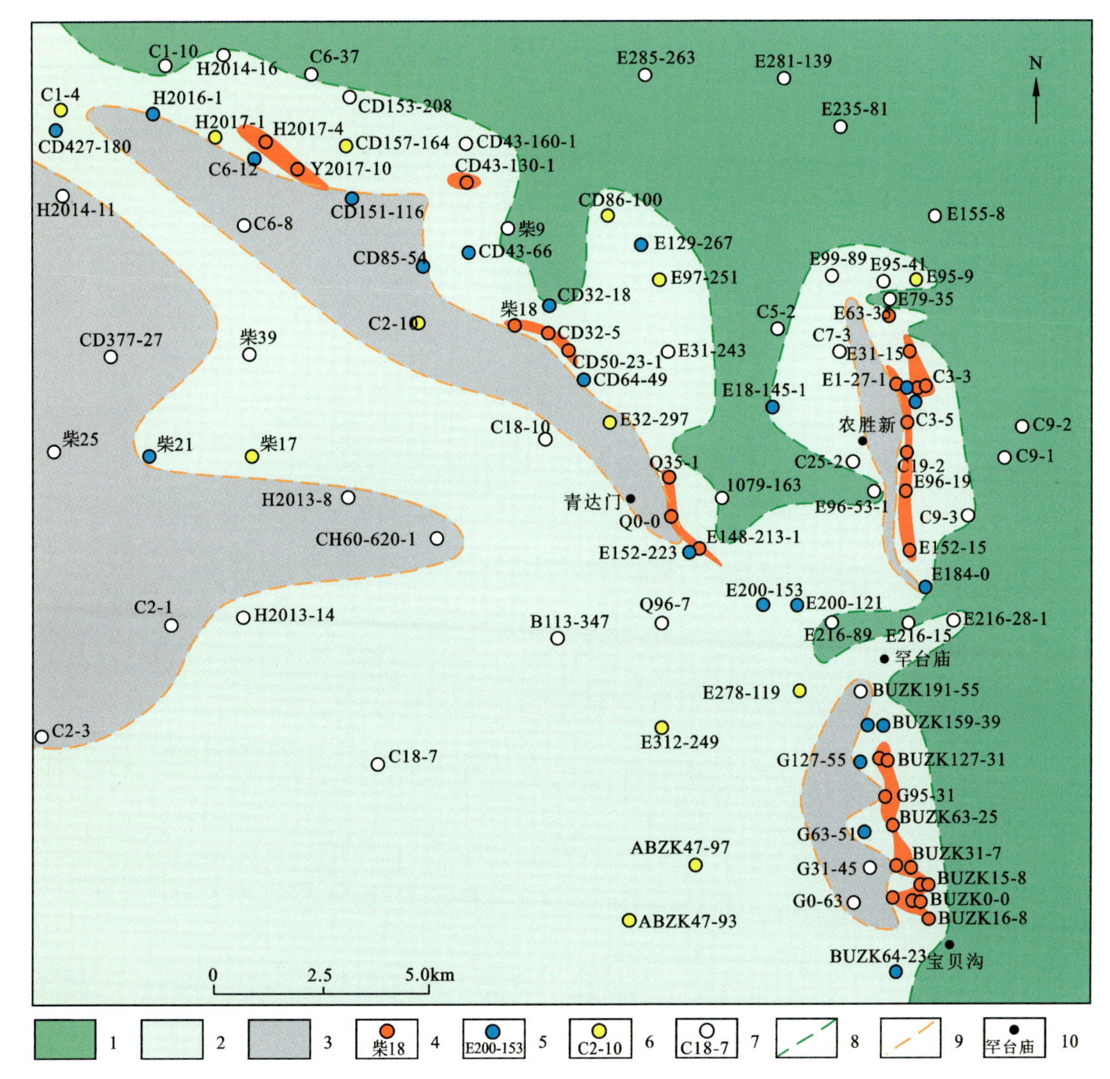

图 3-13　柴登壕地区直罗组下段下亚段岩石地球化学及矿体分布示意图

1. 完全氧化带；2. 氧化-还原过渡带；3. 灰色残留体；4. 工业铀矿孔及其编号；5. 铀矿化孔及其编号；6. 铀异常孔及其编号；7. 无铀矿孔及其编号；8. 氧化带与过渡带分界线；9. 灰色残留体边界线；10. 地名

三、矿体特征

柴登壕铀矿产地矿体赋存于直罗组下段下亚段(J_2z^{1-1})辫状河砂体中。平面上，铀矿体产于灰色残留体的边界附近位于迎水面的一侧，呈条带状展布(图 3-13)，受灰色残留体边界控制作用较为明显，且各地段又存在一定差异。剖面上，铀矿体产于绿色古氧化砂岩上、下翼的灰色砂岩中，呈板状、多层板状产出，受氧化-还原界面控制作用明显(图 3-14)。

矿体厚 0.70～12.20m，平均值为 4.06m；平均品位为 0.013 2%～0.081 5%，平均值为 0.031 2%；平米铀量为 1.00～12.88kg/m^2，平均值为 2.66kg/m^2。总体上矿体厚度和平米铀量变化较大，品位则相对较稳定(表 3-6)，且宝贝沟地段矿体厚度、品位和平米铀量较青达门和农胜新地段大。

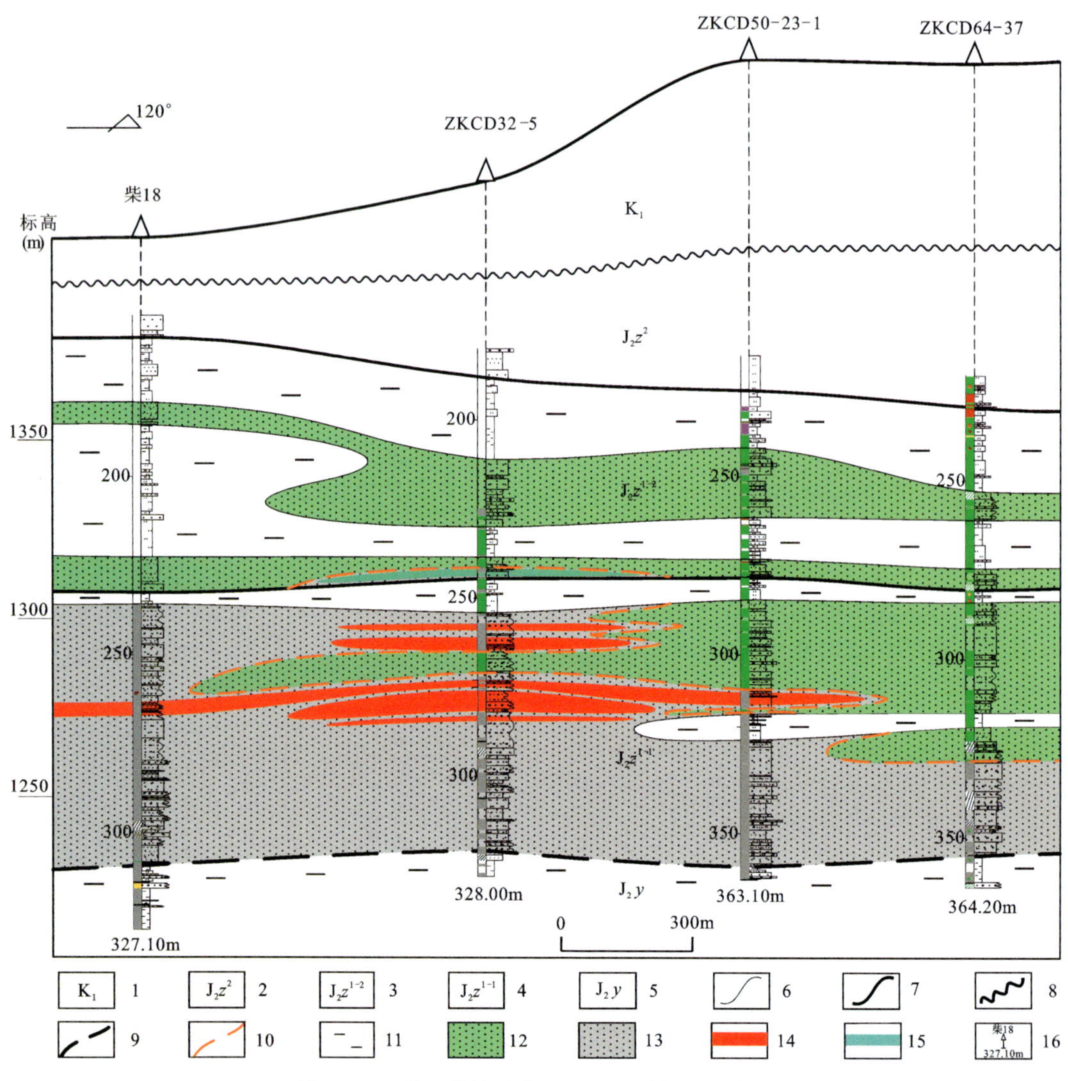

图 3-14 柴登壕铀矿产地Ⅰ号地质剖面示意图

1. 下白垩统；2. 直罗组上段；3. 直罗组下段上亚段；4. 直罗组下段下亚段；5. 延安组；6. 岩性界线；7. 地层整合接触界线；8. 地层不整合接触界线；9. 地层平行不整合接触界线；10. 古层间氧化带前锋线；11. 泥岩；12. 绿色砂岩；13. 灰色砂岩；14. 工业铀矿体；15. 铀矿化体；16. 钻孔编号及孔深

表 3-6 柴登壕铀矿产地矿体厚度、品位、平米铀量统计表

特征值	厚度(m)	品位(%)	平米铀量(kg/m²)
最小值	0.70	0.013 2	1.00
最大值	12.20	0.081 5	12.88
平均值	4.06	0.031 2	2.66

矿体顶界埋深 154.75～339.35m，底界埋深 157.05～344.65m，北部埋深较浅，南部埋深较大，总体上矿体由北东向南西方向缓倾斜，产状较为稳定，与地层产状基本一致。

四、矿石特征

柴登壕铀矿产地矿石主要为渗透性中砂岩、中细砂岩和细砂岩，呈疏松状，见少量钙质砂岩。矿石成分以碎屑物为主，平均含量为89.00%。碎屑主要由单矿物碎屑构成，见少许岩屑。单矿物碎屑主要为石英，平均含量72.00%；长石平均含量25.00%；云母含量1%～2%，均为黑云母。岩屑含量很低，但种类较多，如石英岩、云母石英片岩、含碳云母石英片岩、碳硅板岩及花岗岩等。杂基主要成分为水云母、高岭石、伊利石、绿泥石和蒙皂石，蒙皂石占黏土总量的58%，无混层。胶结物以方解石、黄铁矿、针铁矿为主。矿石胶结方式主要为接触式胶结，部分为孔隙式胶结。

柴登壕地区矿石中铀的存在形式有3种，主要为吸附形式、独立矿物形式，其次以含铀矿物形式存在。铀以吸附形式存在于高岭石、伊利石等黏土矿物中，并吸附在砂岩胶结物和岩屑、矿物碎屑物表面，或被煤、碳屑、黄铁矿等吸附。矿石中铀矿以铀石为主，见少量的晶质铀矿、铀钍石、方钍石及次生铀矿物。

根据矿石样品U-Pb法年龄测试结果，农胜新地段的ZKE0-7钻孔样品铀成矿年龄为90±5.3Ma，相当于晚白垩世早期。

第五节　巴音青格利大型铀矿床

巴音青格利大型铀矿床行政区划隶属于内蒙古自治区鄂尔多斯市杭锦旗。该矿床处于鄂尔多斯盆地北部东胜铀矿田中西部(图3-1)，往东南与大营铀矿床连为一体，具有与大营铀矿床相似的地质特征，主要铀储层为中侏罗统直罗组下段砂体。

一、铀储层岩石矿物学特征

巴音青格利铀矿床直罗组下段下亚段砂体发育稳定，由大致呈北西-南东向展布的多个河道砂体垂向叠置而成。砂体厚度总体呈现北部、东部较薄，南部、西部相对较厚的趋势，控矿砂体厚度30～60m。直罗组下段上亚段砂体呈带状、席状展布，相变较大，砂体非均质性强，由东、西两个不同的河道单元组成，东部单元总体为北东-南西向河道充填，西部单元总体为北西-南东向河道充填，东、西两个单元汇聚部位砂体厚度变薄，泥岩夹层增加，呈泥砂互层结构，上亚段控矿砂体厚度30～70m。

巴音青格利地区直罗组下段砂岩岩性为中砂、粗砂岩，以长石砂岩为主，占91.3%，其次为长石石英砂岩，占6.4%，岩屑长石砂岩占2.3%。以长石砂岩占绝对优势而杂砂岩不发育，砂岩的成熟度相对较高。砂岩碎屑物含量较高，达80%～92%，成分以石英为主，长石次之，含有一定量的云母、岩屑、有机质及少许重矿物。石英是碎屑物的主要成分，约占碎屑物总量的61.5%，主要为单晶石英；长石约占碎屑物总量的30.9%，由条纹长石、正长石、微斜长石和斜长石组成；岩屑约占碎屑物总量的2.3%，其成分主要为变质岩碎屑，岩性以石英岩、云母片岩、云母石英片岩为主，其次为花岗岩岩屑、火山岩岩屑等；云母碎屑含量变化较大，一般为2%～5%，平均为4.5%，局部可多达10%，云母碎屑中以黑云母为主，有少量白云母。炭化植物或有机质碎屑在砂岩中分布很不均匀，一般含量小于0.5%，但局部砂岩中可高达10%～15%。

砂岩填隙物含量为8%～33%，填隙物主要由杂基和胶结物组成，杂基主要是伊利石、高岭石、水云母，在钙质砂岩中填隙物含量较高，达18%左右；胶结物主要为方解石、黄铁矿，极少量的针铁矿和褐铁矿。

二、铀储层岩石地球化学特征

直罗组下段上、下亚段铀储层中均发育控矿的古层间氧化带。平面上，直罗组下段下亚段(J_2z^{1-1})层间氧化带前锋线东段呈近南北向展布，西段呈近东西向展布，长约30km，完全氧化带位于研究区东南角，分布局限。氧化-还原过渡带分布较广，宽0.80～7km，但西部大部分区域氧化强度很弱，氧化方向在东西两侧不同，东部为由东向西氧化，西部为由西向东氧化，目前只在东段氧化带控制了工业铀矿体(图3-15)。直罗组下段上亚段(J_2z^{1-2})层间氧化带前锋线呈南北向展布，总体可分为东、西两个氧化单元。两个氧化单元氧化方向不同，东部为北东-南西向氧化，氧化带前锋线长约13.50km，西部为北西-南东向氧化，氧化带前锋线长约10km。完全氧化带分布局限，集中于研究区东北角，其余均为氧化-还原过渡带，宽2.30～8.50km。还原带分布局限，总体为东、西两条前锋线夹持于研究区中部，呈狭长带状展布(图3-16)。

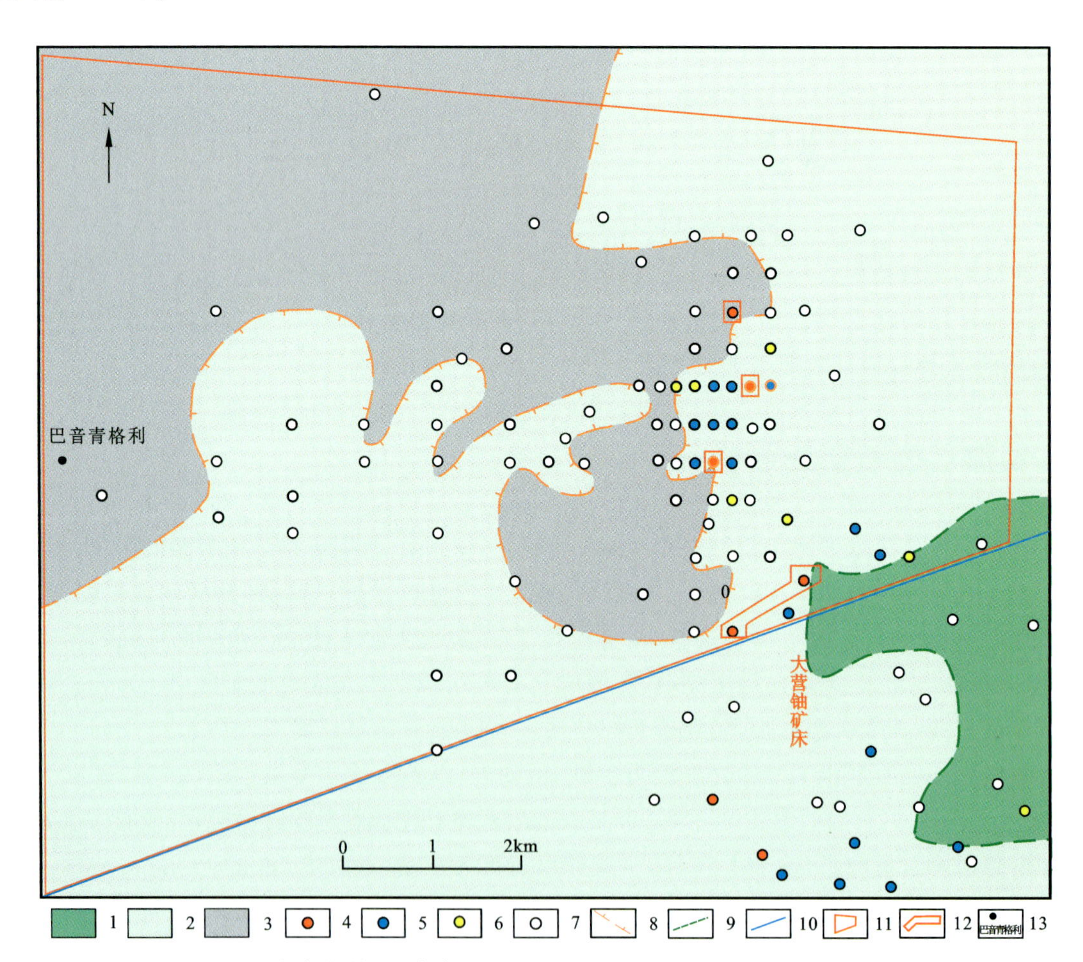

图3-15　巴音青格利铀矿床直罗组下段下亚段岩石地球化学分带及矿体分布图

1. 直罗组下段下亚段完全氧化带；2. 直罗组下段下亚段氧化-还原过渡带；3. 直罗组下段下亚段还原带；4. 工业铀矿孔；5. 铀矿化孔；6. 铀异常孔；7. 无铀矿孔；8. 直罗组下段下亚段氧化带前锋线；9. 完全氧化带与过渡带界线；10. 大营铀矿床范围；11. 研究区范围；12. 直罗组下段下亚段工业铀矿体；13. 地名

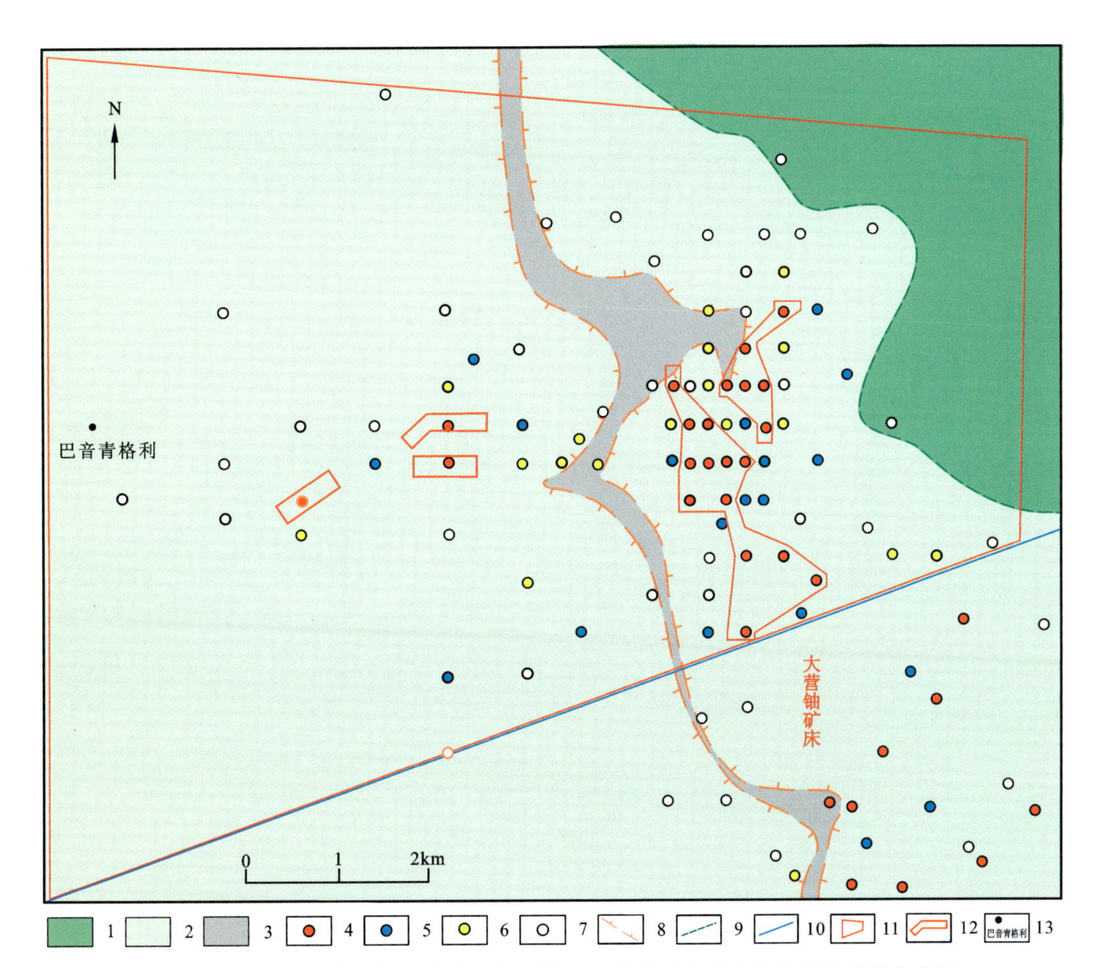

图3-16　巴音青格利铀矿床直罗组下段上亚段岩石地球化学分带及矿体分布图

1. 直罗组下段上亚段完全氧化带;2. 直罗组下段上亚段氧化-还原过渡带;3. 直罗组下段上亚段还原带;4. 工业铀矿孔;5. 铀矿化孔;6. 铀异常孔;7. 无铀矿孔;8. 直罗组下段上亚段氧化带前锋线;9. 完全氧化带与过渡带界线;10. 大营铀矿床范围;11. 工作区范围;12. 直罗组下段上亚段工业铀矿体;13. 地名

剖面上,直罗组下段上亚段与下亚段氧化带形态类似,受地层倾向及砂体空间展布形态、厚度变化等因素控制,氧化-还原过渡带中砂体多呈"上绿下灰"或"灰、绿相间",在绿色砂岩中夹薄层灰色砂岩。上部沉积旋回中古氧化砂体发育规模大,向下氧化砂体规模变小,氧化砂体一般呈单层产出,沿氧化方向呈楔状尖灭,局部受河道分叉、砂岩非均质性及断裂构造的影响,氧化方向改变,见有多层氧化现象,铀矿化均产于绿色古氧化砂体与灰色古氧化砂体的界面部位(图3-17)。

三、矿体特征

巴音青格利地区铀矿体主要赋存于中侏罗统直罗组下段上亚段及下亚段砂体中。平面上,直罗组下段下亚段铀矿带分布于辫状河砂体中,受层间氧化带前锋线控制,总体呈南北向展布;矿体宽度较窄,为200~400m(图3-15),沿走向呈串珠状,多为单孔或双孔控制,矿体不连续。直罗组下段上亚段矿体与下亚段空间上叠置(图3-17),产出特征与下亚段矿体相似,矿体规模较下亚段大,为本区的主矿体;主矿体东部长约3.8km,宽200~1000m(图3-16),沿倾向矿体宽度变化较大,即北部矿体宽度较

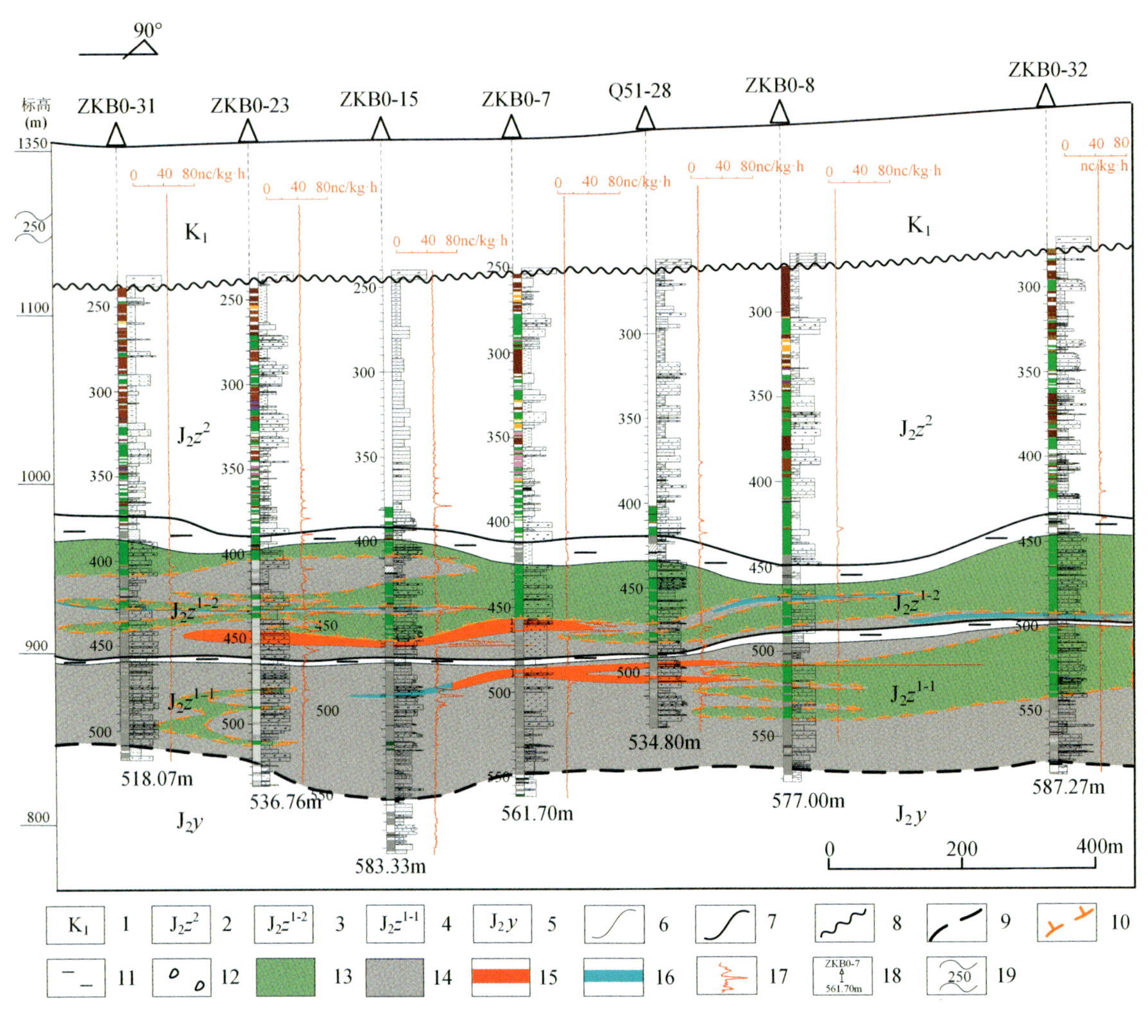

图 3-17　巴音青格利铀矿床 B0 勘探线地质剖面图

1. 下白垩统；2. 直罗组上段；3. 直罗组下段上亚段；4. 直罗组下段下亚段；5. 延安组；6. 岩性分界线；7. 地层整合分界线；8. 地层不整合分界线；9. 地层平行不整合分界线；10. 氧化带前锋线；11. 泥岩；12. 砾石；13. 绿色砂岩；14. 灰色砂岩；15. 工业铀矿体；16. 铀矿化体；17. 伽马测井曲线；18. 钻孔编号及孔深；19. 地层缩略符号及缩略厚度(m)

小，向南矿体宽度逐渐变大。主矿体以西约 2.5km 处发现 3 个工业铀矿体，均由单孔控制，产于直罗组下段上亚段上部旋回砂体中。

剖面上，直罗组下段下亚段铀矿体总体向南倾斜，与地层倾向大体上一致，矿体标高由北向南逐渐降低，矿体埋深受地形控制明显，总体上显示出由北向南逐渐加深的趋势。矿体顶界埋深为 481.25～655.05m，平均为 551.69m；矿(层)体底界埋深为 481.95～661.55m，平均为 554.33m。直罗组下段上亚段铀矿体主要产于氧化带下翼部位，总体向南西倾斜，矿层埋深受地层倾向与地形控制明显，总体上显示出由北东向南西逐渐增大的趋势。矿体顶界埋深为 415.35～540.65m，平均为 499.39m；矿(层)体底界埋深为 431.35～543.05m。

直罗组下段下亚段铀矿体厚度为 2.60～6.80m，平均为 4.47m；品位为 0.018 1%～0.036 1%，平均为 0.024 7%；平米铀量为 1.21～5.18kg/m²，平均为 2.67kg/m²。直罗组下段上亚段铀矿体矿体厚度为 1.60～15.60m，平均为 6.34m；品位为 0.014 8%～0.056 2%，平均为 0.033 2%；平米铀量为 1.04～13.82kg/m²，平均为 4.42kg/m²。直罗组下段上亚段矿体与下亚段比较，具有矿体厚度大、品位高、平米铀量大等特点。

四、矿石特征

矿石中碎屑含量高,占全岩总量的88%~92%,碎屑成分以石英为主,其次为长石和云母,含有少量的岩屑,岩屑成分主要为变质岩、花岗岩碎屑,岩性以石英岩、云母石英片岩为主。云母以褐色或绿色黑云母为主,绿泥石化形成叶绿泥石。另外,见少量炭化植物、有机质和重矿物。黏土矿物主要为蒙脱石,呈蜂巢状,其含量占黏土矿物总量的60.14%;其次为高岭石、绿泥石、伊利石,呈蠕虫状、丝状、针叶状(图3-18a,b),含量分别占黏土矿物总量的28.29%、6.29%、5.29%,未见伊利石/蒙脱石混层矿物。

含矿碎屑岩中有机碳含量高于围岩内含量,平均值为0.41%,说明有机碳在氧化作用下被氧化破坏,形成可溶性络合物,随地下水迁移,在铀堆积带沉淀,从而造成铀堆积带中有机碳含量增高。研究区含矿砂岩中黄铁矿分布较广,含量一般为0~2%,多以胶结物形式产出。其标型多样,单体有立方体状、尘埃状、显微球粒状;集合体有草莓状、结核状、细脉状、树枝状、块状等,常见黄铁矿附着于碳屑、煤屑、炭化植物茎秆、镜煤条带边部。铀矿物多与黄铁矿密切共生在一起,呈胶结物产出的黄铁矿是吸附态铀的重要载体。

图3-18 巴音青格利铀矿床中黏土矿物特征显微照片

a. 蠕虫状粒间高岭石,ZKB32-7,443.35~443.55m,灰色粗砂岩,含量94.9×10^{-6};b. 针叶状高岭石、蒙皂石,ZKB32-7,447.35~447.55m,灰色中粗砂岩,含量246×10^{-6}

矿床直罗组下段矿石化学成分中SiO_2含量平均值为65.76%;Al_2O_3含量平均值为12.06%;TFe_2O_3含量平均值为3.81%;FeO含量平均值为1.46%;有害组分P_2O_5的含量较低,为0.13%;CaO平均值为3.42%。受Ⅱ、Ⅲ、Ⅴ号矿层矿石内含有大量的炭化植物碎屑影响,矿石的烧失量较高,平均值为7.57%。

第六节 磁窑堡中型铀矿床

磁窑堡中型铀矿床位于宁夏回族自治区灵武市，西距银川市约30km，位于鄂尔多斯盆地西缘冲断带中部，主要铀储层为中侏罗统直罗组下段砂体。

一、铀储层岩石矿物学特征

磁窑堡铀矿床直罗组下段为辫状河沉积，砂体厚度一般在40～60m之间。砂体分布有以下特征：砂体厚度为北部薄而往南部逐渐增厚，北部厚度一般为20～40m，南部厚度一般为60～80m。等值线走向大致为东西向，从北向南，砂体厚度薄、厚相间。砂体厚度较薄的区域多位于河道的两侧，而砂体厚度大的区域为河道的位置。砂体底部为延安组顶板稳定的粉砂岩、煤层和泥岩，厚5～20m，上部是直罗组上岩段稳定的粉砂岩和泥岩，砂体内部亦具1～2层隔水层，构成稳定的"泥—砂—泥"结构，有利于层间氧化带发育。

直罗组下岩段(J_2z^1)岩性为灰色、浅灰色、灰白色、黄褐色各粒级的长石石英砂岩，多为厚层状、块状，层理不显，局部地段见板状层理，含炭化植物碎屑及黄铁矿。近底部含细砾，有时呈砂砾岩状，夹一薄煤层。砂岩分选好，磨圆中等，多为厚层、块状，亦有由粒度显示的大中型板状交错层理和槽状交错层理。

砂岩均以碎屑为主，杂基含量较少。砂岩碎屑平均含量85.41%，杂基含量13.03%。碎屑成分以石英、长石为主，岩屑、云母、重矿物少量。石英含量一般为57%～85%，平均值为74.07%。长石含量一般为20%左右，最高达35%，平均值为22.33%。岩屑和云母约占4.3%。上述含量特征说明磁窑堡铀矿床铀储层砂岩成分成熟度较低。

二、铀储层岩石地球化学特征

磁窑堡铀矿床直罗组下段辫状河道砂体内发育的氧化带为层间氧化带。受磁窑堡铀矿床西部逆冲带断裂褶皱和东部现代分水岭的影响，矿区内层间氧化带展布特征较为复杂，中侏罗统直罗组下段层间氧化带总体由西向东发育。

磁窑堡铀矿床层间氧化作用呈现出沿背斜核部向东西两翼、由背斜北端向南端发育的特征，层间氧化带前锋线总体上呈蛇曲状南北向延伸，且南端呈长钩状突出。背斜东翼层间氧化带发育完全，大致控制氧化带前锋线南北长约15km。层间氧化带发育具有沿走向呈不规则蛇曲状展布且延伸距离长，沿倾向延伸距离短的特点(图3-19)。

层间氧化带作为原生岩石地球化学带后生变化的产物，在发育过程中具有分带性。磁窑堡铀矿床属于典型层间氧化带控矿，整个层间氧化带可划分为完全氧化带、氧化-还原过渡带和还原带，铀矿体在空间上分布于氧化-还原过渡带内。

三、矿体特征

磁窑堡铀矿床铀矿体在平面上由南向北不规则地延伸(图3-19)。矿体在矿床北部厚度小，南部

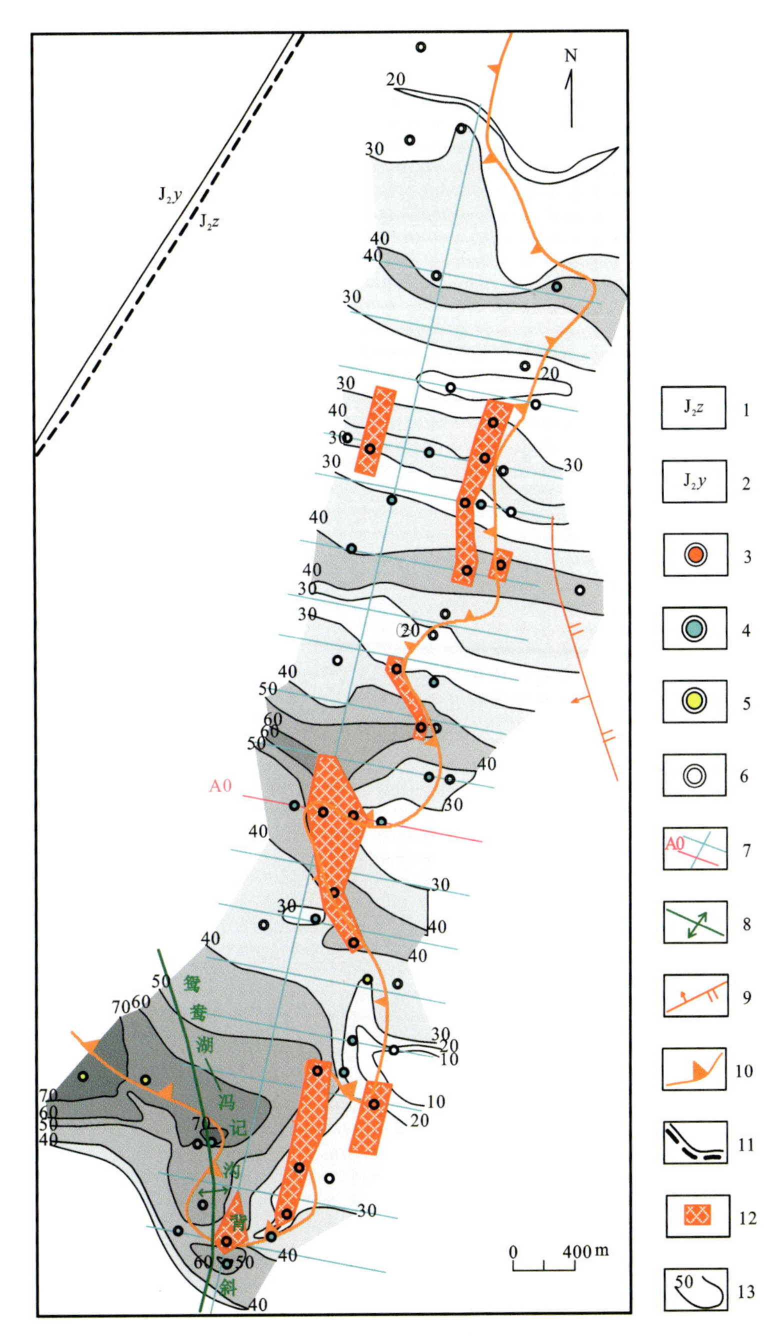

图 3-19 磁窑堡铀矿床目标层砂体厚度及矿体展布平面图

1. 中侏罗统直罗组;2. 中侏罗统延安组;3. 工业铀矿孔;4. 矿化孔;5. 异常孔;6. 无矿孔;7. 勘探线及编号;8. 背斜;9. 推测断层;10. 层间氧化带前锋线;11. 地层平行不整合线;12. 铀矿体;13. 直罗组下段辫状河砂体厚度等值线(m)

厚度较大。矿体在剖面上形态以板状为主,少数为卷状(图 3-20)。铀矿体分布于直罗组下段砂体中,一般分布于厚度为 40m 的砂体中部和下部,矿体赋存于黄色砂岩的顶、底部和氧化带前锋线附近。矿体底面标高南高北低,平均标高 965.41m。矿体埋深北深南浅,平均埋深为 406.24m(表 3-7)。

矿体厚度为 1.50~22.30m,平均值为 6.23m,矿体厚度总体变化不大,只是个别处于卷头部位的矿体厚度较大,翼部矿体厚度相对较小;矿体品位为 0.010 6%~0.064 3%,平均为 0.032 3%,变化无明显的规律性，总体表现为层间氧化带前锋线附近品位较高；矿体平米铀量为 1.10～7.40kg/m²，平均为 3.33kg/m²，高平米铀量地段多分布于层间氧化带前锋线附近。

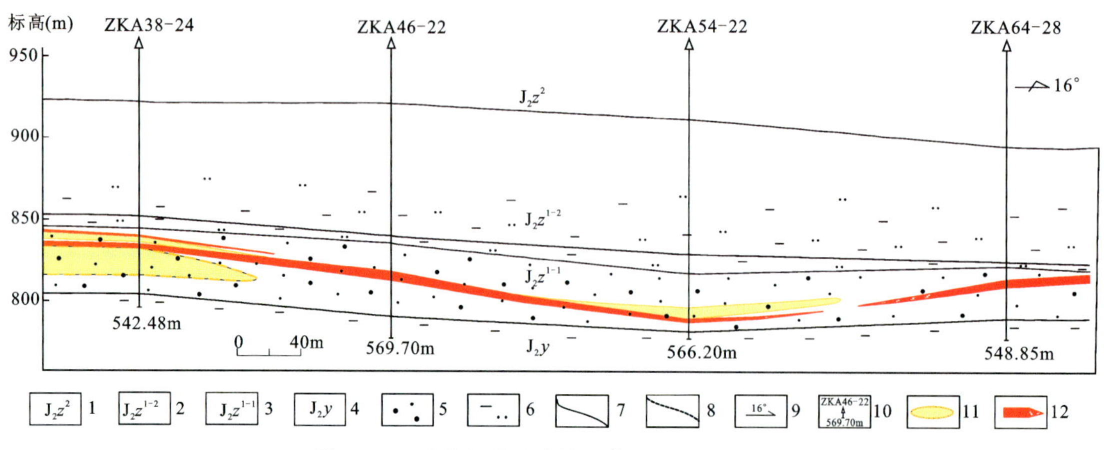

图 3-20　磁窑堡铀矿床铀矿体剖面形态示意图

1. 中侏罗统直罗组中段；2. 中侏罗统直罗组下段上亚段；3. 中侏罗统直罗组下段下亚段；4. 中侏罗统延安组；5. 砂岩；6. 泥岩、粉砂岩；7. 地层及岩性界线；8. 平行不整合；9. 剖面方位；10. 钻孔编号及孔深；11. 层间氧化带；12. 铀矿体

表 3-7　磁窑堡铀矿床主矿体埋深、标高特征表

矿体	统计项目		变化范围(m)	平均值(m)
主矿体	主矿体埋深	顶界	193.95～552.25	406.24
		底界	216.25～554.65	414.58
	主矿体标高	顶界	796.68～1 198.25	980.15
		底界	794.69～1 175.95	965.41

四、矿石特征

磁窑堡铀矿床铀矿石类型主要为砂岩，以中粒、中粗粒、粗粒砂岩为主。呈疏松、较疏松状。矿石的矿物成分主要为石英、长石、黏土矿物、黄铁矿、有机质、铀矿物等，少量矿物有磁铁矿、石榴子石、褐铁矿、赤铁矿、尖晶石、角闪石、绿泥石、黑云母等。黄铁矿常与炭化植物碎屑共生，有机质含量主要为 0.15%～0.8%，少数达到 2.64%～4.22%。

矿石的化学成分主要由 SiO_2、Al_2O_3 组成，Fe_2O_3 含量大于 FeO，无 P_2O_5，CaO 含量低。FeO 的含量随铀含量的增大而增大，MgO 的含量随铀含量的增大而降低，MnO 的含量随铀含量的增大而增大，TiO_2 的含量随铀含量的增大而具有总体减小的趋势。

矿石中铀主要以吸附态分散在杂基和胶结物中，富矿石中存在沥青铀矿和铀石等铀矿物，很少量的铀以类质同象的形式存在于锆石、独居石和榍石等富铀重矿物中(图 3-21)。

结合铀成矿年龄分析，磁窑堡地区铀成矿时期分为 3 期：59.2～51Ma、21.9Ma 和 6.8～6.2Ma。由此可见磁窑堡铀矿床的铀成矿年龄较新，主要集中于古新世与始新世期间，其次为中新世的早期及晚期，并且最新一期铀矿化与后期的氧化叠加改造有关。

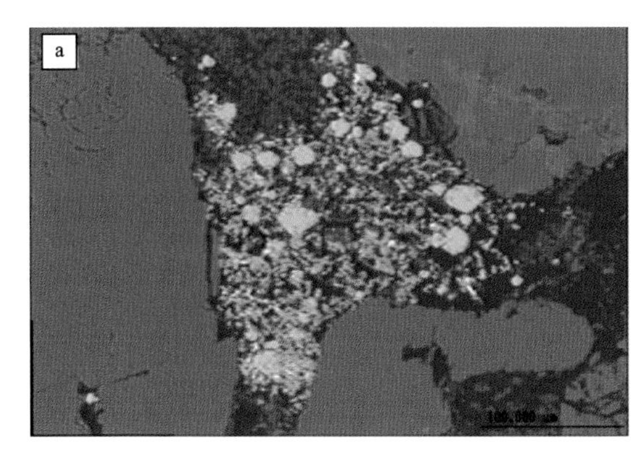

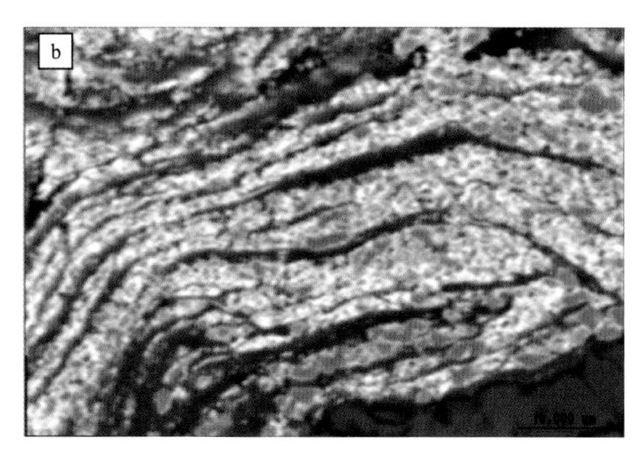

图 3-21　含铀矿物和吸附态铀矿物背散射电子图像(据方锡珩,2006)

a. CY-93,ZKA14-20,427.70m,产于杂基中的锐钛矿(?)集合体(灰色),有少量的细粒沥青铀矿(白色)伴生;b. CY-93,ZKA14-20,427.70m,氧化钛铁矿(灰色)中有大量细粒浸染状分布的沥青铀矿(白色)

第七节　巴彦乌拉大型铀矿床

巴彦乌拉大型铀矿床位于二连盆地马尼特坳陷中西部,行政上归苏尼特左旗巴彦乌拉苏木管辖。赋矿层位为下白垩统赛汉塔拉组上段,矿床由芒来、巴润、巴彦乌拉、白音塔拉和那仁宝力格5个地段组成(图3-22),呈北东向展布,隶属巴彦乌拉铀矿田。

一、铀储层岩石矿物学特征

巴彦乌拉铀矿床铀储层为赛汉塔拉组上段。赛汉塔拉组上段厚40～100m,内部主要由3个小层序组成,分别为PS1、PS2、PS3。其中,PS1较为特殊,局部地区PS1与赛汉塔拉组下段为突变接触,反映赛汉塔拉组上段与下段的河道冲刷关系;局部地区为向上变粗的倒粒序,反映赛汉塔拉组上段由极浅水充填到河道充填的演化过程。PS2厚度最大,粒度也较粗,为砂体最为发育的小层序。PS3为河道萎缩期小层序,厚度较薄,粒度偏细。垂向上,PS1、PS2两个小层序分别由多个韵律层叠加组成复合砂体,每个韵律层底部由粗粒的砂砾岩、泥质砾岩、含砾粗砂岩组成,向上渐变为中粗砂岩、中细砂岩、细砂岩,砂岩固结程度低,并以泥岩或粉砂岩结束,其中中间泥岩层常缺失或呈透镜状产出,小层序间泥岩层相对稳定,两个小层序叠加组成巴彦乌拉铀矿床主要含矿含水层。

矿床中碎屑岩主要类型为长石砂岩、岩屑长石砂岩及岩屑砂岩,反映本区碎屑岩成分成熟度低的特点。砂岩碎屑物成分以石英(30.60%～81.90%,平均53.00%)、长石(9.20%～36.40%,平均23.50%)为主,岩屑(0～29.40%,平均8.20%)次之,云母极少量,而砾岩碎屑物成分以岩屑为主,石英、长石次之。

二、铀储层岩石地球化学特征

赛汉塔拉组上段主要发育潜水-层间氧化作用。其中,西部表现为垂直分带特征,即上部为黄色砂

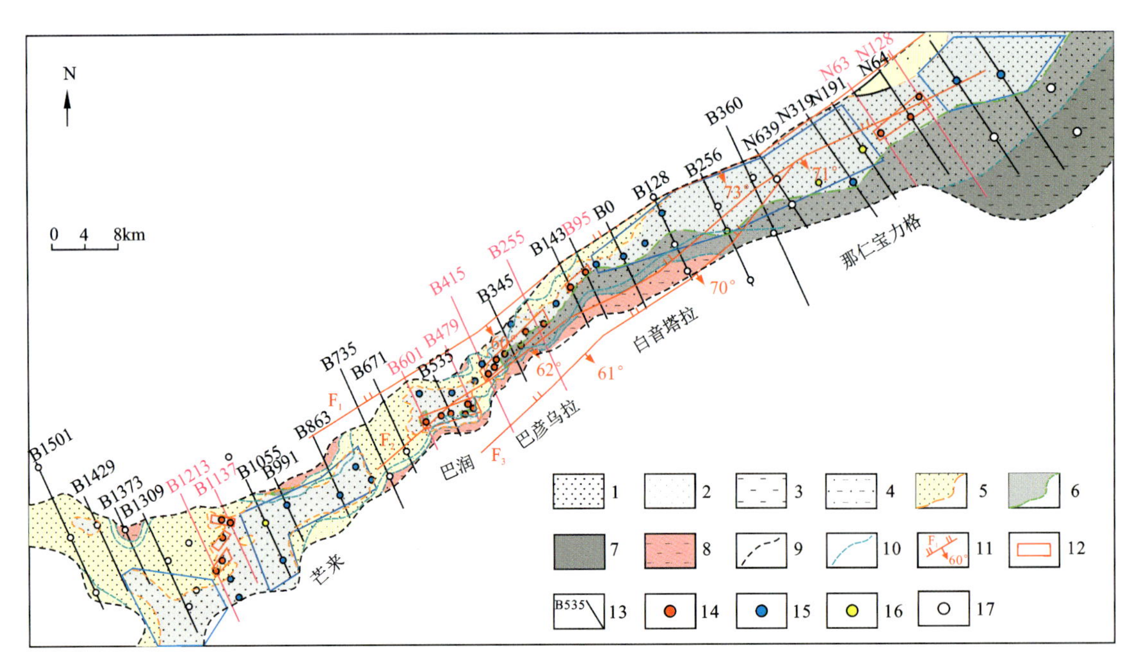

图 3-22　巴彦乌拉铀矿床及外围普查工作区矿体分布略图

1. 河道充填组合；2. 河道边缘组合；3. 湖相组合；4. 泛滥平原组合；5. 完全氧化带及界线；6. 氧化-还原过渡带及氧化带前锋线；7. 还原带；8. 红层；9. 河道边界线；10. 成因相组合界线；11. 断层；12. 铀矿体范围；13. 勘探线及编号；14. 工业铀矿孔；15. 铀矿化孔；16. 铀异常孔；17. 无铀矿孔

体、下部为灰色砂体(图 3-23)，目前已控制氧化带面积约 200km²；东部表现为“水平分带”特征(图 3-24)，即由北部及北西部向南及南东部，砂体颜色具由黄色→灰色、黄色相间→灰色的变化。

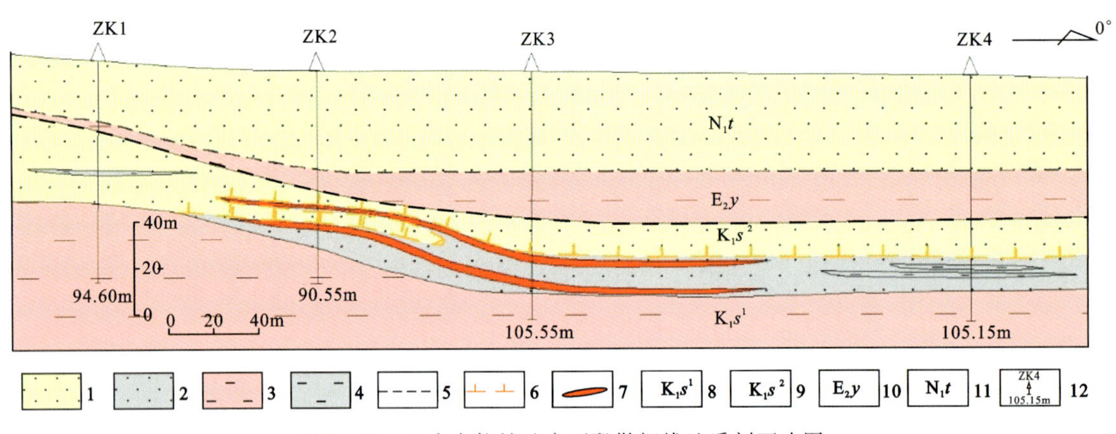

图 3-23　巴彦乌拉铀矿床西段勘探线地质剖面略图

1. 黄色砂岩；2. 灰色砂岩；3. 红色泥岩；4. 灰色泥岩；5. 平行不整合界线；6. 氧化带前锋线；7. 铀矿体；8. 下白垩统赛汉塔拉组下段；9. 下白垩统赛汉塔拉组上段；10. 古近系伊尔丁曼哈组；11. 新近系通古尔组；12. 钻孔编号及孔深

B415 线以西的潜水-层间氧化带沿辫状河砂体西段发育，氧化作用几乎发育在整个辫状河中，说明该区氧化强度较大。该区段潜水-层间氧化带的形成可能与晚白垩世—古新世地壳反转抬升、赛汉塔拉组辫状河道砂体直接露出地表、接受来自周边隆起区(包括北西部巴音宝力格隆起、南部苏尼特隆起)含氧水的补给、并沿河道边缘裸露区及“天窗”部位渗入有关，氧化带在河道内从边部向中心、总体顺河道

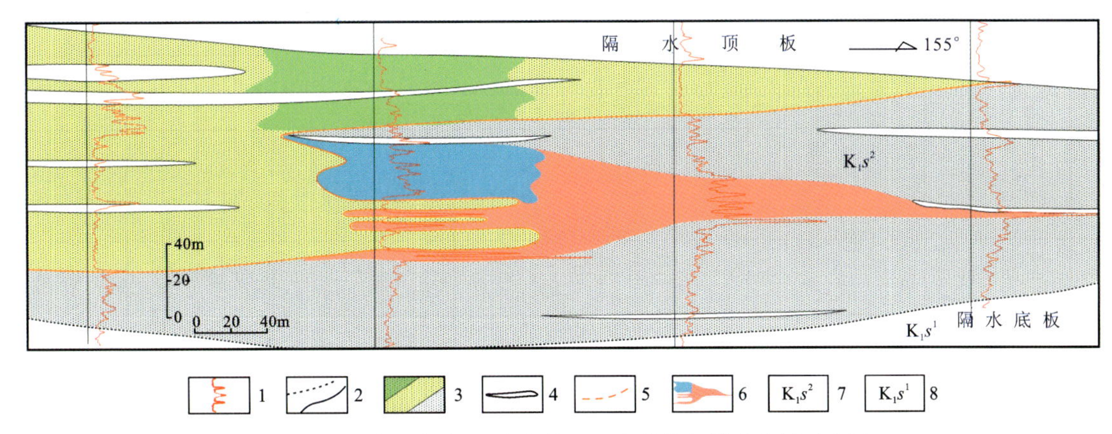

图 3-24　赛汉高毕-巴彦乌拉地区东段勘探线地质剖面略图

1. 伽马测井曲线;2. 不整合界线;3. 绿色/黄色/灰色砂体;4. 泥岩透镜体;5. 氧化带前锋线;6. 铀矿(化)体;7. 下白垩统赛汉塔拉组上段;8. 下白垩统赛汉塔拉组下段

从南西向北东方向发育。

B415线以东的潜水-层间氧化带主要发育在河道的北侧,发育宽度几乎占河道的一半,宽2~5km,氧化带方向由北西向南东发育。氧化带前锋线位于B367线以东的辫状河砂体长轴线附近,呈蛇曲状沿北东向展布,总长度约80km,规模较大,其中巴彦乌拉控矿氧化带前锋线为该氧化带最西端的部分,前锋线以北赛汉塔拉组上段辫状河砂体呈黄色或黄色砂岩与灰色砂岩互层出现,以南砂体基本呈灰色、灰绿色。该区氧化带的形成可能与其北侧断裂所造成的河道不均衡抬升,河道总体向南东掀斜有关,含氧水从北西进入古河谷砂体向南东径流,并在灰色砂体中形成潜水-层间氧化带。该氧化带是该区主要控矿蚀变带。

三、矿体特征

根据巴彦乌拉铀矿床内各地段的矿体特征和空间分布,可划分成Ⅰ号和Ⅱ号两个矿层,总体呈北东-南西向展布,与古河谷展布形态基本一致。

Ⅰ号主矿体形态简单,平面上矿体呈带状沿北东向延伸,剖面上,在巴润、芒来地段位于赛汉塔拉组上段砂体的底部,呈板状、透镜体产出,向东逐渐抬升,至巴彦乌拉、白音塔拉和那仁宝力格等地段位于含矿砂体的中部,呈板状、卷状、透镜状产出。巴彦乌拉地段为矿床的主体,主矿体长约8100m,宽100~1000m,矿体稳定,连续性好(图3-23~图3-25);芒来地段矿体呈近南北向展布,长6500m,宽1400~2800m,矿体较稳定,连续性较好,赋存于河道底板相对低洼、砂体厚度适中、还原介质较为丰富的过渡带内;巴润地段矿体长1200m,宽1400~5200m,规模相对较小,位于辫状河道南侧边部;白音塔拉地段矿体长1600m,宽100~200m,矿体不稳定,连续性较差。那仁宝力格地段均为单孔见矿,工作程度低,铀矿体赋存于氧化-还原过渡带内。

矿床矿体厚度为0.50~22.05m,平均值为6.20m;品位为0.010 2%~0.247 7%,平均值为0.023 5%;平米铀量为1.00~7.36kg/m^2,平均值为2.07kg/m^2。总体上以低品位、低平米铀量为主,各地段变化不大。

矿床矿体埋深为75.86~280.80m,平均值为128.70m,总体埋深浅,具有自西向东埋深逐渐加深的特点。

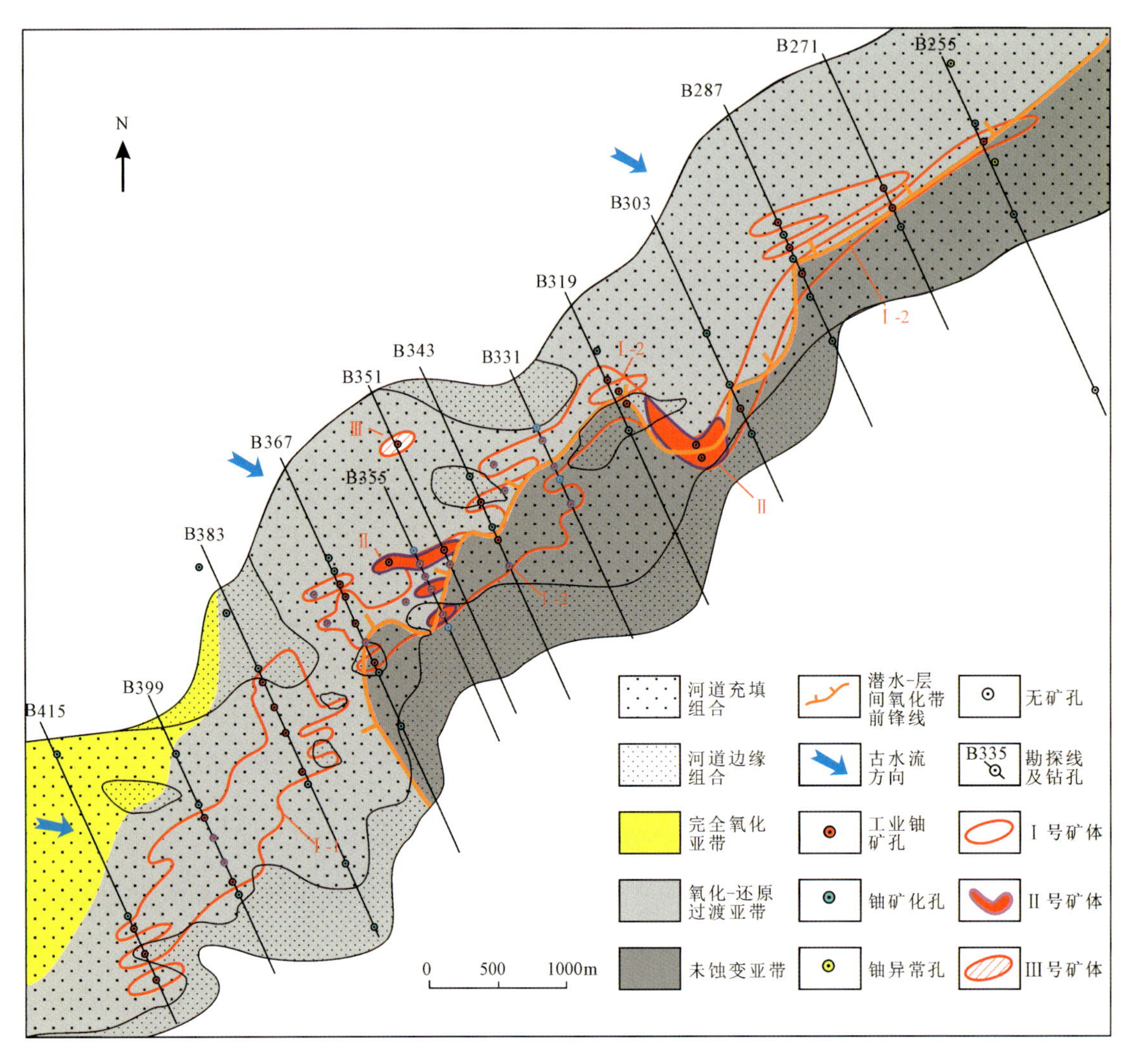

图 3-25　巴彦乌拉铀矿床赛汉塔拉组上段岩相-氧化带及矿体分布图

四、矿石特征

矿石自然类型包括砾岩型和砂岩型，为疏松矿石，由多粒级砂岩、砾岩组成，杂基支撑为主，其次为颗粒支撑及颗粒-杂基支撑。胶结方式主要为基底式胶结，次为孔隙式胶结。

矿石碎屑物以石英为主，次为长石。黏土矿物主要以杂基形式存在，矿石杂基含量均低于围岩，黏土矿物成分以高岭石、水云母及蒙皂石为主，多呈弯曲片状或碎片状集合体分布于碎屑颗粒之间。含矿碎屑岩中有机碳含量较围岩高，多为细脉状、根须状，多数碳屑细胞结构清晰。黄铁矿以胶结物形式产出。碳酸盐矿物含量很低，一般围岩中碳酸盐矿物含量平均为 0.67%，矿石中碳酸盐矿物含量平均为 0.28%。

巴彦乌拉铀矿床矿石具有 SiO_2 含量稍低，FeO、Fe_2O_3、Al_2O_3、K_2O、Na_2O 含量高，CaO、MgO 含量低的特征。此外，矿石中 TiO_2 含量也较高，这与矿石中含有一定量的含铀钛铁矿、含铀锐钛矿有关。

巴彦乌拉矿床中铀的存在形式包括吸附态铀、铀矿物及含铀矿物 3 种类型。吸附态铀的吸附剂主要为黏土矿物，是铀重要的存在形式。铀矿物包括沥青铀矿、铀黑、铀石和铀钍矿等，沥青铀矿为本区最常见的铀矿物，往往与黄铁矿、白铁矿密切共生在一起，围绕在黄铁矿、白铁矿边缘产出或充填在裂隙中，也常见呈镶边状分布在胶结物中的沥青铀矿(图3-26a,b)。含铀矿物有含铀钛铁矿、含铀锐钛矿和含铀稀土矿，多以较细小的颗粒零星地分布在石英、长石和杂基中。

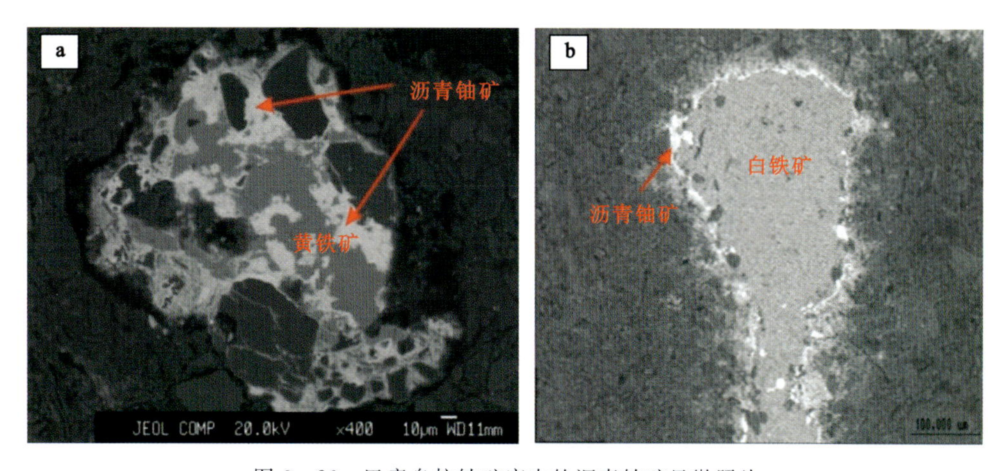

图3-26　巴彦乌拉铀矿床中的沥青铀矿显微照片

a. 沥青铀矿沿后生黄铁矿边缘并进入裂隙，12D1-BY010，×400，BZK335-81，111.90m；b. 沥青铀矿围绕白铁矿边缘产出，BF12，BZK335-75，130.5m

对经铀镭平衡系数校正铀含量的样品(夏毓亮，2008)，应用全岩U-Pb等时线法，计算出巴彦乌拉铀矿床矿石的成矿年龄为44±5Ma，成矿时代为古近纪始新世(E_2)。通过铀镭平衡系数修正(刘武生，2014)，计算残留矿石带、低品位矿石带、矿石带和富矿石带成矿年龄分别为66.1±4.4Ma、63.4±5.5Ma、51.2±4.3Ma、37.1±1.9Ma，表明沿含氧含铀水渗入方向，成矿年龄越来越小，说明该矿床受到不断地改造，成矿作用是滚动向前进行的。

第八节　赛汉高毕小型铀矿床

赛汉高毕小型铀矿床位于二连盆地乌兰察布坳陷东部，行政上归苏尼特左旗赛汉高毕苏木管辖。赋矿层位为下白垩统赛汉塔拉组上段，隶属巴彦乌拉铀矿田。

一、铀储层岩石矿物学特征

矿床铀储层为赛汉塔拉组上段，厚20～100m，岩性为绿灰色、灰色砂质砾岩、含砾砂岩夹灰色或棕红色泥岩，由多期河流相砂体叠加而成。砂岩的粒度自下而上逐渐变细，以砂质砾岩为主，其次是中粗、中细砂岩，结构疏松，成熟度低，砂岩中普遍含砾，中下部可见花岗岩、变质岩成分的卵石，含有机质、黄铁矿等还原介质。砂体中发育洪泛泥岩和粉砂岩夹层，一般2～6层，厚1～8m，多呈透镜体产出，构成局部的隔水层。

二、铀储层岩石地球化学特征

赛汉塔拉组上段古河谷砂体中发育潜水及潜水-层间氧化带，氧化岩石以灰绿色和黄色为主，通常发育褐铁矿化、赤铁矿化、黏土化(以水云母化和高岭石化为主)；氧化砂体呈厚层状产于铀储层上部，下部残留一定厚度的灰色砂体。在平面上，氧化带从南北两侧向凹陷中部发育，表现为氧化带厚度从两侧向中心变小，且北部完全氧化亚带面积大，南部小，说明来自北部的氧化作用更强；从氧化岩石类型上看，西部T线一带的氧化带岩石主要表现为黄色，而东部S线一带的氧化带岩石主要表现为灰绿色，可能与该区后期的还原作用较强有关，并对该区东部铀富集成矿起主要作用；所形成的氧化-还原过渡带位于矿区的中部，顺古河谷展布方向发育，且西部窄（宽1～1.5km），向东部变宽（宽4～4.5km）；所发现的铀矿体主要位于氧化-还原过渡带内（图3-27、图3-28）。

三、矿体特征

平面上，Ⅰ号主矿体呈北东—东西向展布，与古河谷展布形态基本一致，共分10个块段，单个块段由1～4个孔控制，长200～800m、宽50～300m，断续长约7km，矿体间被矿化孔相隔，单个矿体最长1.6km、宽200m，总体规模小，连续性差；分为西段（T7—T72线）和东段（S47—S48线）两部分（图3-27）。

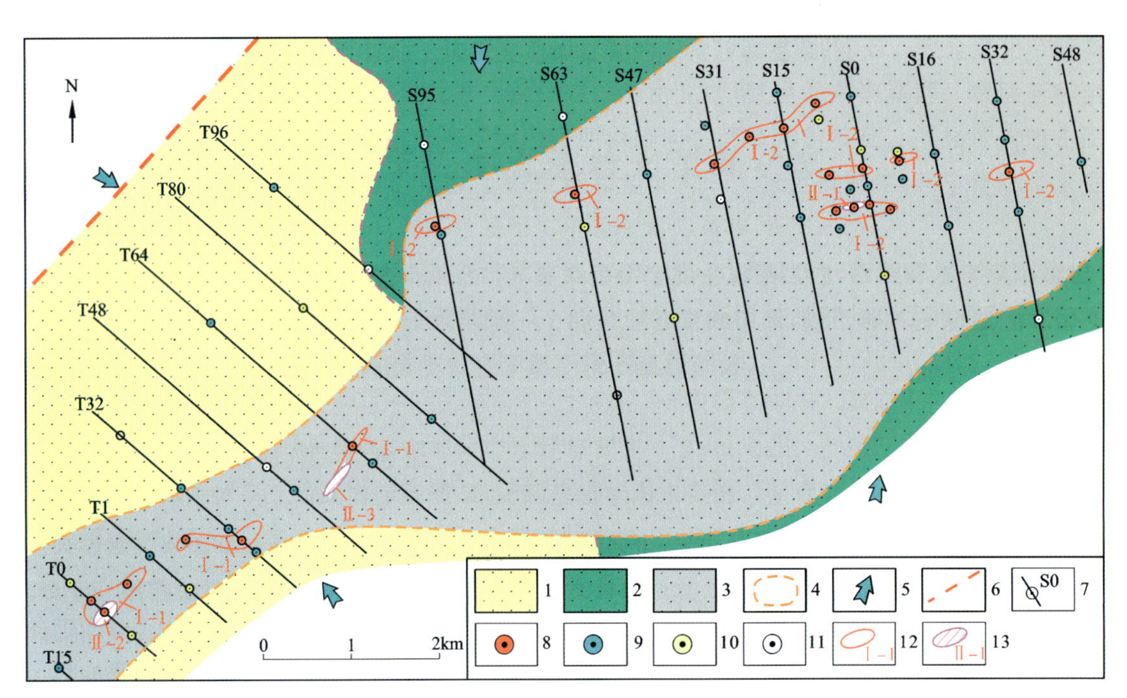

图3-27　赛汉高毕铀矿床赛汉塔拉组上段岩石地球化学图

1. 黄色氧化亚带；2. 绿色氧化亚带；3. 氧化-还原过渡带；4. 岩石地球化学分带线；5. 含氧含铀水流动方向；6. 断层；7. 施工勘探线及编号；8. 工业铀矿孔；9. 铀矿化孔；10. 铀异常孔；11. 无铀矿孔；12. Ⅰ号矿体及编号；13. Ⅱ号矿体及编号

剖面上，矿体形态受古河谷砂体中发育的潜水或潜水-层间氧化带控制，主要呈板状、层状、透镜状，产出于潜水或潜水-层间氧化带界面之下的灰色砂体中（图3-28）。

矿体厚0.85～8.40m，平均厚3.05m；品位0.015 6%～0.052 2%；平米铀量1.01～5.20kg/m^2，平均平米铀量2.28kg/m^2。

矿体顶界埋深57.24～157.03m，底界埋深73.53～158.43m，矿体顶界标高831.13～913.49m，底界标高829.73～896.09m。矿体近水平状产出，由南西向北东埋深逐渐变大。

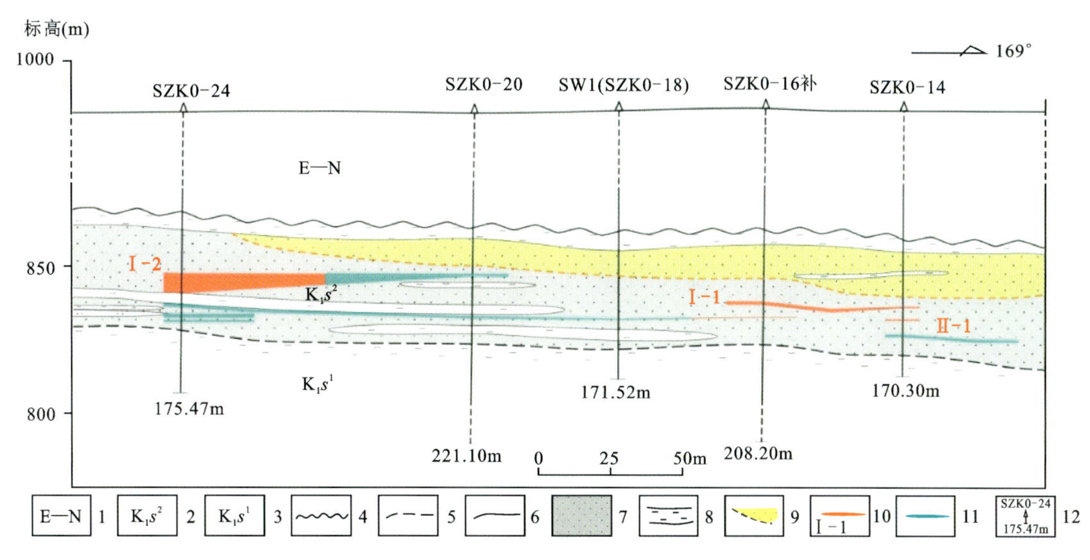

图 3-28 赛汉高毕铀矿床 S0 号勘探线剖面图

1. 古近系和新近系;2. 赛汉塔拉组上段;3. 赛汉塔拉组下段;4. 地层不整合接触界线;5. 地层平行不整合接触界线;6. 地层整合接触或岩性分界线;7. 含矿砂体;8. 隔水层或夹层;9. 潜水氧化带及界面;10. 矿体及编号;11. 矿化体;12. 钻孔编号及孔深

四、矿石特征

矿石类型按赋矿岩性划分为含泥砂质砾岩型和砂岩型,少量为泥岩型;按矿石的矿物、化学成分及特征矿物的含量可将铀矿石划分为富碳屑和富黄铁矿的含铀碎屑岩两类。矿石呈不等粒状结构,块状构造,岩石成熟度低,结构疏松—较疏松。

矿石由碎屑物及杂基两部组成。其中,碎屑物含量 72%~95%,由各种粒级的砂及砂砾组成,成分以石英为主,其次为长石,少量岩屑。岩屑成分主要来自花岗岩,其次为火山岩与其他岩屑;填隙物含量在 5%~28%之间,由杂基和胶结物组成。其中,杂基以水云母、高岭石为主,胶结物以褐铁矿、黄铁矿为主。

矿石化学成分中 SiO_2 和 Al_2O_3 含量较高,MnO、MgO、CaO、Na_2O、K_2O 和 P_2O_5 的含量相对较低,原岩可能属于硅酸盐型和铝硅酸盐型;碳酸盐矿物含量低,平均值小于 0.33%。

矿石中铀赋存形式主要有两种:铀矿物和吸附态铀。铀矿物主要以铀的单矿物形式产出,包括菱钙铀矿、沥青铀矿、铀石、铀的磷酸盐矿物;吸附态铀的吸附剂主要为杂基(黏土矿物),次为有机质、黄铁矿和褐铁矿等(图 3-29)。

据 U-Pb 同位素组成分析,得出全岩 U-Pb 等时线成矿年龄为 63±11Ma,相当于晚白垩世(K_2)—古新世(E_1)。

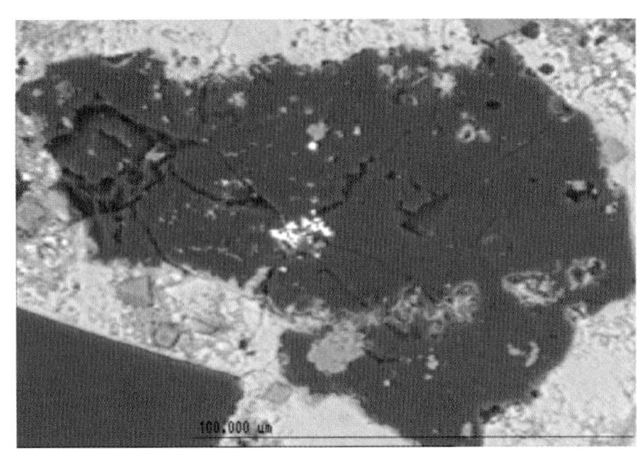

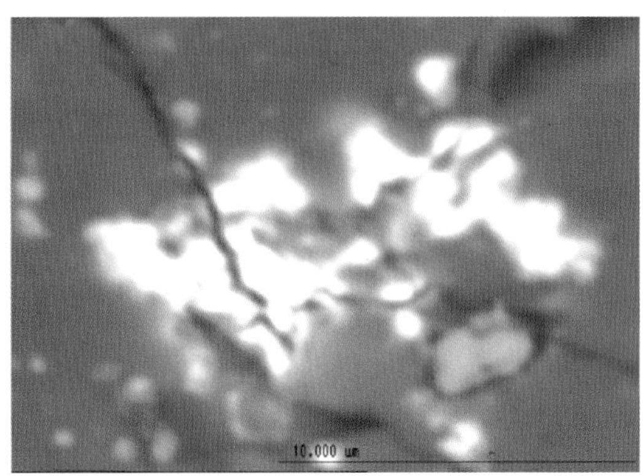

图 3－29　赛汉高毕铀矿床碎屑颗粒中的沥青铀矿(据范光,2005)

第九节　哈达图大型铀矿床

哈达图大型铀矿床位于二连盆地乌兰察布坳陷中东部,行政上归二连浩特市管辖。赋矿层位为下白垩统赛汉塔拉组上段,隶属巴彦乌拉铀矿田。

一、铀储层岩石矿物学特征

哈达图铀矿床赋存于赛汉塔拉组上段,厚200～450m,其下部河道充填为亮黄色、灰白色、灰色砂质砾岩、含砾砂岩,由于河道砂体多期叠加,往往形成多个砂体在剖面上叠加出现,其间夹有泥岩层,河道砂体是铀矿化的赋存场所;中部为灰色、灰白色中细砂岩、细砂岩与红色、褐红色泥岩互层,砂体厚度相对较小,且不连续;上部以洪泛平原沉积为主,岩性为红色、深红色泥岩,局部夹粉砂岩、细砂岩。赛汉塔拉组上段划分为3个亚层,每一亚层发育一期河道,赛汉塔拉组上段古河道是由多物源、多期次河道叠加而成的复合型河道,河道发育具有早期的砾质辫状河→中期的砂质辫状河→晚期曲流河的沉积演化特征,其中一、二期河道与铀成矿关系密切。

矿床碎屑岩主要类型为长石砂岩、岩屑长石砂岩及岩屑砂岩,碎屑岩成分成熟度低。砂岩的碎屑物成分以石英(20%～78%,平均57.1%)、长石(15%～46%,平均28.9%)为主,岩屑(1%～62%,平均14.1%)次之。

二、铀储层岩石地球化学特征

哈达图矿床主要发育两期氧化作用:第一期是沉积时期沿河道中央发育的氧化作用,此期氧化作用强烈,沉积物大部分被氧化为黄色或亮黄色,在河道的旁侧存在灰色残留体;第二期主要发育在一、二、三期河道砂体中,自南向北的后生氧化作用强烈,层间氧化带均沿河道砂体中央发育。其中,在第一期河道西侧发育长约20km的氧化-还原接触带,在第二期河道东、西两侧边缘的氧化-还原接触带推测长约40km,氧化-还原接触带之外存在灰色残留体(图3－30)。

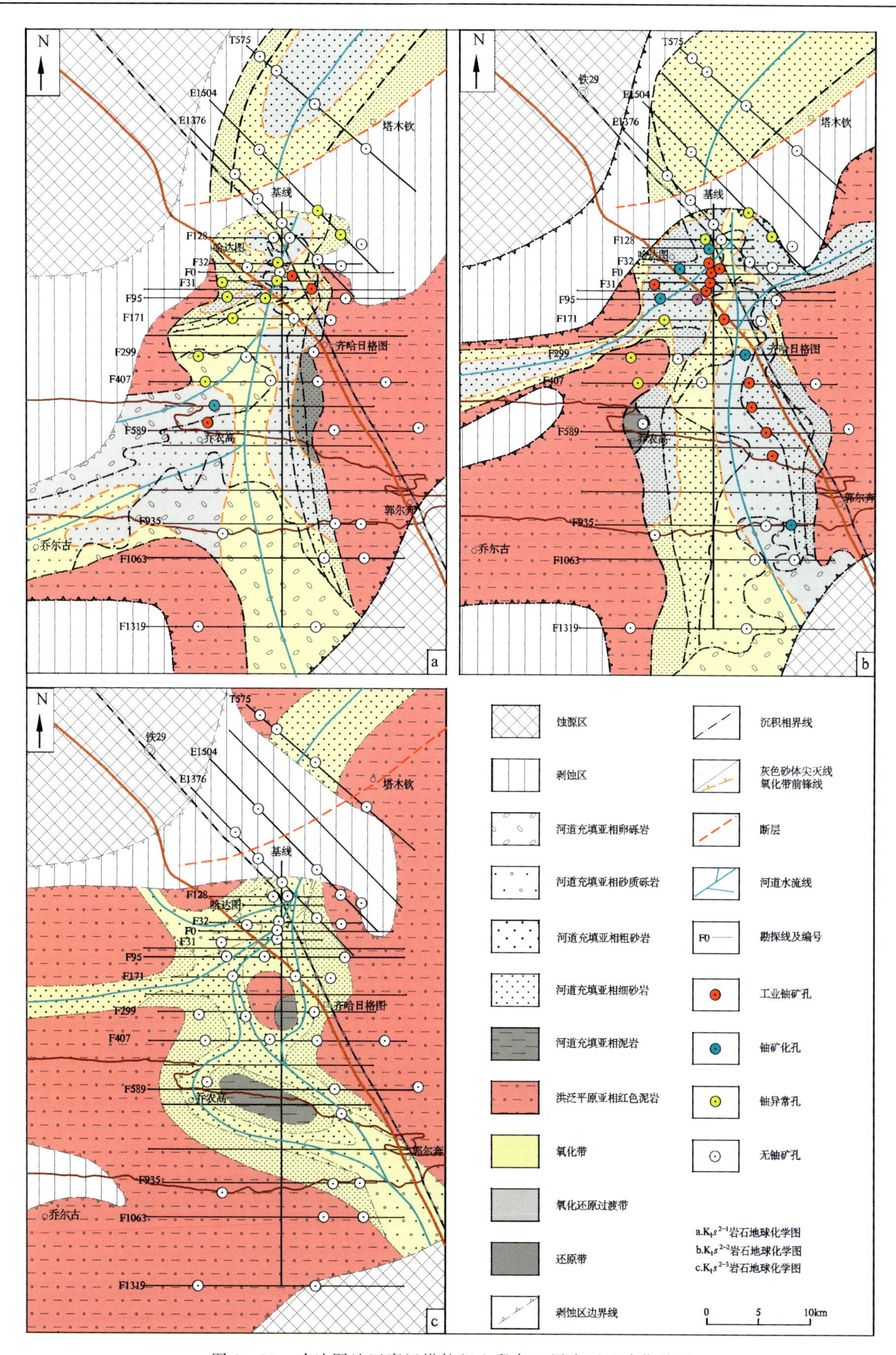

图 3-30　哈达图地区赛汉塔拉组上段各亚层岩石地球化学图

三、矿体特征

哈达图铀矿床铀矿体主要赋存在赛汉塔拉组上段下、中亚段中，根据铀矿体赋存位置的不同，将下、中亚段中的铀矿体分别划分为Ⅰ号和Ⅱ号铀矿体，其中Ⅱ号铀矿体为主矿体。Ⅰ号铀矿体从下往上分为两层，分别为$Ⅰ_1$号和$Ⅰ_2$号；Ⅱ号铀矿体从下往上亦分为两层，分别为$Ⅱ_1$号和$Ⅱ_2$号（图3-31）。

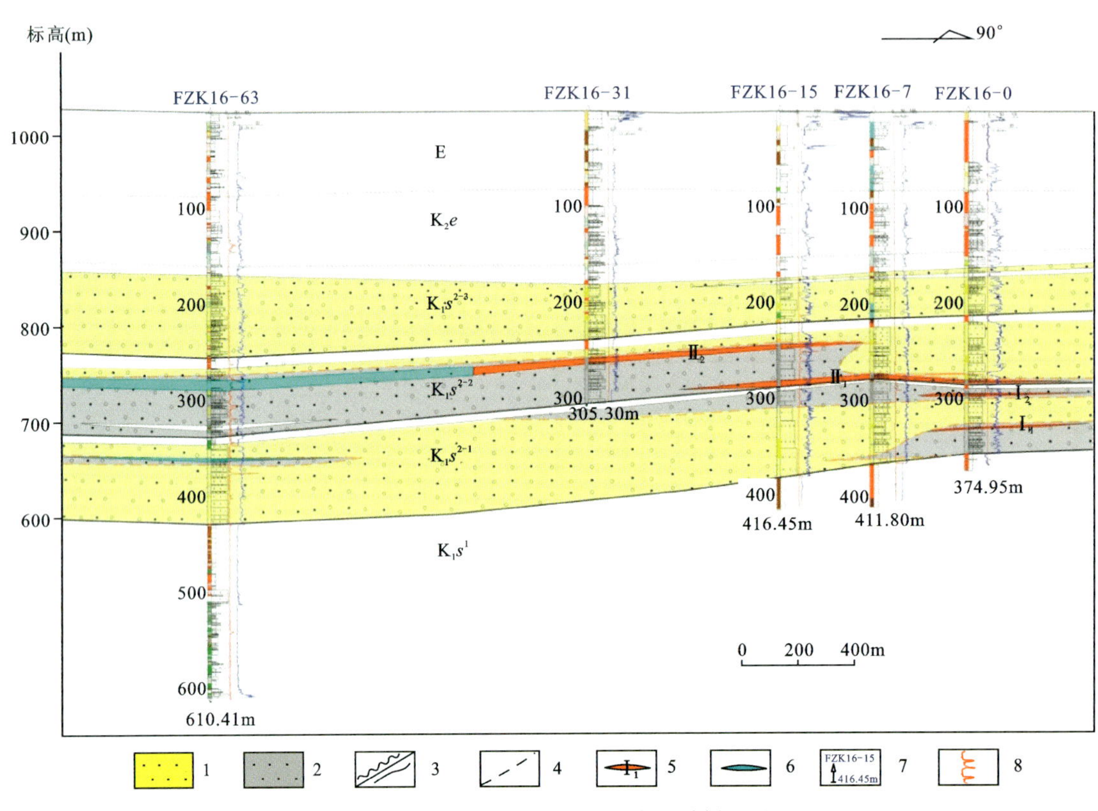

图3-31　哈达图铀矿床F16线地质剖面图

1. 氧化砂岩；2. 还原砂岩；3. 地层不整合界线/赛汉塔拉组上段各亚层界线；4. 氧化带前锋线；5. 工业铀矿体及编号；6. 铀矿化体；7. 钻孔编号及孔深；8. 伽马测井曲线

Ⅰ号铀矿体产出于赛汉塔拉组上段下亚段砂体中下部，单孔控制，目前控制程度低（图3-31）。

$Ⅱ_1$号铀矿体产出于赛汉塔拉组上段中亚段砂体中下部，主要位于哈达图北段F64—F63线（图3-32），矿体长约3.6km，宽200～500m，铀矿体连续性较好，呈近南北向展布。$Ⅱ_2$号铀矿体产出于赛汉塔拉组中亚段砂体中上部，主要分布在哈达图北段和东西两侧，其中，北段F64—F63线为主矿体，矿体长约4.0km，宽200～800m，铀矿体连续性较好，呈近南北向展布。

$Ⅱ_1$号铀矿体位于$Ⅱ_2$号铀矿体下部，两层铀矿体近似平行，呈板状、透镜体产出，产状略向南倾斜（图3-33）；主要赋存于中亚段中下部的灰色残留砂体中，矿体相对连续，矿体形态受含矿砂体底板形态的影响较大，呈长条板状产出。

Ⅰ号铀矿体厚1.40～4.75m，平均值3.43m；品位0.036 7%～0.287 0%，平均品位0.145 2%；平米铀量2.63～17.82kg/m²，平均平米铀量7.81kg/m²。矿体顶界埋深为294.20～548.69m，顶板标高为499.46～690.83m；矿体底界埋深为330.60～552.54m，底界标高为503.31～727.23m，总体上呈北高南低的趋势。

$Ⅱ_1$号铀矿体厚1.00～5.90m,平均值2.72m;品位0.023 5%～0.199 4%,平均品位0.054 9%;平米铀量1.01～7.39kg/m²,平均平米铀量3.01kg/m²。矿体顶界埋深为234.05～384.97m,平均319.33m,顶界标高为622.27～761.89m,平均695.21m;矿体底界埋深为239.95～392.17m,平均323.73m,底界标高为624.37～767.79m,平均699.61m。

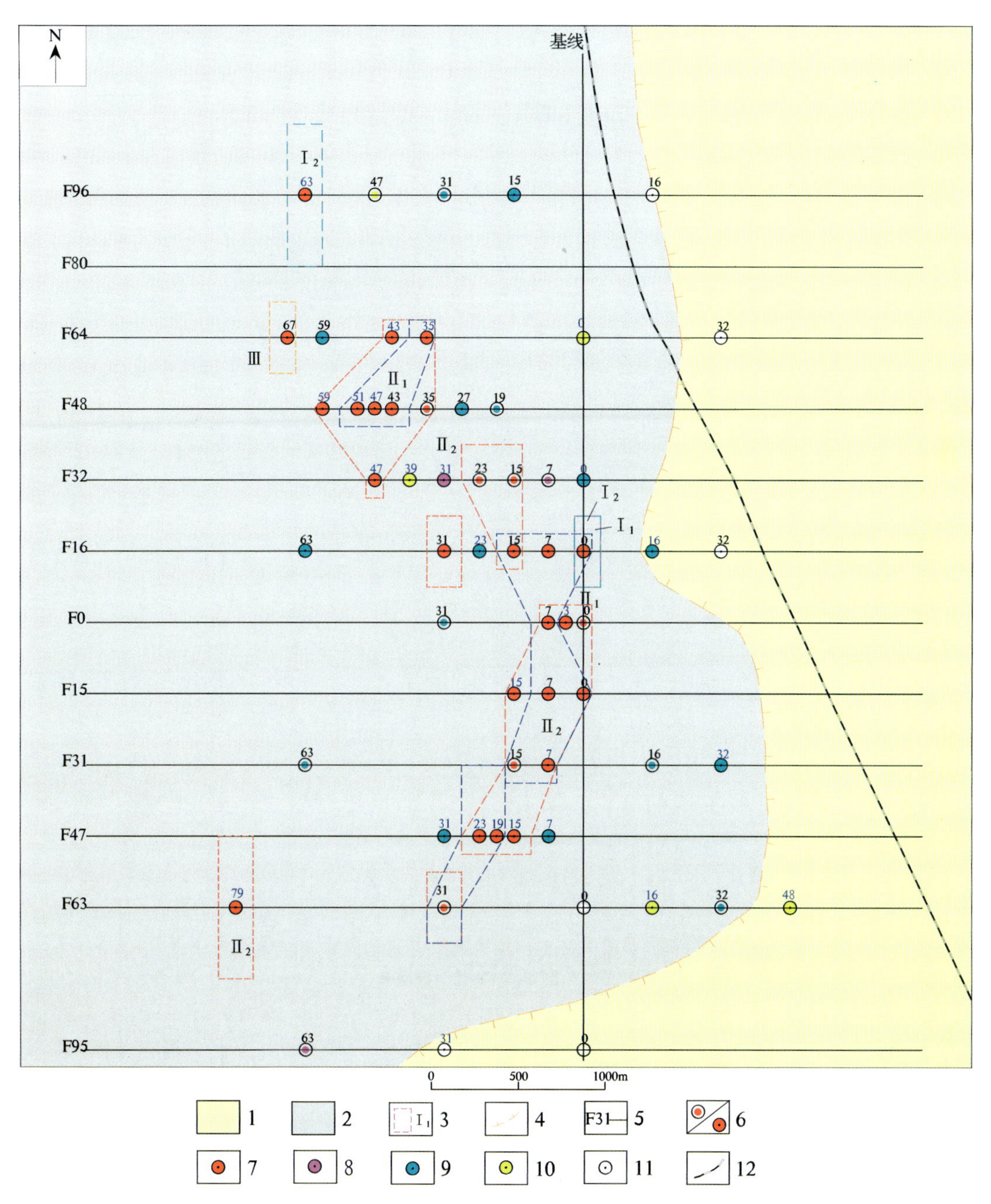

图3-32　哈达图铀矿床F64—F63线主矿体分布略图

1. 氧化带;2. 氧化-还原过渡带;3. 铀矿体范围及编号;4. 灰色砂体尖灭线;5. 勘探线及编号;6. 前人施工钻孔/本项目施工钻孔;7. 砂岩型工业铀矿孔;8. 泥岩型工业铀矿孔;9. 铀矿化孔;10. 铀异常孔;11. 无铀矿孔;12. 铁路

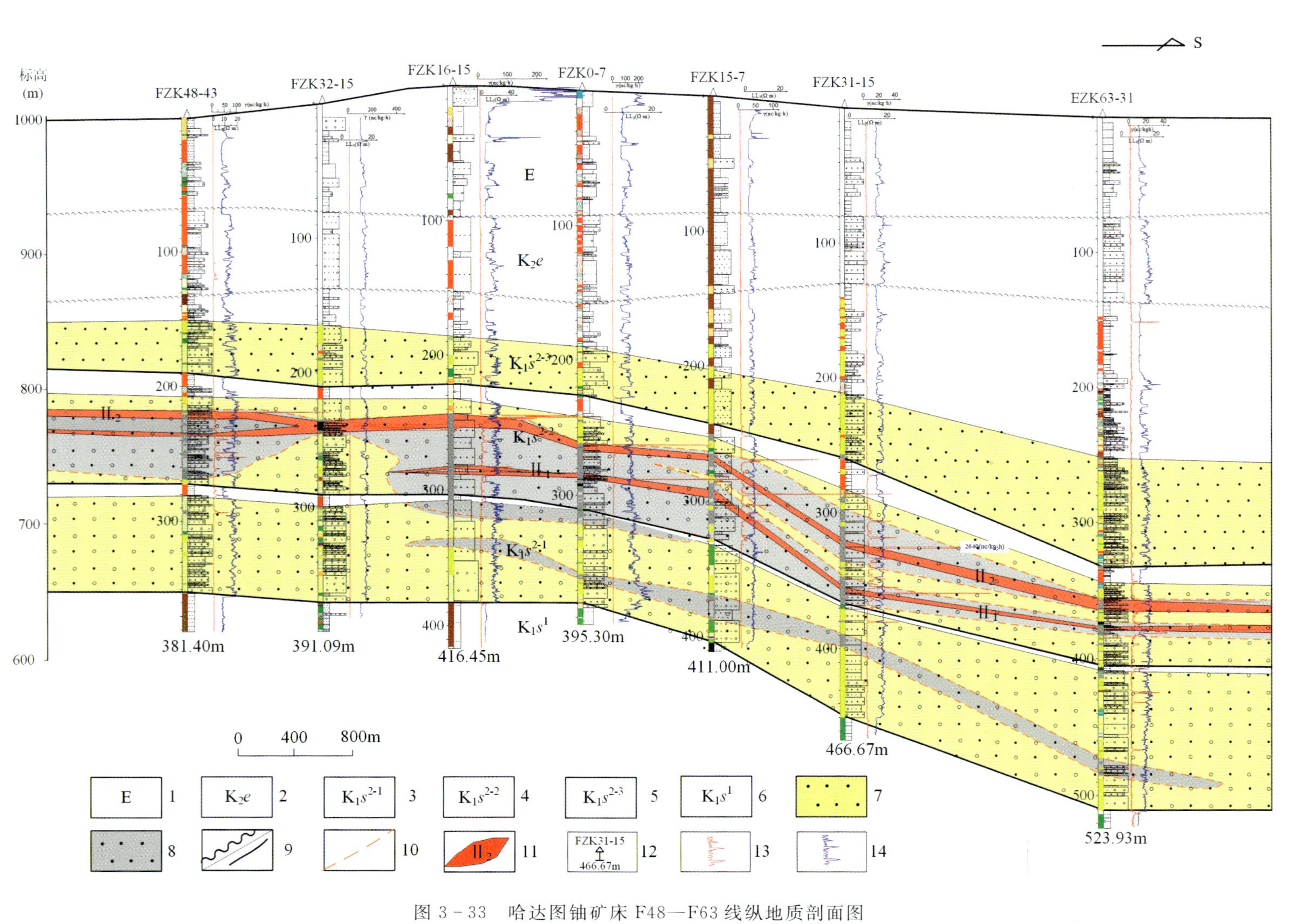

图 3-33　哈达图铀矿床 F48—F63 线纵地质剖面图

1. 古近系；2. 二连达布苏组；3. 赛汉塔拉组上段下亚段；4. 赛汉塔拉组上段中亚段；5. 赛汉塔拉组上段上亚段；6. 赛汉塔拉组下段；7. 氧化砂岩；8. 还原砂岩；9. 地层角度不整合界线/赛汉塔拉组上段各亚段界线；10. 氧化带前锋线；11. 工业铀矿体及编号；12. 钻孔编号及孔深；13. 伽马测井曲线；14. 电阻率测井曲线

Ⅱ$_2$号铀矿体厚0.80～7.94m,平均值3.73m;矿体品位0.030 6%～0.438 8%,平均品位0.124 7%;平米铀量1.05～63.77kg/m^2,平均平米铀量10.00kg/m^2。其中F64—F63线主矿体厚0.80～8.06m,平均3.40m;品位0.019 9%～0.478 7%,平均品位0.072 3%;平米铀量1.05～63.77kg/m^2,平均平米铀量6.14kg/m^2。矿体顶界埋深为218.50～355.75m,平均265.83m,顶界标高为637.77～778.44m,平均743.49m;矿体底界埋深为223.40～363.65m,平均271.96m,底界标高为645.67～783.34m,平均749.62m。

四、矿石特征

哈达图铀矿床矿石类型按赋矿岩性一般为灰色、深灰色及黑灰色不等粒砂岩,砂体成岩程度低,胶结疏松,一般具正粒序层理。按岩石学分类定名主要为岩屑长石砂岩,其次为长石岩屑砂岩。矿石结构主要有充填结构和包含结构。充填结构表现为在裂隙中充填有泥质极微细粒黄铁矿,铀呈细分散状分布于充填物中;包含结构表现为在黄铁矿、钾长石表面附生沥青铀矿,沥青铀矿呈微细的球粒状。

哈达图铀矿床中矿石SiO_2、Al_2O_3、K_2O和Na_2O含量与矿石品位呈负相关;烧失量及FeO、TFe_2O_3含量与矿石品位呈正相关,富矿石中有机质、黄铁矿含量增大,说明自身吸附能力及还原能力较强;其他成分如TiO_2、MgO、MnO、CaO、P_2O_5则变化不大或无明显规律。黄铁矿的$\delta^{34}S$介于$-35.8‰$～$-28.7‰$,表明黄铁矿中的硫应该来自细菌硫酸盐还原作用,在相对开放体系中,硫源主要是地表水的硫酸盐,表明地表渗入氧化作用强烈。

铀的存在形式有两种:沥青铀矿和吸附状态铀。沥青铀矿分布在碎屑颗粒之间的胶结物中(图3-34),吸附于黄铁矿晶体的表面及长石、云母、石英颗粒间的孔隙中。吸附态铀是铀的次要存在形式,铀呈分散吸附态分布于片絮状、似蜂巢状蒙皂石和有机质的表面。

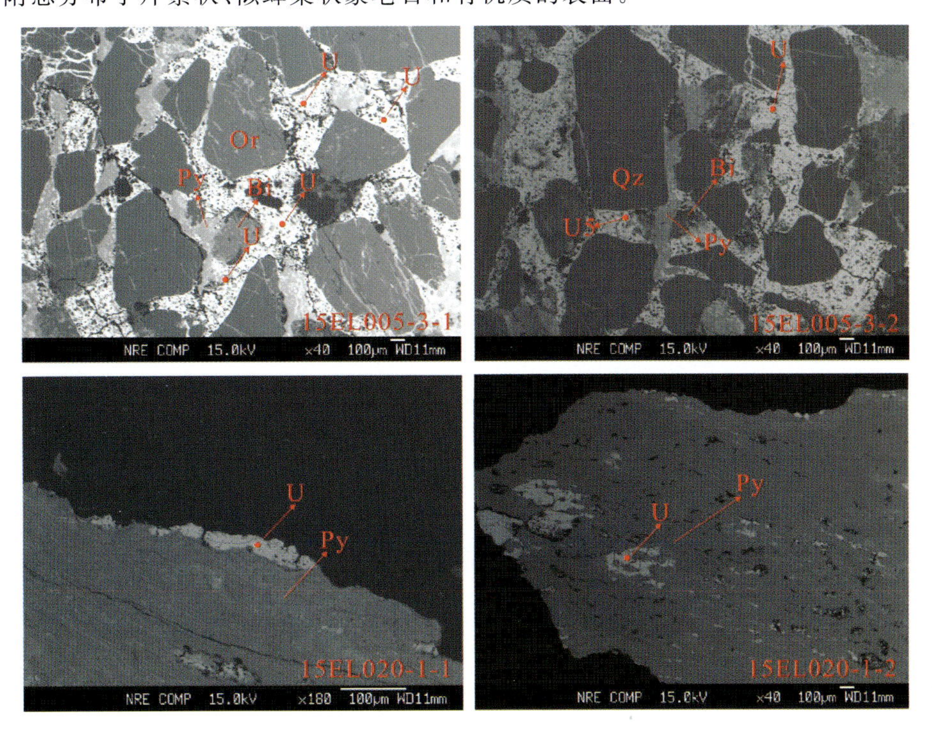

图3-34 哈达图铀矿床铀矿石中铀矿物与其他矿物共生关系的电子探针背散射电子图像

(据聂逢君,严兆彬,2015)

Or. 钾长石;Py. 黄铁矿;U. 铀矿物;Qz. 石英;Bi. 黑云母

第十节　努和廷超大型铀矿床

努和廷超大型铀矿床位于二连盆地乌兰察布坳陷北西部，行政上归二连浩特市管辖。赋矿层位为上白垩统二连达布苏组，隶属努和廷铀矿田。

一、铀储层岩石矿物学特征

矿床储层为上白垩统二连达布苏组，在矿床北西部大面积出露，厚12.10～72.00m，平均54.00m。矿床具周边薄、中间厚，南西薄、北东厚的特点。二连达布苏组进一步可以划分为上段(K_2e^2)和下段(K_2e^1)，其中上段(K_2e^2)是含矿层位。

二连达布苏组下段(K_2e^1)的下部为砖红色、黄色含砾中粗砂岩、中细砂岩夹含砾粉砂岩、泥岩等；上部为灰色、灰绿色中细砂岩、粉砂岩、泥岩，结构、成分成熟度较高。自下而上构成两个正韵律组合。该段主要为低位体系域(LST)接受的辫状河沉积。

二连达布苏组上段(K_2e^2)的下部为灰色、深灰色泥岩、粉砂岩，夹少量灰色细砂岩；中部为深灰色泥岩夹灰白色泥灰岩；上部为砂质、泥质膏盐层及泥质砂岩。该亚层构成2～3个“下细上粗”的反韵律组合。铀矿化产出在上部砂岩、膏盐与下部泥岩、粉砂岩接触部位的泥岩、粉砂岩中。该段主要为湖泊扩展体系域(EST)和高位体系域(HST)接受的湖泊和辫状河三角洲沉积。

二、矿体特征

努和廷铀矿床Ⅰ号主矿体规模最大，占总资源量的91.12%(图3-35)。

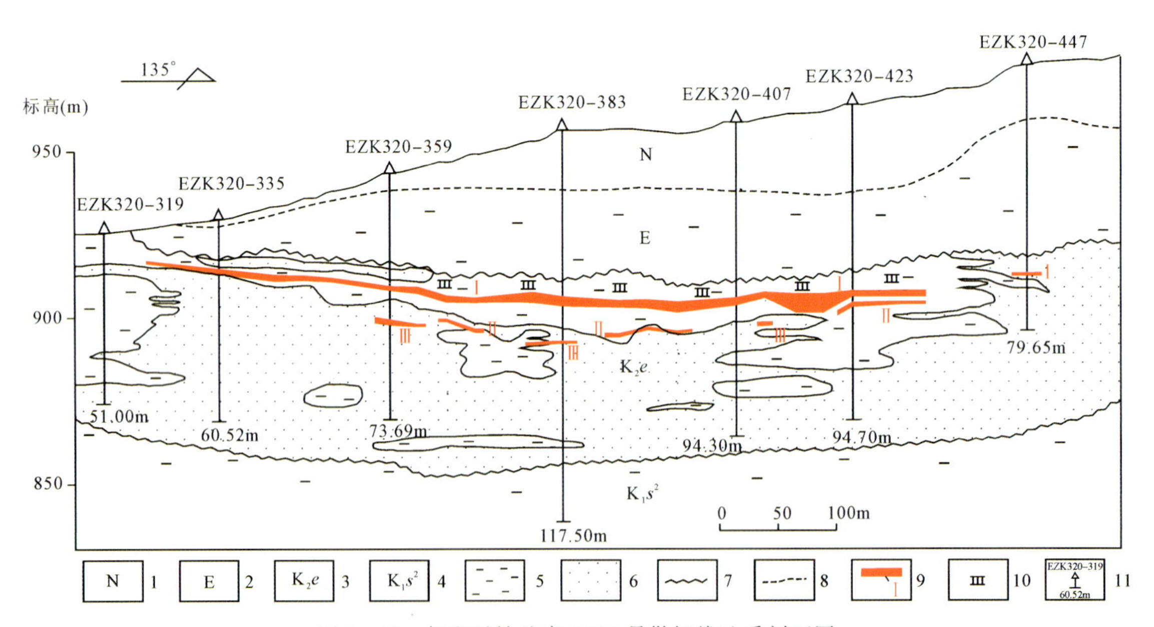

图3-35　努和廷铀矿床E320号勘探线地质剖面图

1. 新近系；2. 古近系；3. 上白垩统二连达布苏组；4. 下白垩统赛汉塔拉组上段；5. 泥岩、粉砂岩；6. 砂岩、砾岩；7. 地层不整合界线；8. 地层平行不整合界线；9. 铀矿体及编号；10. 石膏；11. 钻孔编号及孔深

Ⅰ号主矿体规模巨大，形态简单。矿体在平面上连续、稳定，总体近南北向延伸(图3-36)。矿体宽约2.2km，长约6.0km，水平投影面积约12.95km²。矿体在剖面上呈两端向中心下凹的弧形薄板状，北西端和南东端向矿体中心缓倾斜，总体近于水平。矿体受层位和岩性控制，多产在下部泥岩、粉砂岩与上部砂岩组成"下细上粗"的反韵律层的中部泥岩、粉砂岩中。

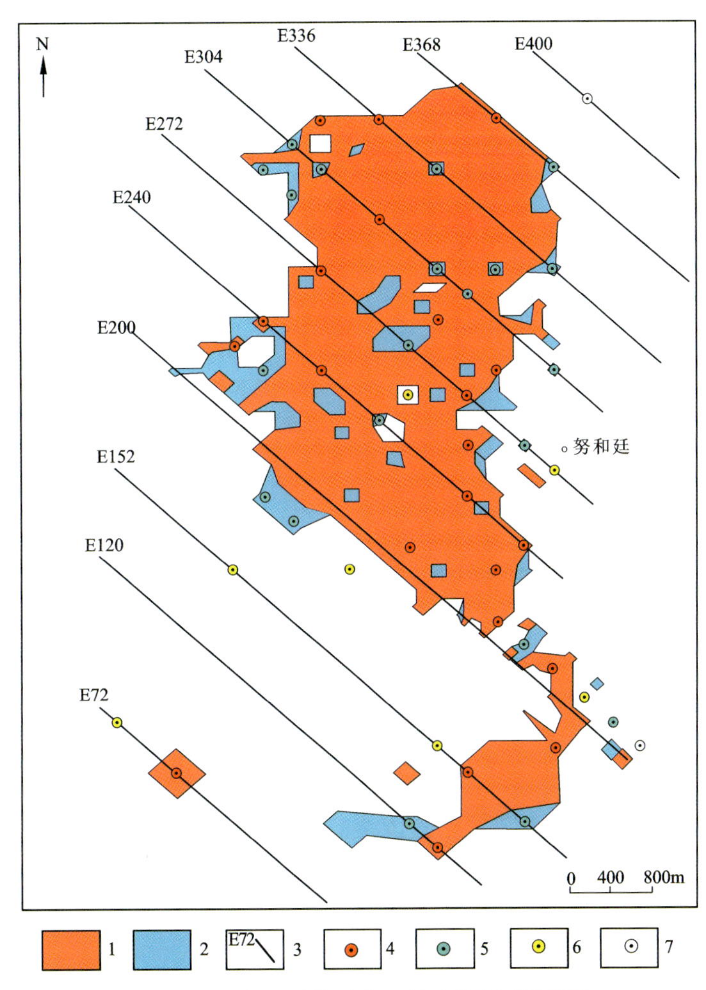

图3-36 努和廷铀矿床Ⅰ号矿体水平投影图

1. 工业铀矿体；2. 矿化体；3. 勘探线及编号；4. 工业矿孔；5. 矿化孔；6. 异常孔；7. 无矿孔

Ⅰ号主矿体厚度为0.52～7.67m，平均值1.51m，变化系数56.55%；品位为0.050 1%～0.314 3%，平均品位0.085 2%，变化系数43.43%；矿体顶板标高893.83～924.29m，平均911.76m，变化系数0.53%，具有矿体周边高、中间低的特点，同时具有矿体中段高、南段次之、北段最低的规律，基本反映了湖泊扩张时期或主成矿时期的古地貌特点；矿体顶板埋深8.28～100.85m，平均49.55m，变化系数36.37%，矿体埋深由北西向南东逐渐变大，主要是由现代地貌具南东高、北西低的特点所造成。

三、矿石特征

根据矿石的物质组分(主要是特征矿物的种类、含量)、化学成分、含矿围岩等分析，矿石工业类型以富含黏土矿物的铀矿石为主，富含碳酸盐矿物的铀矿石次之。矿石自然类型主要有4种，即泥岩型、粉砂岩型、砂岩型、泥质(粉砂质)石膏岩型,泥灰岩型和砂砾岩型占比较少。其中泥岩型矿石中米百分值[①]占比47.74%,粉砂岩型矿石中米百分值占比37.74%,砂岩型矿石中米百分值占比9.67%,泥质(粉砂质)石膏岩型矿石中米百分值占比3.66%。

矿石具层状构造、水平纹层层理构造、裂隙构造和浸染状构造。矿石结构主要有充填结构、交代残余结构和包含结构。充填结构表现为在裂隙中充填有泥质和极微细粒黄铁矿,铀呈细分散吸附状分布于充填物中;交代残余结构表现为有机质被黄铁矿交代,在有机质周围常见大量微粒黄铁矿;包含结构表现为在黄铁矿表面附生沥青铀矿,沥青铀矿呈微细的球粒状。

矿石物质组分有沥青铀矿、黄铁矿、石膏、黏土矿物和有机质。沥青铀矿多产于泥质岩石中,多为微细粒状的聚合体。黄铁矿分布广泛且与铀矿化关系密切,大多数黄铁矿分布在有机质的周围。石膏分布极为广泛,一般产于节理面和裂隙、泥质胶结物中。黏土矿物常与钙质物一起呈胶结物存在于石英颗粒之间,或产于石膏的裂隙中。矿石中含大量有机质,在黑色泥岩矿石中可见植物碎屑和细脉状碳屑。

矿石和围岩中 FeO、TFe_2O_3、MnO、P_2O_5 含量与铀含量成正比,其他成分如 SiO_2、Al_2O_3、TiO_2、CaO、MgO、K_2O、Na_2O 则变化不大或无明显变化规律。

矿石中铀的存在形式有两种:吸附态铀和铀矿物,以吸附态铀为主,铀呈分散吸附态分布于泥质、有机质及黄铁矿中(图3-37)。铀矿物以沥青铀矿单矿物形式为主,呈不规则状分布在泥质岩石中;少量铀石与含铀黏土和胶状黄铁矿一起分布于砂岩胶结物中。

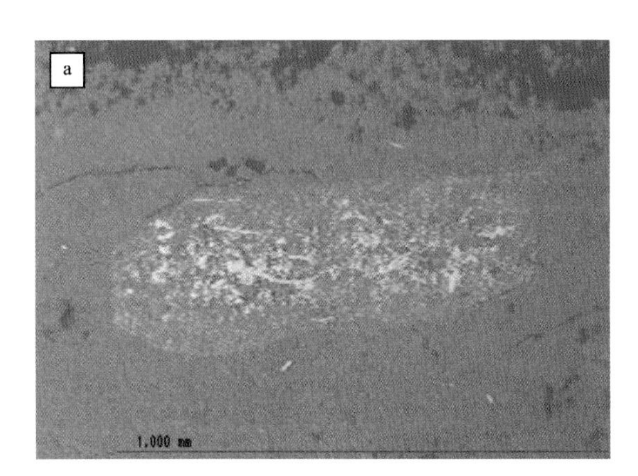

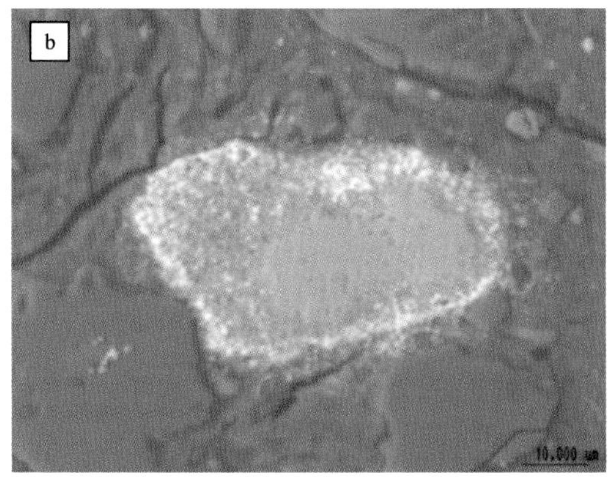

图3-37 努和廷铀矿床中的黄铁矿(a)及与黄铁矿共生的铀矿物(b)背散射电子图像

对矿石中沥青铀矿单矿物进行U-Pb同位素年龄测定,铀成矿年龄主要为85Ma,与晚白垩世沉积期相对应,同时也存在40Ma和10Ma两期成矿年龄,是否存在多期成矿作用,有待今后进一步研究。

第十一节 塔木素特大型铀矿床

塔木素特大型铀矿床位于内蒙古自治区阿拉善盟阿拉善右旗塔木素苏木,处于因格井坳陷北缘宗乃山斜坡带上,位于巴丹吉林-巴音戈壁盆地铀成矿带上。矿床赋矿层位为下白垩统巴音戈壁组上段(K_1b^2)。

①米百分值出自《铀矿地质勘查规范》(DZ/T 0199—2015)。

一、铀储层岩石矿物学特征

巴音戈壁组上段主要含矿岩性以灰色中粗粒砂岩为主，其主要类型有长石砂岩、岩屑长石砂岩和长石石英砂岩，且以长石砂岩为主，其次为岩屑长石砂岩，少量长石石英砂岩，反映了研究区近源沉积特征。砂岩碎屑成分以石英、长石为主，其次为岩屑，含少量云母及重矿物。石英是碎屑的主要组成部分，长石含量仅次于石英，以斜长石为主，条纹长石次之，少量的正长石和微斜长石。岩屑成分以花岗岩岩屑为主，少量火山岩岩屑和变质岩岩屑。云母在碎屑物中的含量较低，主要为黑云母，且多发生绿泥石化、水云母化等后生蚀变。重矿物含量很少，主要有磁铁矿、榍石、电气石、绿帘石、石榴子石、锆石等。砂岩中填隙物含量2%～35%，杂基以伊利石、高岭石、水云母为主，胶结物常见的有褐铁矿、方解石、石膏、黄铁矿等，且以褐铁矿、方解石居多，次为石膏、黄铁矿，部分样品中可见菱铁矿、针铁矿、赤铁矿和绿泥石。

二、铀储层岩石地球化学特征

层间氧化-还原过渡带宽度在2.0km以上，氧化带前锋线长达7.0km以上，近东西向展布，呈不规则蛇曲状。所发现的工业铀矿化均发育于氧化砂体厚度中等偏薄的区域，主要集中分布在层间氧化-还原过渡带中，完全氧化带中很少发现铀矿(化)体(图3-38)。

剖面上，层间氧化带形态为多层带状(图3-39)。氧化带的发育程度受砂体和岩石渗透性控制，不同砂体中氧化带的厚度、埋深差异较大。氧化带多沿河道呈多层带状发育，剖面上具有由北向南，厚度由大变小，埋深由深变浅的特征。均一性好且宽而厚的砂体通常遭受严重的层间氧化作用，但是在由宽而厚的砂体向薄而窄的砂体过渡部位，正好是层间氧化带前锋线的空间定位区域。铀矿(化)体主要产于氧化砂岩与灰色砂岩或灰色泥岩相邻部位，且在砂岩和泥岩中均有工业铀矿体产出。砂岩型铀矿化的形成与早期的红色氧化和晚期的黄色氧化有关。红色氧化岩石呈褐红色、紫红色、玫红色，赤铁矿化、褐铁矿化发育，砂岩中胶结物以赤铁矿、褐铁矿为主。黄色氧化岩石呈黄色、褐黄色，岩石中发育褐铁矿化和黄钾铁矾化。氧化砂岩中可见未完全氧化的碳屑和已被氧化的黄铁矿立方体假晶。早期氧化的红色砂岩往往又被后期黄色氧化所改造。

三、矿体特征

铀矿体的平面形态简单，平面上呈东西向带状展布(图3-38)。矿体东西长约5.6km，南北宽在200～500m之间。矿体在剖面形态上较简单，主要矿体多为板状或层状(图3-39)，少量透镜状。其他规模较小的矿体具有多层性，连续性较好，多呈透镜状，部分呈板状。矿体产状平缓，倾角一般3°～5°，少量矿体倾角在10°左右。主要矿体规模大多为中等，少数规模较大，连续性较好。矿体品位0.050%～0.599%，平均品位0.098%。矿体厚度0.46～8.96m，平均厚度1.63m。米百分值0.035～2.214。矿体产出标高663.42～1 091.19m，埋深186.66～619.58m。由于在垂向上受不同层砂体控制，所以各矿体埋深变化较大，由北向南矿体埋深逐渐加大。

四、矿石特征

砂岩型矿石类型主要为长石砂岩，其次为岩屑长石砂岩、长石石英砂岩。不等粒砂状结构，块状构

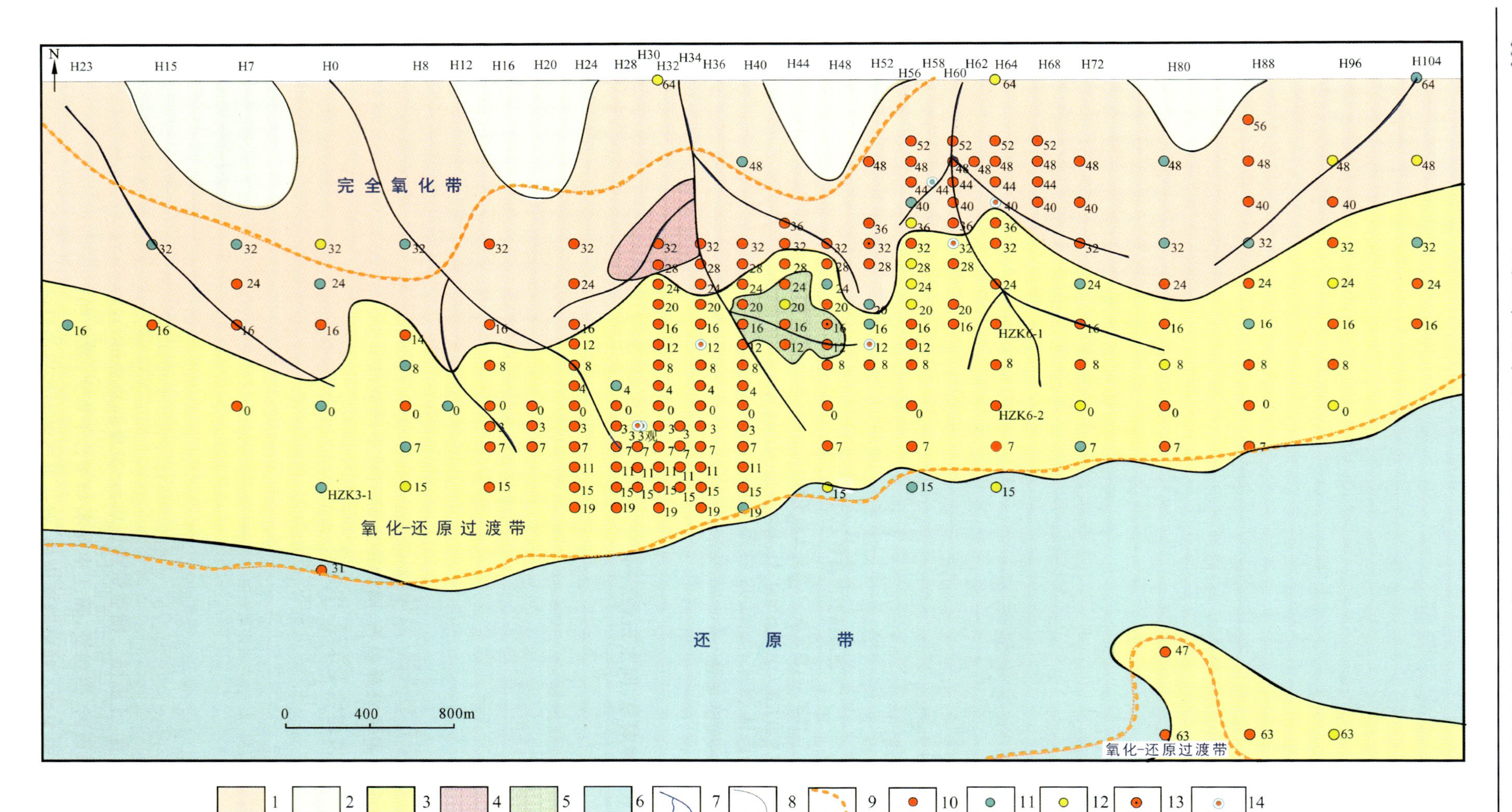

图 3 - 38　塔木素铀矿床巴音戈壁组上段第二岩段沉积相及岩石地球化学图

1. 扇三角洲平原辫状分流河道；2. 扇三角洲平原分流间湾；3. 扇三角洲前缘水下分流河道＋河口坝；4. 决口扇＋决口河道；5. 水下泥石流；6. 前扇三角洲＋浅湖亚相；7. 主流线；8. 岩相界线；9. 完全氧化带/氧化-还原过渡带/还原带界线；10. 工业铀矿孔；11. 铀矿化孔；12. 铀异常孔；13. 物探参数孔；14. 水文地质孔

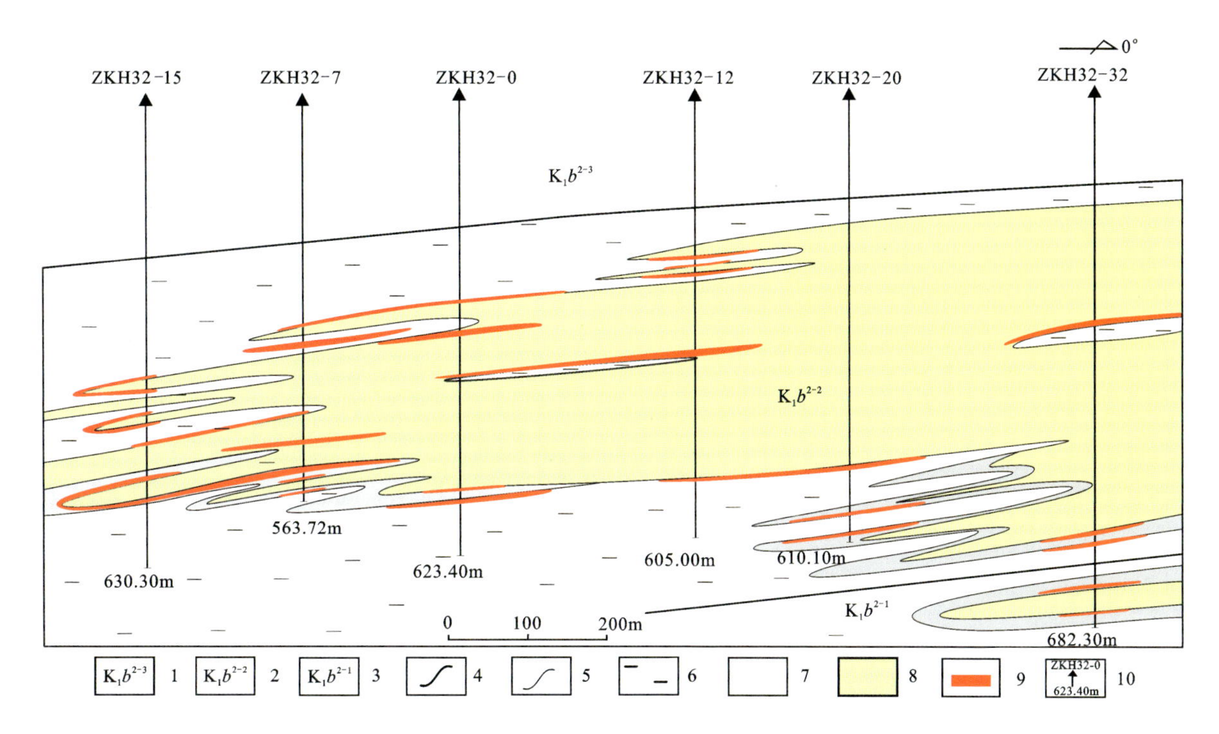

图 3-39　塔木素铀矿床 H32 号勘探线地质剖面示意图

1. 巴音戈壁组上段第三岩段；2. 巴音戈壁组上段第二岩段；3. 巴音戈壁组上段第一岩段；4. 地层界线；5. 岩性界线；6. 泥岩；7. 灰色砂岩；8. 黄色、褐色砂岩；9. 铀矿体；10. 钻孔编号及孔深

造，以孔隙式胶结和基底式胶结为主。碎屑物主要为石英、长石、岩屑，碎屑含量 73%～95%，碎屑中以石英和长石为主，岩屑主要为花岗岩岩屑。填隙物含量 5%～27%，平均 11.8%。胶结物主要有碳酸盐矿物和石膏，还含有少量铁质及植物碳屑等，黏土矿物含量很少。

泥岩型矿石主要由深灰色、灰色泥岩、粉砂岩和浅灰色、灰白色泥灰岩、灰岩组成，其次见浅褐白色、紫红色矿石。细碎屑岩矿石常含有一定量的钙质。

矿石 FeO、Al_2O_3、P_2O_5、K_2O 含量略高于无矿岩石，含矿岩石的 MgO 含量略低于无矿岩石，烧失量、SiO_2、TFe_2O_3、TiO_2、MnO、CaO、K_2O 的含量与无矿岩石相近。

矿石中的铀主要以独立矿物的形式存在，可见少量吸附态铀。独立的铀矿物主要为沥青铀矿，其次为铀石，可见少量含钛铀矿物。

铀成矿明显呈现出多期矿化的特征，有早白垩世(113.3±1.6Ma 和 109.7±1.5Ma，115.5±1.5Ma 和 112.9±1.5Ma)、晚白垩世(69.9±1.0Ma、70.9±1.0Ma)、始新世(45.4±0.6Ma、47.3±0.7Ma)、中新世(10.5±0.1Ma、12.3±0.2Ma)、上新世(2.5Ma、3.3Ma)，即在新近纪本区仍在进行铀的富集成矿作用，表明层间氧化成矿作用在持续不断进行。

第四章 铀成矿理论技术体系研发

内蒙古中西部三大产铀盆地虽然具有共性特征，但区别非常明显。东胜铀矿田是具有复杂演化历史的砂岩型铀矿床，而努和廷铀矿田为同沉积泥岩型，它们在国内都是独一无二的。同为砂岩型铀矿床，巴彦乌拉铀矿田和巴音戈壁铀矿田明显不同于东胜铀矿田，而且巴音戈壁铀矿田的后生热液改造作用明显。面对如此复杂的铀成矿作用，显然运用教科书式的普适性成矿模式是难以奏效的。近20年来，联合研究团队针对不同的沉积盆地和矿床类型，实事求是地建立了系列特征各异的铀成矿模式，探索了实用性的预测技术，并循序渐进地应用于三大产铀盆地的找矿实践，发现了系列铀矿床，扩大了已有铀矿床的资源规模，由此构建了创新性的陆相盆地铀成矿理论技术体系，大大深化和发展了传统水成铀矿理论。

第一节 鄂尔多斯盆地

鄂尔多斯盆地的铀矿勘查经历了曲折的探索和认识过程，基于2000年首次对直罗组古层间氧化带的准确识别，特别是由此建立的“绿色砂体”新的岩石地球化学找矿标志，掀开了鄂尔多斯盆地铀矿勘查的序幕，指导了该地区系列铀矿床的持续发现和突破。

鄂尔多斯盆地北部伊陕斜坡区中生代构造的相对稳定性和继承性为铀成矿的有利地质背景，尽管现今伊陕斜坡区属于渗出型盆地，但中侏罗世晚期—白垩纪盆地古水动力环境却表现出层间渗入的特点，明显区别于其他产铀盆地。此外，盆地烃类流体的二次还原作用对成矿期岩石地球化学环境进行了还原改造，绿色砂岩成为层间氧化带主要地球化学类型，由此提出了新的岩石地球化学找矿标志和“古层间氧化带型”砂岩铀成矿模式。

可以说，对“古层间氧化带型”砂岩铀成矿模式的创造性总结，从不同角度对铀成矿机理的认识提高以及相关勘查预测技术的创新，是世界级铀矿田快速发现突破的关键所在。理论技术体系的原始性创新，极大地推动了鄂尔多斯盆地北部乃至全国砂岩型铀矿的勘查进程。

一、铀成矿构造背景

1. 含矿层同沉积构造背景

从中生代开始，华北地台进入了新的构造格局，强烈的挤压剪切作用，使大华北盆地在晚三叠世末期全面抬升，遭受剥蚀和变形，鄂尔多斯盆地从华北地块分化出来，开始了中新生代独立的鄂尔多斯盆地演化阶段，拉开了盆地的沉积序幕，发育形成大型内陆坳陷盆地。伊陕单斜构造占据了盆地绝大部分地区，至印支运动晚期，该单斜构造主要表现为隆起背景下的北高南低，从侏罗纪延安期开始进入稳定沉积（成煤）阶段，延安期末发生早燕山运动，盆地抬升遭受剥蚀。

直罗组含矿砂体的发育和空间展布主要受控于鄂尔多斯盆地北部伊陕单斜的构造活动背景。燕山运动早期盆地全面抬升，进入风化剥蚀阶段，在盆地南缘秦岭构造带抬升的幅度相对较大，造成对延安组不同程度的剥蚀，其第Ⅴ单元基本全被剥蚀。但在盆地北部伊陕单斜沉积间断不长，缺失地层不多，延安组第Ⅴ单元均有残留，上下地层产状一致，即延安组与直罗组为平行不整合接触关系，说明伊陕单斜构造处于一个相对稳定抬升的构造活动背景。受此次构造运动的影响，直罗组沉积时在盆地北部主体古地形为北高南低，基本上继承了延安期沉积时的古构造格局，在构造上仍处于一个相对稳定期，只是由于富县组“填平补齐”和延安组区域稳定的沉积作用，使直罗组沉积时的古地形进一步趋于平缓。

在伊陕单斜相对稳定抬升的构造活动背景下，延安组遭受长期风化剥蚀，造成在延安组古风化壳上直罗组早期（J_2z^{1-1}）明显的河流下切侵蚀作用，河道砂体发育并主要赋存于深切谷内，洪泛平原受到限制，属盆地低水位期、基底平坦、稳定的侵蚀下切和物源供给充足等背景下形成的远源砂质辫状河沉积体系。由于伊陕单斜在直罗组沉积过程中相对稳定抬升构造活动背景的继承性，直罗组早期河道沉积砂体呈带状沿河道由北向南区域性稳定展布，河道长，砂体规模大，在皂火壕铀矿床向北近40km的罕台川和高头窑一带仍没有追索到近缘的砾质河道或冲洪积扇沉积，而矿床还基本处于辫状河下游区或辫状河三角洲平原区。矿床位置河道沉积砂体宽度大，不同的辫状河道宽度达几千米，为多期河道沉积的复合砂体。直罗组早期辫状河沉积体系发展到中期演变成低弯度曲流河沉积体系（J_2z^{1-2}），洪泛沉积、决口沉积相当普遍。

在鄂尔多斯盆地北部侏罗系沉积范围北部并未到达盆地北界的乌拉山-大青山断裂，河套断陷内的白垩系和新生界直接不整合于前寒武纪结晶基底之上，盆地内部的侏罗纪地层厚度在伊和乌苏—鄂尔多斯一带逐渐向北变薄，不同层段向北超覆，说明侏罗系沉积范围的北界不会超过现今的河套断陷。现今的河套断陷在侏罗系沉积时为一个广阔的隆起区，该隆起及以北地区地质（层）体的广泛出露，不仅为鄂尔多斯盆地北部直罗组沉积时提供了充分的物源和原始铀源，而且在晚侏罗世长期风化剥蚀过程中为直罗组提供了丰富的二次铀源。

伊陕单斜相对稳定抬升构造活动背景及其继承性，加上延安组“填平补齐”作用和沉积后的准平原化，为直罗组河流相砂体（J_2z^{1-1}、J_2z^{1-2}）发育和稳定展布创造了极为有利的构造条件，为含铀流体的运移和铀的大规模富集提供了广阔的空间，为砂岩型铀矿的形成奠定了物质和结构基础。

2. 层间氧化作用构造背景

处于不同级别的大地构造单元上的大型坳陷盆地和小型的山间盆地都可以形成大小不等的层间氧化带及铀矿床。美国科罗拉多、怀俄明及得克萨斯三大铀矿区，其中科罗拉多高原的盆地是在地台区，怀俄明的盆地是在褶皱带内，而得克萨斯海岸平原为大陆边缘沉降带。哈萨克斯坦的楚-萨雷苏坳陷位于地台区。中国新疆伊犁盆地、内蒙古二连盆地均在褶皱带内，所以层间氧化作用可以形成于各种大地构造环境内。一般来说，大型铀矿床受控于较大坳陷盆地中的层间氧化作用，但是不同盆地层间氧化作用形成的构造背景有所不同。一般而言，盆地沉积岩形成以后，层间氧化带砂岩型铀矿床的形成，需要有一个构造活化条件，构造活化要适度，地层倾角在0°～5°为佳，含矿层的边缘直接或间接（如断层、上覆为透水层）暴露在地表，使含矿层接受地表含氧水的补给。据苏联地质学家别列里曼的观点，依据垂直断块运动的特点和强度，构造活化区域可进一步划分为造山带、次造山带，造山带垂直断块运动的幅度大于2000m，次造山带幅度在500～2000m之间，构造活化对邻近地台的地区会产生影响，主要涉及到活化区的边部进入次造山带范围。次造山带的外边界一般不明显，一般沿着盆地边界进入地台区范围内，在次造山带的地台活化阶段，铀矿床与次一级构造存在着各种各样的关系。如在中亚地区，年轻的次造山区（出现构造-岩浆活化和构造活化的区域）控制了层间氧化带砂岩型铀矿床的空间分布，费尔干纳盆地、沿塔什干边部次级盆地、阿穆达林东北缘、塔吉克-阿富汗盆地北缘均经历了次造山阶段(中新世),瑟尔达林盆地和中克兹库姆小盆地群在其地质发展史中也经历了次造山阶段(中新世—上新世)。上述次造山作用阶段控制了层间水向盆地运移的动力方式,产生层间水渗入方式区,形成层间氧化带和相应的铀矿床。铀矿床一般位于盆地边部,不仅见于次造山带的外部边界范围,并一直延伸至地台区很远的范围内。因此,不难看出,在苏联地质学家对砂岩型铀成矿有利构造的研究中,次造山作用在铀矿化的定位中起着巨大的作用,控矿的层间氧化带一般形成于次造山阶段,盆地次造山带的发育程度是进行铀矿预测评价的重要因素之一。

但是,鄂尔多斯盆地北部中侏罗统直罗组沉积后,利于铀成矿的构造活化期及层间氧化作用的形成应在晚侏罗世和早白垩世,U-Pb同位素测定年龄为160Ma、149Ma、120Ma、80Ma和76Ma(夏毓亮等,2003),而在这一地质时期盆地北部并没有明显的次造山作用,上述国外产铀盆地的次造山带及层间氧化作用形成(铀成矿年龄主要在新近纪及以后)也并不是发育在这一时期,所以次造山带对铀成矿的控制作用在鄂尔多斯盆地北部的铀矿预测评价中并不适用,而盆地北部巨大的伊陕单斜构造及其稳定的继承性构造演化背景,是铀矿床形成的构造因素。

受燕山构造运动的影响,中侏罗世晚期盆地开始整体上隆及伊陕单斜构造适度的掀斜作用,直罗组开始了分化剥蚀阶段,伴随在这一时期古气候向半干旱、干旱气候的转变,代表了有利于铀成矿的构造活化、层间氧化作用的开始。伊陕单斜构造掀斜作用的方向主要由北向南,使盆地北部东胜地区高头窑和罕台川一带延安组和直罗组被大面积剥蚀,所以此次伊陕单斜构造适度的构造运动,基本上没有改变由北向南倾斜的主要构造格局,并且在一定程度上加强了在这一方向上的倾斜趋势。上述稳定的构造条件控制了盆地北部古地下水长期稳定地从盆地北部边缘向南径流,皂火壕等铀矿床主要处于径流区域,同时,这一构造条件也决定了中侏罗世晚期地下水的径流方向基本上与直罗组辫状河道沉积砂体的发育方向保持一致,形成了沿河道砂体畅通完整,较强的补、径、排古水动力条件,这对层间氧化带的发育和铀矿化的形成是非常有利的。上述构造特征一直继承到晚侏罗世末,持续了很长一段时期,为铀成矿创造了更为有利的构造条件。

白垩纪时期,受燕山晚期构造运动的影响,鄂尔多斯盆地东部为引张构造应力环境,西缘受逆冲构造带的强烈影响,最后形成西深东浅的沉积古地形特征,沉积中心与沉降中心一致,其位置与现今天环向斜的位置相吻合(孙国凡等,1985;张岳桥等,2006;赵俊峰等,2008)。但是,在整个早白垩世,盆地北部陆源区"古狼山"和东段的"古大青山""古乌拉山"一直为统一剧烈上升的山区,剥蚀强烈,造成早白垩世早期盆地北部边缘地带没有接受沉积(缺失宜君组),在洛河期、华池-环河期、罗汉洞期和泾川期以山麓相堆积和河流相沉积为主,沉积作用方向仍以由北向南为主,说明在这一期间基本上继承了侏罗纪古地下水由北向南的补、径、排方向,地下水的顺层渗入和氧化作用继续发育。由于北部隆起区的强烈抬升,古地下水的水动力条件和渗入作用变得更为强烈,当时气候更加趋于干燥,古地下水氧化作用更强,这对中侏罗统直罗组层间氧化带的进一步发展和铀的大规模继续富集成矿具有积极的推动作用,这一时期也是盆地北部的主要成矿期。早白垩世晚期,盆地北部整体抬升,未接受沉积,形成沉积间断,但由于东升西倾的构造活动和沉积中心进一步西移,继承性铀成矿作用逐步减弱,一直到黄河断陷的形成,区域层间渗入性的继承性铀成矿作用停止。形成的矿体剖面形态以板状为主,即只发育上、下翼矿体,并不具有典型卷状矿体的特点。

鄂尔多斯盆地在中侏罗世晚期—白垩纪的层间氧化作用阶段的水动力环境表现出层间渗入型盆地的特点,但产生渗入作用方式的盆地构造背景与世界上其他产铀盆地有着本质的区别。如中亚地区产铀盆地在不同的地质历史阶段也表现为不同的水动力环境,费尔干纳盆地、沿塔什干边部次级盆地、阿穆达林东北缘、塔吉克-阿富汗盆地北缘,它们在地台阶段(白垩纪—古近纪)和造山阶段(上新世)表现为渗出型盆地，而到次造山阶段（中新世）则表现为渗入型盆地，瑟尔达林盆地和中克兹库姆盆地在地质发展史中，也表现出渗出型（白垩纪—古近纪）和渗入型（中新世—上新世）两种类型的盆地。鄂尔多斯盆地的水动力环境表现为渗入型盆地是在地台阶段（侏罗纪—白垩纪），层间氧化带及铀矿床的形成主要是在晚侏罗世—早白垩世，而中亚地区产铀盆地表现为渗入型盆地是在中新世—上新世，并存在明显的次造山作用阶段，也是层间氧化带及铀矿床的形成阶段。

一些学者将构造活化作用的强度作为区分造山带的标准及次造山带对铀矿床的控制，对于这一理论的许多问题还没有得到正确解决。已有的砂岩型铀矿床在造山带、次造山带及弱的新构造运动出现区（地台型弱的新构造运动区），铀矿化定位于负向构造（山间、山前和近断裂凹陷）中，巨大的地台坳陷和不同规模的地堑-向斜中，在造山带中也有铀矿床的产出，集中于山间凹陷两翼，地台上弱的新构造运动带范围内也见铀矿床。在造山带中所聚集的铀矿床要比次造山带中少，因此，如果不考虑其他地质因素，仅取断块位移的幅度作为造山区分类及其对铀矿床控制作用的基础，一般而言，次造山带对后生铀成矿作用的发育是比较有利的。但这一结论也并不能完全说明次造山带对铀成矿的控制作用，因为次造山带通常是造山带的外缘部分，因此它的存在和对铀成矿的控制作用还完全依赖于造山带的发育，完全产于地台范围内的次造山带（“发育不全”的造山带），通常不产出砂岩型铀矿床。

因此，“次造山带控矿理论”在鄂尔多斯盆地北部及我国众多中新生代产铀盆地并不适用，这一理论只是在中亚地区特殊的构造环境中得出的，所以在砂岩型铀矿床的预测和评价中，对我国铀成矿构造背景的分析不应受单一“次造山带控矿理论”的束缚，对大地构造背景、盆地性质和后期的构造活化作用及继承性等多种构造因素的综合分析显得更为重要。

3. 新构造运动的特点及对铀成矿作用的影响

在中亚等地区，新构造运动决定了中生代沉积后是否具使铀重新活化迁移的构造条件，是进行砂岩铀矿远景预测的重要依据之一，其直接影响到铀的活化和迁移。而在鄂尔多斯盆地北部，新生代时期在盆地四周表现出强烈的构造运动（张泓，1996），形成河套、银川、汾渭等断陷盆地并接受沉积。始新世古河套隆起形成断陷湖盆，呈东西向展布于鄂尔多斯盆地北部，渐新世在盆地内部持续性隆升，古近系和新近系沉积物仅南北向呈条带状分布于盆地西缘，盆地东部和中部地区则成为广阔的剥蚀区。此时在鄂尔多斯市东胜梁一带成为东西向分水岭（侯光才和张茂省，2008），在独贵加汗—玛拉迪一线新形成一条南北向分水岭，该分水岭北部与东胜梁东西向分水岭连接而构成一弧形展布的区域地下水、地表水分水岭。在分水岭的北侧和西侧，地下水分别向北、向西径流，而在分水岭东南侧，地下水向东南方向径流。但不论向哪个方向径流的地下水，黄河都是最终的排泄区，补给区是盆地内部广阔的隆升区。所以，在始新世后，黄河断陷的形成使鄂尔多斯盆地由一个内陆盆地成为开放式盆地，打破了侏罗纪—白垩纪统一的补、径、排古地下水铀成矿系统，地下水动力环境完全改变。由于来自盆地北部古河套隆起的含氧含铀层间渗入水被切断，只能接受大气降水的垂直补给，水动力条件降低，地下水的顺层渗入作用和氧化作用及铀的迁移、富集作用基本停止。

现代地貌特征是新构造运动的直接表现形式（曹伯勋，1995），新构造运动形成了鄂尔多斯盆地北部的现代地貌轮廓。鄂尔多斯盆地北部地貌类型包括构造剥蚀地貌、剥蚀堆积地貌、堆积地貌及沙漠地形和河成地形，组成鄂尔多斯盆地北部的高原地貌景观（郭喜珠，1979）。其中以构造剥蚀地貌类型为主，波状高地（海拔 1352～1510m）占主体地位，桌状高地（海拔 1450～1550m）零星分布于高原之上，岛状残丘（海拔 1460～1618m）零星分布于波状高地上，一般较波状高地高 50～100m。构造剥蚀地貌是在地壳缓慢而稳定的小幅度上升前提下，长期遭受剥蚀而形成的，反映出新构造运动具有弱活化的性质。剥蚀堆积地貌类型的干谷呈网状有规律地嵌入波状高地中，谷坡保存有残余阶地，对比旱谷底面相当于现代河成二级阶面，反映出新构造运动具有间歇性和弱活化性。沙漠地貌类型除反映气候因素外，可反映小幅度上升的新构造运动的性质。堆积地貌类型主要有北部河套冲积平原（海拔 1000～1050m）及湖盆洼地，是盆地间歇性下降或相对稳定的间歇期产物，也是间歇性新构造运动的反映。河成地形皆为黄河支流所成，河成地形中三级阶地的发育，是盆地新构造运动具有间歇性的直接反映，并且抬升幅度小。上述特征说明新构造运动在抬升背景下弱活化性和间歇性的特点，有利于大气降水的渗入，在埋藏较浅、抬升幅度相对较高的地段，造成了潜水或潜水-层间的二次氧化作用对早期矿体的再次改造和富集，而且改造和富集作用也具多期性。但由于黄河断陷的形成，造成没有充足的来自蚀源区和区域层间渗入水及铀源的补给，在干旱气候条件下大气降水的补给更为有限，所以二次氧化带发育规模不会太大，只会造成对原有矿体的重新改造和富集。这一现象在埋藏较浅的皂火壕铀矿床东部体现得十分明显，而在皂火壕铀矿床以西埋藏逐渐变深的纳岭沟等其他矿床均没有受到新构造运动的影响。

其中，在皂火壕铀矿床东部孙家梁地段出现卷状矿体，明显受二次氧化作用形成的黄色层间氧化带的控制，这也是鄂尔盆地北部唯一具有黄色层间氧化带的地段，与早期形成的灰绿色古层间氧化带[被后生还原作用改造为灰绿色（彭云彪，2007），局部见红色氧化残余]在产出空间位置和岩石地球化学、矿物学特征上明显不同，氧化带发育方向由北东向南西，与伊陕单斜构造掀斜方向、地层产状和现代地下水补、径、排水动力环境保持一致。同位素年龄数据论证了卷状铀矿体翼部成矿年龄老，卷头部位成矿年龄新的特点。铀矿化具有典型的卷状铀矿体特征，矿体翼部 S2 号钻孔铀矿体成矿年龄为 120±11Ma 和 149±16Ma，即成矿作用发生在早白垩世—晚侏罗世，代表了早期氧化作用形成的矿体，也代表了后期构造活动对铀矿床的改造破坏；矿体卷头部位 S1 号钻孔铀矿体成矿年龄较年轻，为 20±2Ma、8±1Ma，铀矿化作用发生在中新世和上新世，代表了二次氧化作用形成的铀矿体，也体现出氧化改造作用可能不止一次被流体渗入还原作用所终止，使氧化改造作用迁出的铀不止一次被重新富集，铀的二次富集程度较高，最高平米铀量近 $40kg/m^2$。皂火壕铀矿床向西埋藏逐渐变深的其他地段及纳岭沟、大营等铀矿床卷头和翼部成矿年龄基本一致，没有受到新构造运动引起的二次氧化作用的影响。从该卷状矿体在铀镭平衡系数的空间分布特征上也可以看出层间氧化作用导致铀富集成矿的特点。根据大量施工钻孔对整个皂火壕铀矿床铀含量大于等于 0.01％的 753 个样品进行铀镭平衡系数加权平均，结果显示随着铀含量的增高，铀镭平衡系数呈现降低的趋势，即偏铀，而铀含量小于等于 0.01％的 152 个样品统计，则明显偏镭或平衡，说明了铀的后生富集。其中在孙家梁地段偏铀特征更加明显，其铀镭平衡系数工业孔为 0.81，矿化孔为 0.71，全部（工业孔＋矿化孔）为 0.78，均偏铀。在平面上，平衡系数发育方向由北东向南西发育，即越往南西越偏铀，与层间氧化作用的方向一致。在剖面上，卷头矿体平衡系数为 0.83，翼部矿体平衡系数为 0.98，具有卷头比翼部更加偏铀的特点；铀矿（化）体靠近层间氧化带的部位，总体趋势为偏镭，特别是下翼矿（化）体的上部较为明显；在靠近卷头或卷头部位偏镭很少，总体趋势为平衡或偏铀；在矿（化）体下翼的下部，特别是在靠近下部还原带的低含量宽带内，基本为平衡或偏铀。上述铀镭平衡系数的特点及空间变化特征，符合"层间氧化带型"砂岩铀矿的铀镭平衡发育特征和成矿的一般规律，同时，翼部矿（化）体偏铀或平衡和偏镭，垂向上从下往上（下翼）或从上往下（上翼）有重复发育的现象，即铀的迁入富集（偏铀或平衡）和迁出（偏镭）重复出现，也体现出新构造运动的特点及对原有矿体重新改造和富集的多期性，表明皂火壕矿床东部后期铀成矿作用与盆地新构造运动的关系非常密切。

不同的新构造运动表现形式，对铀成矿作用有着本质不同的影响。中亚地区新构造动动直接影响着铀的活化和迁移，决定了是否具有使铀重新活化迁移的构造条件；鄂尔多斯盆地新构造运动恰恰相反，它阻止了铀成矿作用的继承性发展。鄂尔多斯盆地在总体抬升背景下间歇性和弱活化性的新构造运动特点，决定了对皂火壕铀矿床东部孙家梁地段矿体的重新改造和富集，出现了卷状矿体，以及成矿年龄和铀镭平衡系数有规律的变化特点。

因此，苏联地质学家提出的"次造山带控矿理论"并不能有效指导鄂尔多斯盆地的砂岩型铀矿预测评价与找矿工作，盆地大型单斜构造的继承性构造活动是盆地砂岩型铀矿形成的有利条件。

二、古水动力演化与古层间氧化作用

在现代水文地质学领域，据别列里曼的观点，分出了两类沉积岩盆地——渗入型盆地和渗出型盆地。渗入型盆地形成在地台和造山区大地构造稳定的地段，盆地本身弱的构造拗陷作用有助于厚度比较小的沉积层的堆积（厚度达 5～6km），而邻近地区的上升运动则有利于发育蚀变作用及地质层（体）的风化，产生渗流水沿着储水层从补给的隆起区向排泄的沉降区、从盆地的边缘向盆地中心的定向运移，具有由盆地蚀源区及盆缘向盆内完整的地下水补、径、排系统。在干旱、半干旱气候条件下，由于渗入水任何时候都含一定量的溶解氧，在含水层中形成氧化带，在层间水中形成层间氧化带。渗出型盆地通常赋存于构造活化区中，出现特别强烈的下降运动，强烈的拗陷作用导致大量沉积物的堆积，沉积地层堆积厚度可达 10～15km 及以上。渗出型盆地层间水的运动表现在剖面上为上升式，在平面上为离心式，从盆地中心下陷最深的部位向盆地边缘运移，水的运动是由地静压力作用或受构造挤压而从压实的岩石中挤出来，或从地壳深部断裂进入而发生的，所以不形成含氧层间水及层间氧化带。我们对于渗出型盆地应该有另外一种解释，形成在地台和造山区大地构造稳定地段的盆地，但由于盆地后期的构造活化，盆地内部强烈上升，盆地四周则强烈下陷，地下水在平面上表现为离心式，由盆地内部向盆地四周运移，排泄于盆地外部。这样的渗出型盆地只接受大气降水的补给，没有来自盆地四周蚀源区含氧含铀水的补给，也一般不形成层间氧化带及铀矿床。正如前面所述，鄂尔多斯盆地北部现在为黄土高原，主要接受大气降水的垂直补给，汇入黄河而排泄，表现为地下水由盆地内部向盆地外部运移并排泄的渗出型盆地（或外泄型盆地），并不具备形成层间氧化带砂岩型铀矿床的水动力条件，因此前人对于鄂尔多斯盆地砂岩型铀成矿预测评价工作中，对盆地及东胜地区铀成矿前景没有给予足够的重视。

因此，"层间渗入成矿理论"适用于所有的"层间氧化带型"砂岩铀矿床，但是，在砂岩型铀矿床的预测和评价中，应根据盆地区域大地构造特点和盆地水动力特征并考虑到盆地地质历史的演化过程，分析不同的地质历史阶段的古水动力环境，不应受某一地质历史阶段古水动力环境的束缚。

三、后生还原改造作用

鄂尔多斯盆地北部东胜铀矿田形成后，烃类流体对各个铀矿床进行了广泛的后生还原作用，将红色和黄色古层间氧化带改造为灰绿色，使铀矿床完全隐伏于还原环境中，对矿床的保存起到了至关重要的作用。

首先，灰绿色砂岩中见固结程度相对较高的红色砂岩和黄色钙质砂岩残留体及强烈氧化的炭化植物碎屑，泥岩和钙质砂岩中见大量残留的星点状褐铁矿，反映出灰绿色砂体早期曾遭受过较强的氧化作用，由于固结程度较高的红色砂岩团块、钙质砂岩和泥岩的渗透性极低，不利于烃类流体对其产生后期的还原改造作用，以残留体的形式保存了下来。其次，灰绿色砂岩中几乎不含黄铁矿、炭化植物碎屑和有机质细脉等还原介质，硫和有机碳含量极低，分别为 0.046％和 0.122％，也反映出灰绿色砂岩曾遭受过较强的氧化作用，使其中所含的黄铁矿及碳屑被分解破坏。晚期的还原作用为潜育化作用（即非硫化氢的还原作用），尽管高价铁被还原成低价铁，但不形成黄铁矿，所以灰绿色砂岩基本不含黄铁矿（硫含量极低）。另外，在铀矿石中发育大量的沥青脉。上述地质现象反映了烃类流体对古层间氧化带的后生还原改造作用。灰绿色砂岩尽管有机碳含量很低，但酸解烃含量较高可能是烃类流体还原作用的又一证据。

对其中的皂火壕铀矿床含矿层中灰色砂岩、灰绿色砂岩和绿色砂岩中的 Fe^{3+} 和 Fe^{2+} 含量进行了分析统计（表 4－1），灰色砂岩中 Fe^{3+} 含量高于 Fe^{2+} 含量，Fe^{3+}/Fe^{2+} 值为 1.28，将黄铁矿中的 Fe^{2+} 也参与计算（从样品中溶解 Fe^{2+} 的溶剂，并不能溶解黄铁矿），据此计算的灰色砂岩及矿石中 Fe^{3+}/Fe^{2+} 值小于 0.1，具较强的还原性；灰绿色砂岩中 Fe^{3+} 含量较 Fe^{2+} 低，且 Fe^{3+}/Fe^{2+} 值分别为 0.55、0.50，也表现为还原性的特点；钙质砂岩中 Fe^{3+} 含量与 Fe^{2+} 接近，Fe^{3+}/Fe^{2+} 值为 1.07；铀矿石中变价铁含量与灰色砂岩相近，Fe^{3+}/Fe^{2+} 值最高，为 1.43。通过扫描电子显微镜观察，发现灰绿色砂岩与灰色砂岩的最大区别在于灰绿色砂岩碎屑颗粒表面均覆盖有一层极薄的针叶状绿泥石，这可能是岩石呈绿色的主要原因。此外，灰绿色砂岩中也含一些片状绿泥石、蒙皂石和高岭石。

表 4－1　皂火壕铀矿床中不同砂岩的铁含量统计表

岩石特征	灰色砂岩	灰绿色砂岩	绿色砂岩	矿石	钙质砂岩
Fe^{3+} 含量（%）	1.15	0.75	0.75	1.24	0.97
Fe^{2+} 含量（%）	0.90	1.36	1.50	0.87	0.91
Fe^{3+}/Fe^{2+}	1.28	0.55	0.50	1.43	1.07

根据铀矿石中油气包裹体中的饱和烃气相色谱分析（表 4－2），油气包裹体和砂岩孔隙中的 Pr/nC_{17} 与 Ph/nC_{18} 均处于低值，Pr/nC_{17} 为 0.29～0.79，Ph/nC_{18} 为 0.22～0.69，呈现出较高成熟的特点。轻烃含量指数 C_{21}^{-}/C_{22}^{+}、$(C_{21}+C_{22})/(C_{28}+C_{29})$ 值达 1.30～12.18，亦显示了铀矿床赋存层位的油气以轻烃为主的较高成熟成分组成为特征。从碳优势指数（CPI）、奇偶优势指数（OEP）仅为 1.13～1.29、0.92～1.08 来看，也反映同样的成熟度特征。但 Pr/Ph 为 0.91～2.62，这一事实反映出油气有一部分为煤成烃混合成因，这与该地区下伏有延安组煤层的地质情况是相当吻合的。

表 4－2　铀矿床油气包裹体饱和烃气相色谱特征表

岩性	主峰碳	C_{21}^{-}/C_{22}^{+}	Pr/Ph	Pr/nC_{17}	Ph/nC_{18}	CPI	OEP
浅灰色中砂岩	C_{18}	1.77	1.25	0.29	0.22	1.29	0.96
灰色中砂岩	C_{18}	9.08	1.15	0.79	0.58	/	0.92
灰色中细砂岩	C_{19}	1.66	0.91	0.59	0.57	1.26	1.08
灰色中细砂岩	C_{18}	1.93	1.11	0.70	0.63	1.2	1.05
浅灰色中粗砂岩	C_{17}	12.18	1.04	0.69	0.69	1.13	0.99
浅灰色中砂岩	C_{17}	1.8	2.62	0.76	0.31	1.18	1.04

铀矿化与不同的岩石地球化学类型具有明显的空间位置关系，明显受岩石地球化学环境的控制。矿体产于灰绿色岩石尖灭部位相邻发育的灰色岩石中，在平面上沿灰绿色岩石尖灭线呈带状展布；在剖面上主矿体位于灰绿色岩石下部的灰色岩石中，部分矿体位于灰绿色岩石前缘的灰色岩石中，少数呈透镜状矿体位于灰绿色岩石上部的灰色岩石中。

因此，由于后生还原对古层间氧化岩石的改造作用，灰绿色砂岩可作为含油、煤盆地砂岩型铀矿勘查新的岩石地球化学标志，对中新生代沉积盆地的铀矿勘查工作具有十分重要的指导意义。

四、聚煤作用与铀成矿

在大营铀矿被发现之前，鄂尔多斯盆地铀矿勘查的重点层位是直罗组下段的下亚段。大营铀矿的发现使铀矿勘查的层位得以拓展，即在直罗组下段的上亚段发生了重要的铀矿化，并成为主力含矿层。研究发现，该区上亚段微弱的聚煤作用可能是新的主力含矿层铀富集的主要致矿因素(焦养泉等，2012，2015，2018)。实际上，系统总结鄂尔多斯盆地北部铀矿化的富集规律(无论是下亚段还是上亚段)，无一例外均与直罗组沉积早期的微弱聚煤事件有关，铀成矿作用总是与上覆的薄煤层或者煤线相伴而生(图4-1a)。在该区，与铀储层砂体相邻的薄煤层或碳质泥岩，是制约铀矿化的重要外部还原介质。微弱聚煤事件成为该区找矿的重要标志，较为活跃的铀矿化总体位于煤层或者暗色泥岩边界的迎水面一侧，即层间氧化方向一侧(图4-1b,c)。

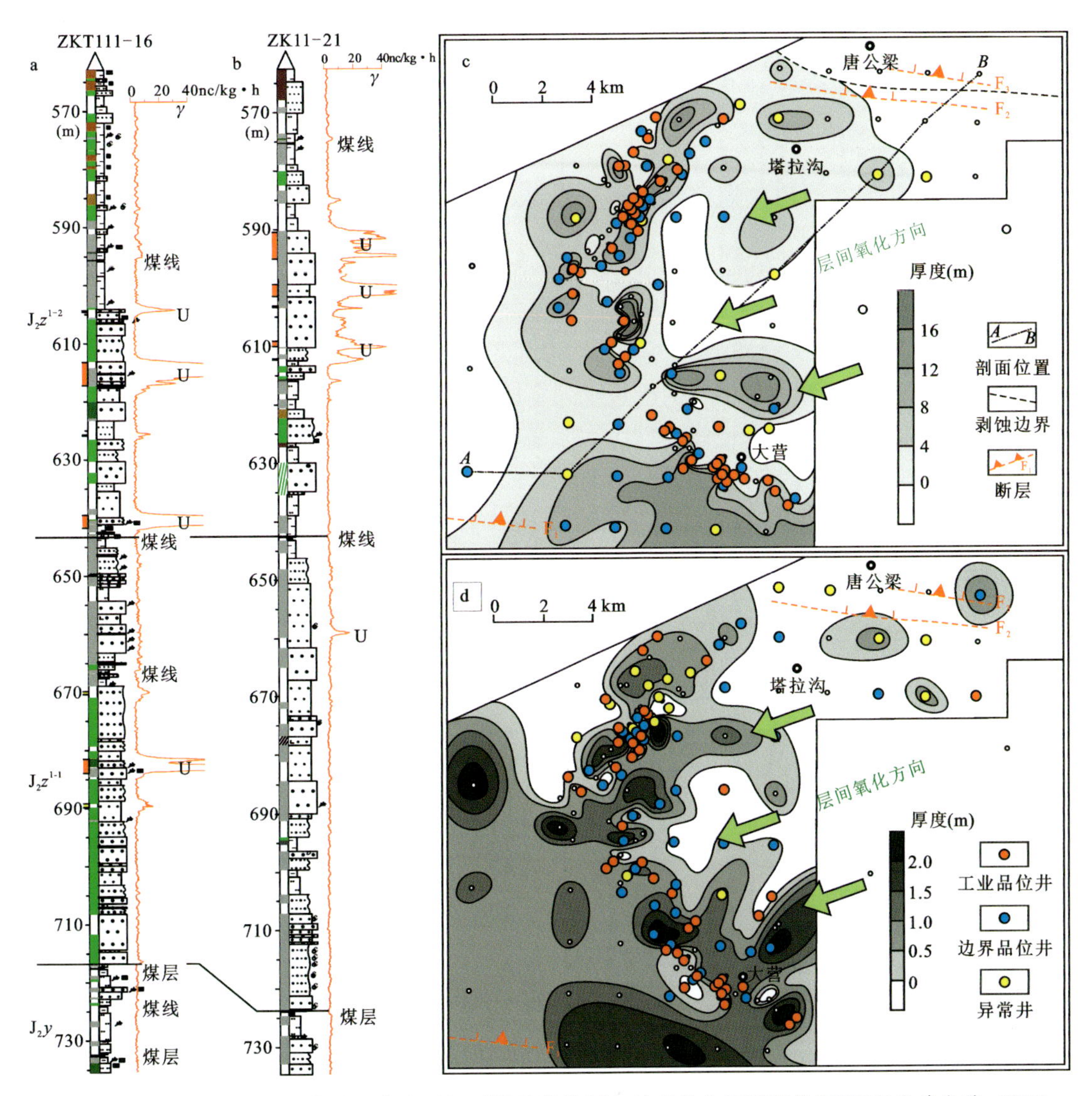

图4-1　鄂尔多斯盆地大营铀矿床直罗组下段聚煤作用与铀矿化空间配置关系图(据焦养泉等，2018)

a. ZKT111-16井直罗组下段薄煤层与铀矿化共生关系图；b. ZK11-21井直罗组下段薄煤层与铀矿化共生关系图；c. J_2z^{1-2}暗色泥岩厚度与铀矿化空间配置关系图；d. J_2z^{1-1}煤层厚度与铀矿化空间配置关系图

在大营铀矿勘查区，一种独特的地质事件是微弱的聚煤作用一直持续到了直罗组下段上亚段沉积的末期。分析认为，微弱的聚煤事件不仅可以充当地层对比的重要标志层和铀成矿的隔水层，而且还大大地增强了铀储层内部和外部的还原能力，聚煤作用自始至终参与到了复杂的铀成矿的全过程(焦养泉等，2012，2018)。

1. 同沉积期微弱聚煤作用导致铀储层外部还原介质的形成

在研究区，由较弱泥炭化作用形成的薄煤层和(碳质)暗色泥岩，既可以充当含铀岩系地层对比的重要标志层和铀成矿的隔水层，也可以大大增强含铀岩系的还原能力。尤其是当薄煤线或暗色泥岩同时出现于铀储层砂体的顶、底板时，它们将对层间氧化带的发育起到明显制约作用并进而对铀成矿发育空间产生影响(图 4-1b,c)。

泥炭沼泽本身具有较强的还原能力，这使得有机质得以保存。稳定持续发育的泥炭沼泽可以形成煤层(线)，而劣质的泥炭沼泽可以演化为由分散有机质构成的(碳质)暗色泥岩。泥炭沼泽特有的还原环境能够促使同沉积期的诸如黄铁矿等自生矿物的形成。煤层(线)、暗色泥岩和黄铁矿等能够提高含铀岩系本身的还原能力。由直罗组微弱聚煤作用提供的还原能力，恰恰适合该区大规模稳定区域层间氧化带的发育和持续的铀矿化作用。

2. 同沉积期微弱聚煤作用为铀储层提供了充足的内部还原介质

在同沉积期，泥炭沼泽通常发育于河流体系的泛滥平原、辫状河三角洲体系的分流间湾，或者是沉积体系的废弃期。泥炭沼泽发育过程中难免会受到洪泛事件或者河道冲刷作用的影响，即便是微弱的聚煤事件，它们也能为铀储层砂体本身提供丰富的内部还原介质——碳质碎屑和暗色泥砾等。

河道高能沉积事件对早期泥炭沼泽的改造纪录不胜枚举。在鄂尔多斯盆地西部，贺兰山汝箕沟延安组工业煤层中记录有砂质河道透镜体(图 4-2)。更直接的是在鄂尔多斯盆地东北部，直罗组铀储层砂体的下切冲刷作用可以直接切穿延安组顶部的 1～2 号工业煤层组，下切幅度可达 10～20m，可以造成长大于 60km、宽 36～37km 的无煤区(图 4-3)。

冲刷作用的结果为铀储层砂体带来丰富的富有机质沉积物——碳质碎屑、(暗色)泥砾等。所以，在铀储层砂体内部见到的碳质碎屑有些具有磨圆性质，大部分具有定向排列，个别碳质碎屑粒径可达 80～140cm。

图 4-2 贺兰山延安组煤层中的砂质水道充填

a. 泥炭沼泽发育末期的河道冲刷现象；b. 泥炭沼泽发育过程中小型河道冲刷现象

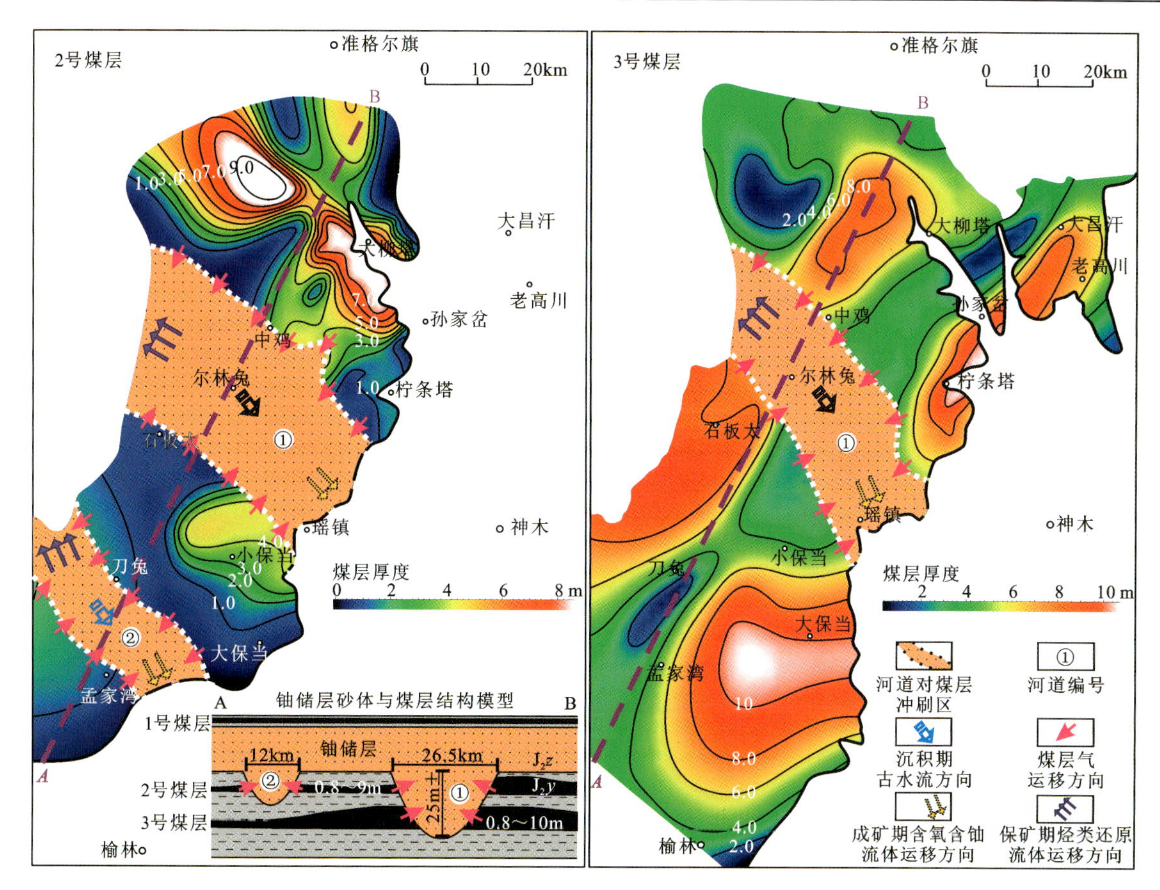

图 4-3　鄂尔多斯盆地东北部直罗组铀储层砂体对下伏延安组工业煤层的区域冲刷及其两者空间配置关系模型图
（注意：在河道型铀储层砂体与工业煤层接触处是煤层气运移的主要通道）

3. 成岩期(泥炭)煤化作用为铀储层砂体输入足量的含烃流体

当泥炭沼泽堆积及潜在铀储层砂体沉积下来之后，与有机质相关的复杂生物化学作用和成岩作用即将登场，煤地质学家将这一过程称为泥炭化作用和煤化作用。

泥炭化作用最显著的变化是压实失水，同时随水散失相当数量的低熟天然气(类似于沼气)。这一过程散失的含烃流体体积是惊人的，通常为泥炭沼泽体积的 90%甚至更多。

煤化作用阶段即煤的变质作用阶段，热演化的煤层气将大量产生。国内外的大量实例告诉我们，即便是处于褐煤阶段的煤层仍然可以形成大型煤层气藏。也就是说，鄂尔多斯盆地东北部处于褐煤阶段的延安组和直罗组煤层可以形成足量的煤层气。

泥炭化作用和煤化作用阶段形成的含烃流体(煤层气)将会以外部还原介质身份，通过各种渠道进入多孔介质的铀储层砂体中，从而可以大大增强铀储层砂体的还原能力。

研究发现，外部还原介质的输入需要合适的输导通道，同时随着输入的持续发展，铀储层砂岩的物理化学条件将会发生改变，一些新的成岩作用也会随之发生：①短距离输导——铀储层砂体顶、底板的煤线或碳质泥岩，通过接触面或者冲刷界面，可以直接向铀储层砂体输送含烃流体；②远距离输导——煤系地层通过断层远距离地向铀储层砂体输送含烃流体；③随着外部还原介质的输入，新的成岩作用——黄铁矿(FeS_2)胶结作用也开始发生，黄铁矿的形成无疑进一步地增强了铀储层砂体的还原能力。钻孔和野外露头的研究发现，铀储层砂体中黄铁矿结核的直径和发育密度均表现出与下伏煤层的距离呈反相关(图 4-4)，黄铁矿成为煤层含烃流体向铀储层砂体输导运移的成岩痕迹和标志。

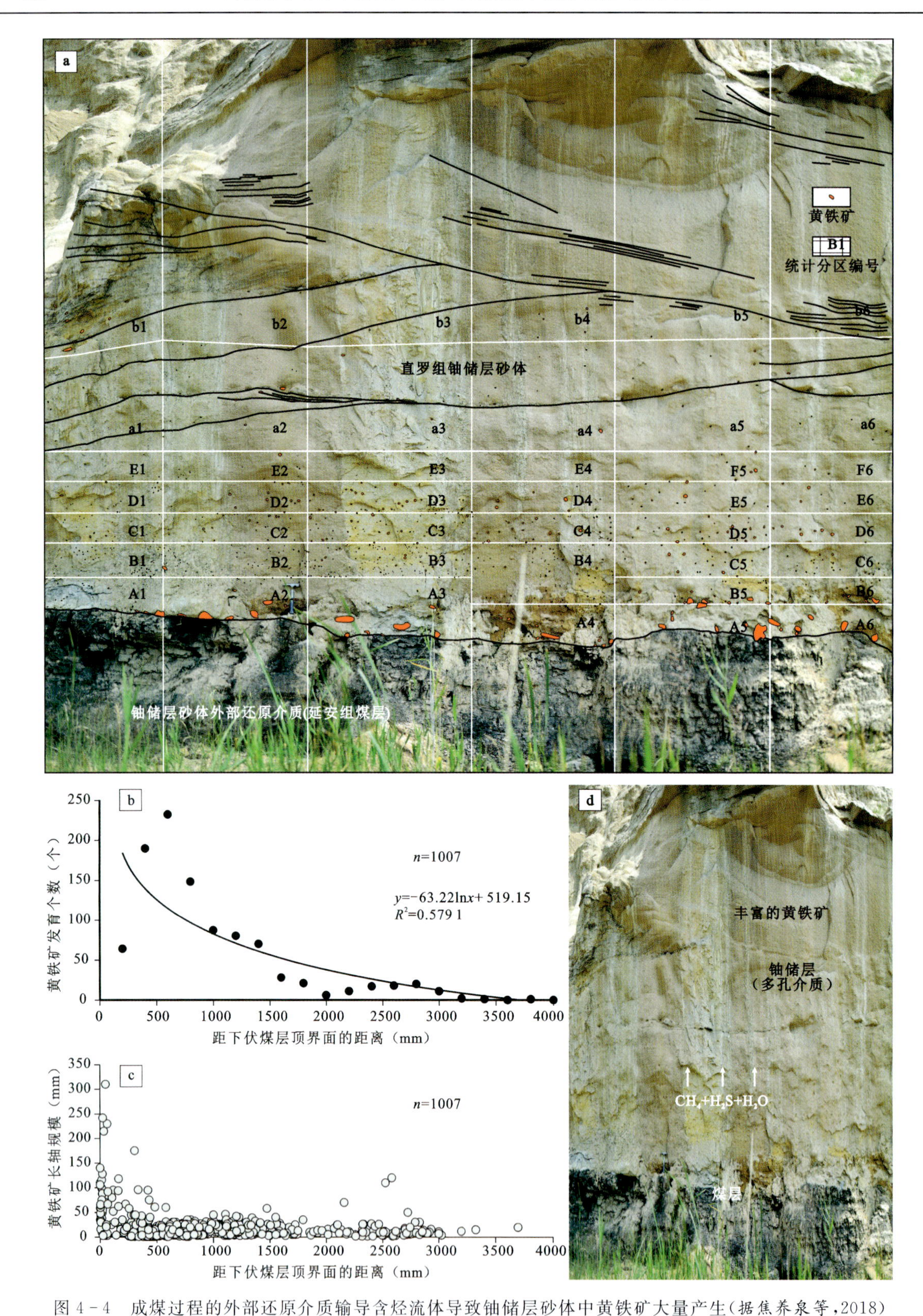

图 4-4　成煤过程的外部还原介质输导含烃流体导致铀储层砂体中黄铁矿大量产生(据焦养泉等,2018)

a. 延安组煤层还原介质向上运移进入直罗组铀储层砂体中导致大规模的黄铁矿胶结作用,剖面上黄色为黄铁矿结核写实,东胜神山沟露头剖面;b、c. 分别为东胜神山沟露头剖面单位区间黄铁矿发育个数(密度)和黄铁矿长轴规模统计图(注意:统计显示黄铁矿的密度和粒度均向上降低和减小,反映胶结事件与下伏煤层关系密切);d. 延安组煤层及其上覆直罗组铀储层砂体中发育的黄铁矿(显示黄铁矿胶结作用与下伏煤层关系密切),ZKD96-55,635.8m,大营铀矿

五、东胜铀矿田成矿模式

根据矿床形成的构造背景、古层间渗入水动力条件、后生还原改造作用及新构造运动特点等，将东胜铀矿田矿床的形成分为预富集、古层间氧化作用和后生还原作用3个阶段（图4-5）。

1. 预富集阶段

直罗组辫状河含铀灰色砂体是铀成矿的物质基础，为后期层间氧化成矿作用创造了铀源基础。直罗组早期是在温暖潮湿气候条件下接受沉积，富含大量的腐殖质、碳质和黄铁矿等还原介质可吸附铀，使地层本身在沉积过程中富集了大量的铀。通过研究直罗组辫状河砂体的U-Pb同位素演化特征，计算样品中原始铀含量（U_0）和铀的得失（ΔU）情况，测得铀含量为$2.40\times10^{-6}\sim9.61\times10^{-6}$，平均为$4.35\times10^{-6}$；原始铀含量$U_0$为$6.94\times10^{-6}\sim101.01\times10^{-6}$，平均为$21.95\times10^{-6}$。以上说明直罗组砂体在沉积时铀具有一定程度的预富集，为铀成矿提供了一定的铀源（图4-5a）。U-Pb同位素测定年龄为177±16Ma（夏毓亮等，2003）。

2. 古层间氧化作用阶段

古层间氧化作用阶段是铀的沉淀富集阶段，是形成东胜铀矿田的主要成矿阶段。晚侏罗世—早白垩世早期盆地抬升和掀斜运动，使盆地北部蚀源区及直罗组长期暴露地表并遭受长期的风化剥蚀，古气候由潮湿已转变为干旱—半干旱，含氧含铀水沿地层中砂体向下渗透，形成顺沿河道砂体由北西向南东运移的含氧含铀层间水，长期保持与辫状河砂体展布方向一致的地下水补、径、排系统，层间水在砂岩层运移过程中将其预富集的铀不断淋出，铀随着含氧水不断向前运移和富集。U-Pb同位素测定年龄为149±16Ma、120±11Ma、85±2Ma和76±4Ma（夏毓亮等，2003）。

矿床南侧东西向断裂构造在铀成矿作用过程中起着关键性作用：其一是为层间含氧含铀水的排泄提供了通道；其二是为烃类流体泄漏提供了上升的通道，形成足以使铀沉淀的高反差还原地球化学障，必然阻止了层间氧化作用的进一步向前发展，决定了矿床定位于该断裂构造相迎氧化作用发育的一侧。层间氧化作用的不断进行、烃类流体的不断活动和铀沉淀的日积月累，逐步形成铀的富集成矿，形成古层间氧化带砂岩型铀矿床（图4-5b）。

3. 后生还原作用阶段

在成矿作用后直到现在，由于构造活动和抬升减压等作用伴随多期次的烃类流体活动。烃类流体沿断裂构造上升扩散到粒度较粗、松散的辫状河砂体中，同时受到顶部泥岩的屏蔽作用，使得烃类流体聚集于砂体上部，并在砂岩层中横向运移和扩散，造成对红色和黄色古层间氧化带的二次还原作用，形成灰绿色砂岩（图4-5c）。

可以看出，由于烃类流体参与了东胜铀矿田的成矿作用和成矿后的二次还原作用，这与传统的由次造山作用控制、表生渗入流体形成的砂岩型铀矿床的岩石地球化学环境、矿体形态、铀存在形式等有着本质的不同。

六、铀储层-古层间氧化带-铀成矿空间定位预测技术

在沉积盆地中，能够提供含铀成矿流体运移和铀矿储存的空间（砂岩），将其称为砂岩型铀矿的储层（简称铀储层），铀储层的研究是铀矿勘查过程中首先要面对的核心工作（焦养泉等，2006）。《铀储层沉

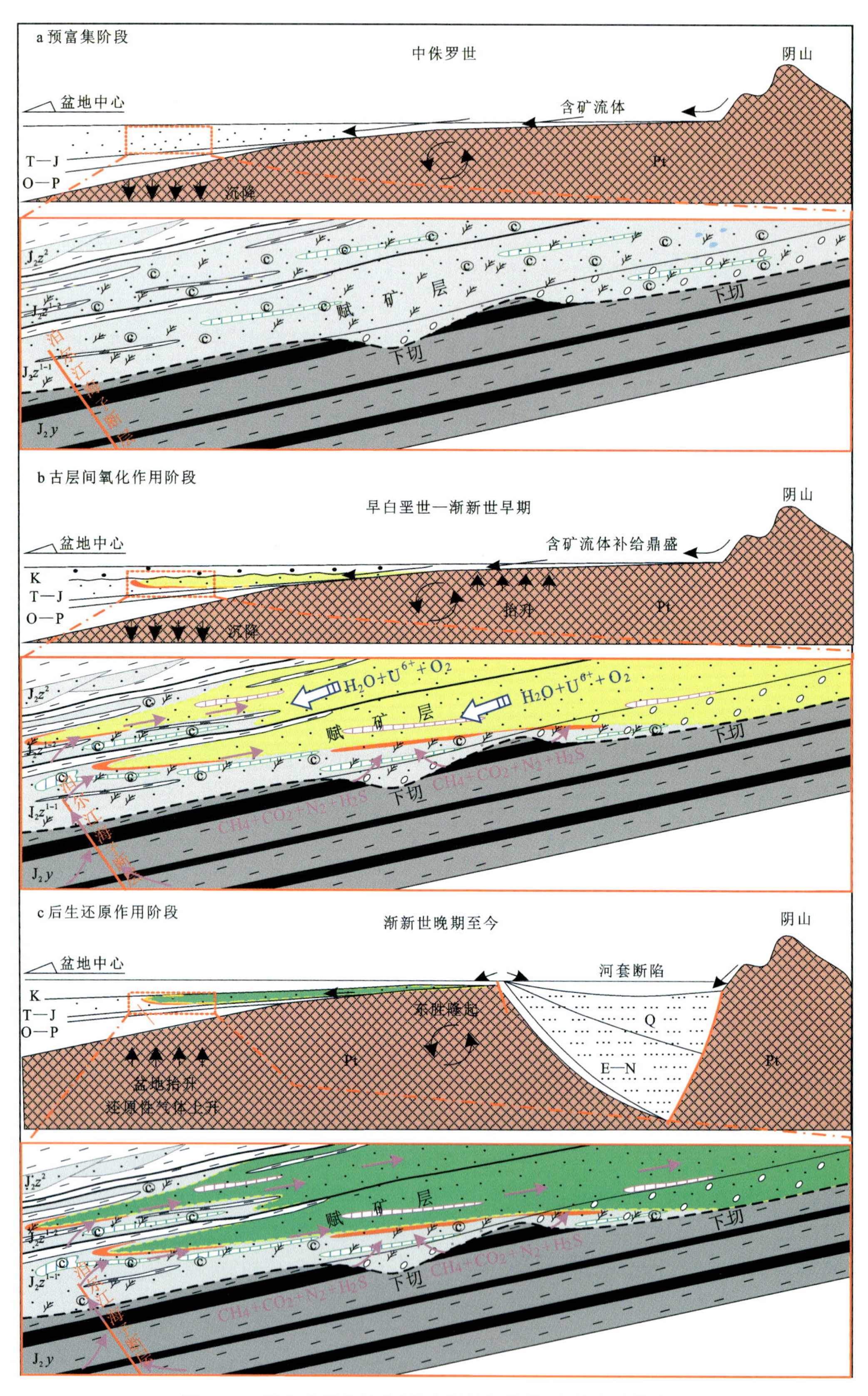

图 4－5　鄂尔多斯盆地北部“古层间氧化带型”铀成矿模式图

（据焦养泉等，2006，2015 修改）

积学》系统论述了沉积体系分析方法在东胜铀矿田铀矿勘查过程中的应用原理，通过实践首先探索了一套铀储层空间定位预测的关键技术，随后将研究重点转移到了对铀储层内部地球化学行为的精细刻画和研究中，指出在层间氧化带前锋线附近铀矿化作用最为活跃。在铀储层内部，通过建立岩石地球化学行为的标志，定量地评价了层间氧化带空间发育与分布规律，总结层间氧化带与铀成矿的关系，从而将单一的铀储层关键预测技术逐渐完善形成了一套铀储层-古层间氧化带-铀成矿空间定位预测的方法体系。

1. 精细刻画了直罗组铀储层的空间形态与分布规律

通过多年的勘查追踪和系统的砂分散体系编图发现，鄂尔多斯盆地北部直罗组下段的铀储层总体上隶属于阴山物源-沉积朵体，该朵体的轴向自呼斯梁延伸至红碱淖一带。在该朵体的上游轴线附近，砾岩厚度近100m，砂体累积厚度接近200m，向朵体下游和两侧砂体厚度逐渐变薄至几十米。这显示了源于阴山物源的大型朵体，其总体为由北西向南东的古水流流向。目前的残留面积为16 070km^2(图4-6)。

在研究区，可以将直罗组下段再划分为下亚段和上亚段，两个亚段铀储层砂分散体系具有明显的继承性，都是重要的产铀层位。相比较而言，下亚段铀储层含砂率高、厚度大、连续性好，而上亚段铀储层含砂率低、厚度薄、连续性差。以大营铀矿床为代表，充分展示了直罗组下段的上、下两套铀储层砂体具有明显区别，这表明两者具有不同的沉积成因。通过区域沉积标志研究，将下亚段解释为辫状河-辫状河三角洲沉积体系，将上亚段解释为一种特殊的、近源的大型曲流河-(曲流河)三角洲沉积体系。

2. 铀储层内部古层间氧化带的空间定位预测

充分运用铀储层中具有古氧化性质和还原性质的砂岩信息(特征的岩石地球化学标志)，定量地给予古层间氧化带以科学的空间定位，并据此划分出古完全氧化带、氧化-还原过渡带和还原带。

在研究区，铀矿化规模巨大，也表现出了随沉积体变化，矿化特征呈现出一些差异。但是，在铀储层砂体内部蚀变现象却具有高度的一致性。古老残留的层间氧化带均表现为钙质胶结的红色砂岩，经过成矿后的大规模二次还原改造，古层间氧化带转化为绿色砂岩和灰绿色砂岩(图4-7)。这充分说明，源于阴山的大型物源-沉积朵体控制了鄂尔多斯盆地北部直罗组下段的大规模铀成矿，它们的成因具有一致性，构成了一个超级铀成矿系统。因此，将盆地北部蕴藏于阴山物源-沉积朵体中的众多铀矿床和铀矿产地命名为“东胜铀矿田”是科学的。

在铀储层内部，对古氧化砂体和还原砂体的系统编图发现，两个铀储层中的灰色砂岩含量(具有还原性质)与绿色和红色砂岩含量(具有古氧化性质)呈现出此消彼长的关系。因此，可以根据具有不同岩石地球化学性质的砂岩厚度和所占百分含量，分别定量地标定铀储层中古层间氧化带的分带边界。

在研究区，上、下亚段两个区域古层间氧化带具有明显的继承性和分带性，古完全氧化带位于阴山物源朵体中上游，而还原带位于大型朵体的下游和朵体两侧，总体上表现为自北西向南东的氧化过程。比较而言，上亚段古层间氧化带规模较下亚段大，具有明显的自下而上由盆缘向腹地迁移的演化规律(图4-8)。

3. 古氧化-还原过渡带是铀矿化最活跃的空间

鄂尔多斯盆地北部直罗组下段的砂岩型铀矿化是以源于阴山的大型物源-沉积朵体为单位的超大型铀成矿系统，这是一个相对独立但内部又有所区别的大型铀矿田。截至目前，在该大型朵体中已先后发现了皂火壕铀矿床、纳岭沟铀矿床、罕台庙铀矿床和大营铀矿床以及5个铀矿产地。铀资源量累积达到了超大型，成为世界级的砂岩型铀矿田。

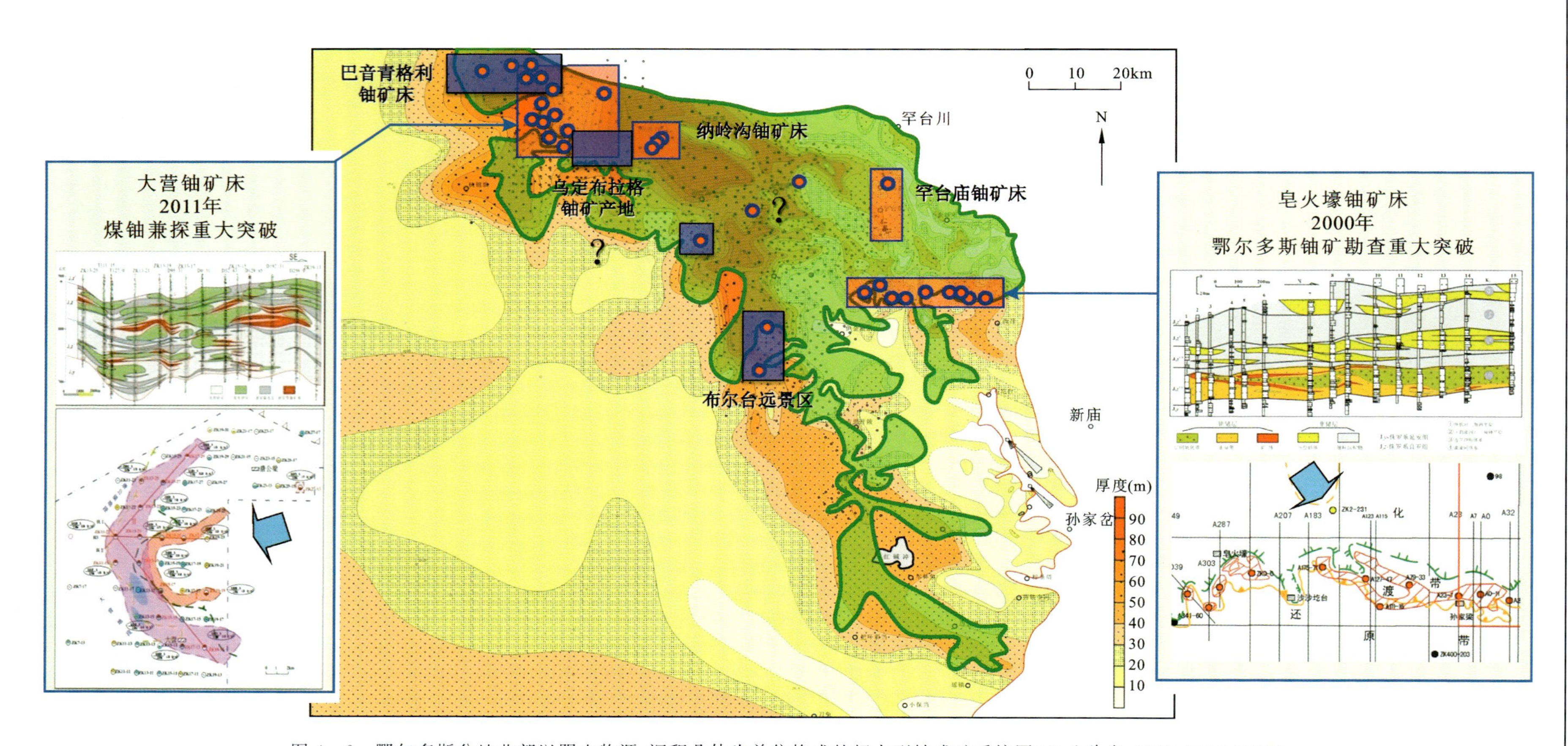

图 4-6　鄂尔多斯盆地北部以阴山物源-沉积朵体为单位构成的超大型铀成矿系统图(据焦养泉,2007,2012,2015)

(铀储层厚度、区域古层间氧化带与铀矿化分布区叠合图;皂火壕铀矿床显示了含矿流体具有从西北向东南的运移特征,大营铀矿床含矿流体具有由东北向西南运移的特征)

图 4－7　东胜铀矿田铀储层砂体中古层间氧化带的岩石地球化学类型

a. 未氧化的灰色还原带砂岩，ZKT191－0，614m；b. 暗红色的古层间氧化带残留砂岩，ZKD192－31，533.0m；c. 经二次还原后变为绿色的古层间氧化带砂岩，ZKD192－31，549.5m

研究发现，古层间氧化带边缘，特别是区域前锋线附近的过渡带是铀矿化最活跃的空间。以大营铀矿床为例，铀矿化体总是随着古层间氧化带的迁移而富集，亦步亦趋，具有极好的空间配置关系（图 4－8）。因此，在鄂尔多斯盆地北部阴山大型物源-沉积朵体中，古层间氧化带边缘特别是区域前锋线位置，是找矿的重要空间。受成矿期后大规模二次还原作用的改造，铀储层中绿色砂岩与灰色砂岩的岩石地球化学变化边界是区域找矿的重要标志。

由此可见，在钻井前准确预测铀储层砂体，并在铀储层砂体中开展岩石地球化学行为研究以准确预测古层间氧化带，是进行铀矿化体预测的基础。因此，可以说铀储层-古层间氧化带-铀成矿空间定位预测技术是沉积学应用于砂岩型铀矿勘查的最佳切入点。

七、磁窑堡铀矿床成矿模式

根据鄂尔多斯盆地西缘构造特征和磁窑堡铀矿控制因素，建立了“逆冲断裂带砂岩型”铀成矿模式，分为地层铀预富集及褶皱与剥蚀阶段、层间渗入氧化作用阶段和后期改造作用阶段（图 4－9）。

1. 地层铀预富集及褶皱与剥蚀阶段

中侏罗世，鄂尔多斯盆地西缘由于剥蚀搬运作用将蚀源区银川古隆起的酸性岩浆岩等物质搬运至磁窑堡地区接受沉积，形成直罗组下段富铀砂岩，与盆地北部东胜铀矿田直罗组下段具有类似的沉积特征和富铀性。

晚侏罗世的燕山运动是盆地西缘南北向逆冲构造带的形成时期，包括阿拉善、银川和六盘山地区强烈隆起，向东逆冲并伴随着褶皱构造的产生，后期由于剥蚀搬运作用将地势夷平，使得局部直罗组下段砂体呈“天窗”出露，为含氧含铀水的渗入创造了有利条件。

2. 层间渗入氧化作用阶段

由于晚侏罗世燕山运动的强烈逆冲和褶皱作用，造成长期的沉积间断并对直罗组长期的剥蚀作用，白垩系广泛以不整合覆于直罗组之上，使由蚀源区和大气降水补给的含氧含铀水，沿背斜核部的剥露区下渗形成层间氧化带和铀的富集成矿，南北向的隐伏断裂是局部排泄源。晚侏罗世—晚白垩世是鄂尔多斯盆地西缘的主要铀成矿期，与东胜铀矿田基本一致。

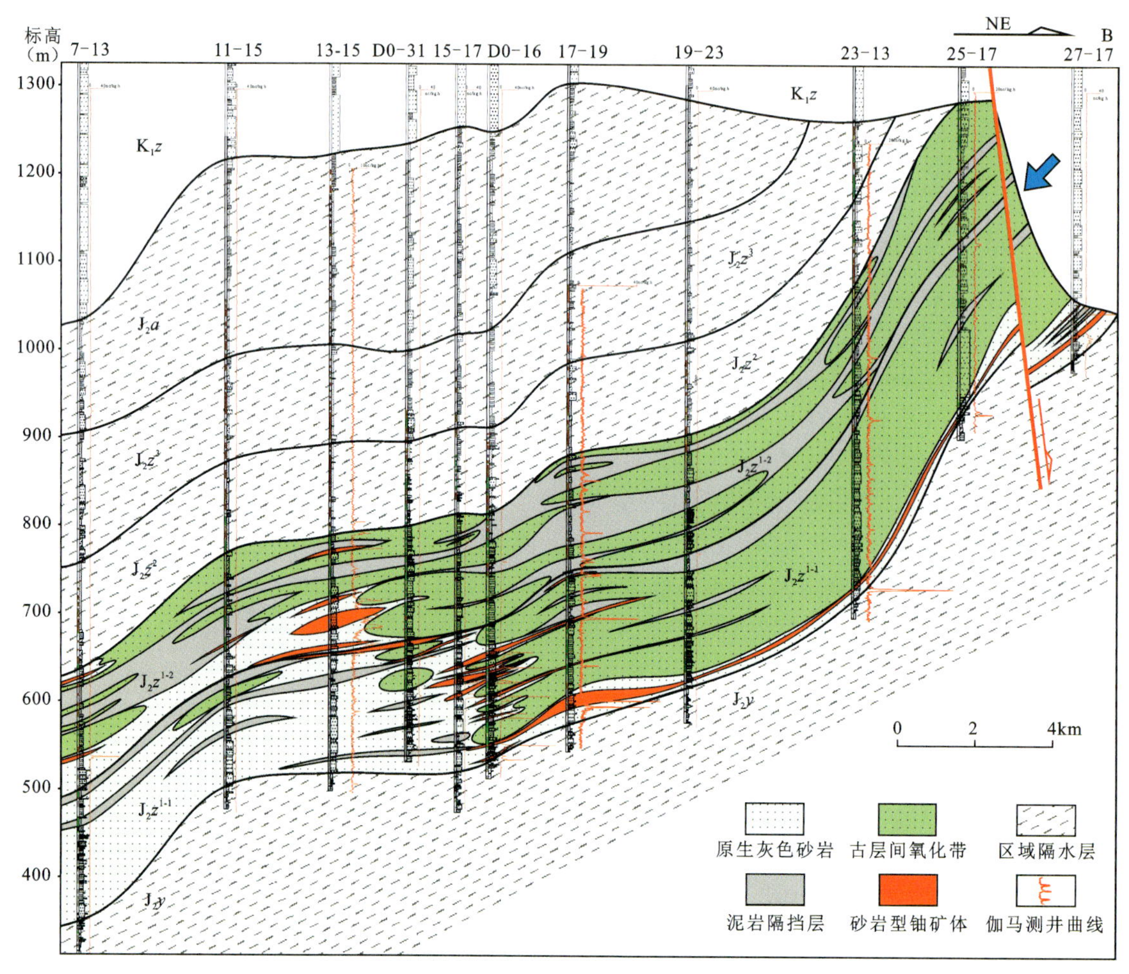

图 4-8　大营铀矿床直罗组下段古层间氧化带与铀矿化分布规律倾向剖面图

3. 后期改造作用阶段

在古新世、始新世和中新世，银川断陷和贺兰山隆起带缓慢的形成过程中，盆地西缘构造格局基本没有改变，剥露的“天窗”继续承担主要补给区的角色，继承了晚侏罗世—晚白垩世层间渗入水动力条件，对前期形成的氧化带和矿化进一步改造，并叠加了新的成矿作用。

在喜马拉雅运动第三幕之前，银川断陷已完全形成，贺兰山断褶带已经隆起，喜马拉雅运动第三幕使六盘山地区发生强烈的构造运动，六盘山逆冲带也于此时基本定型，并造成新近系与第四系的高角度不整合，此后只有大气降水的垂直补给，在干旱气候条件下层间渗入水氧化作用减弱，铀成矿作用基本停止。

磁窑堡铀矿床“逆冲断裂带砂岩型”铀成矿模式的建立，突破了构造强烈的逆冲带、挤压带等构造部位难以形成砂岩铀矿的理论瓶颈，拓宽了砂岩型铀矿床的找矿思路。

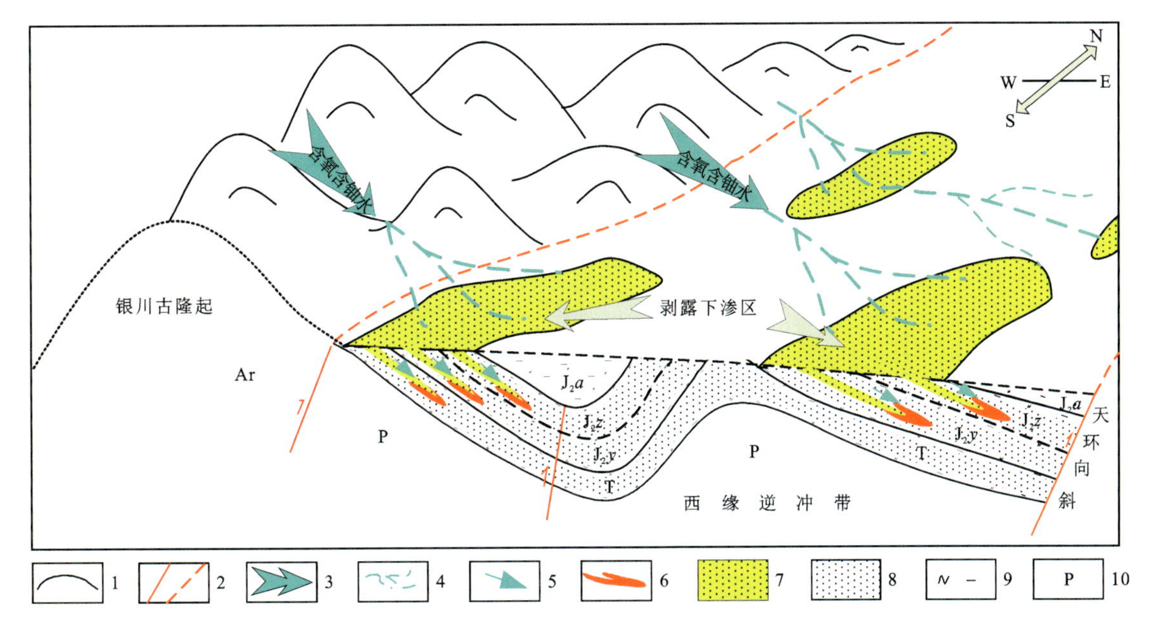

图 4－9　鄂尔多斯盆地西缘磁窑堡铀矿床成矿模式示意图(据郭庆银,2010 修改)

1. 古隆起及地层界线;2. 断裂构造;3. 蚀源区含氧含铀水运移方向;4. 地表水系及大气降水;5. 层间水运移方向;6. 铀矿体;7. 后生氧化砂岩;8. 原生灰色砂岩;9. 泥岩、粉砂岩隔水层;10. 地层代号

第二节　二连盆地

在鄂尔多斯盆地铀矿勘查取得重大进展的同时,联合研究团队将目光投向了二连盆地。勘查研究发现,二连盆地存在两套含铀层系,而且铀成矿机理大相径庭。二连达布苏组的铀矿化普遍赋存于暗色泥岩和粉砂岩中,赛汉塔拉组属于砂岩型铀矿化但明显不同于鄂尔多斯盆地。针对这些巨大变化,需要探索新的模式。在充分认识断拗转换背景和构造反转作用对铀成矿的制约机理基础上,首次建立的“古河谷型”砂岩铀成矿模式对巴彦乌拉铀矿田的找矿突破起到了关键作用。裂后热沉降背景是泥岩型铀矿形成发育的重要条件,首次揭示了湖泊扩展事件与铀成矿具有密切关系,并由此提出建立的“同沉积泥岩型”铀成矿模式对努和廷铀矿田扩大为超大型起到了关键作用。

一、铀成矿的构造背景

根据地面露头、钻井资料及地震资料分析,二连盆地共经历拉张(早中侏罗世)—反转(晚侏罗世)—拉张(阿尔善期)—抬升(阿尔善期末)—拉张(腾格尔期—赛汉塔拉期)—回返、萎缩(赛汉塔拉期末)—热沉降(二连达布苏期)、构造反转(新生代)共 7 个构造事件,其中 3 次反转抬升形成比较广泛的不整合界面(图 4－10)。

二连盆地赛汉塔拉组处于断陷盆地发展演化的断拗转换期,控盆断裂既对赛汉塔拉组有控制作用,但控制能力又远不及腾格尔组,因此重力流和牵引流联合驱动的沉积体系成为赛汉塔拉组沉积的一大特色,泥质含量高、沉积物分选性较差是由其构造背景决定的,所以赛汉塔拉组铀储层砂体的宏观规模

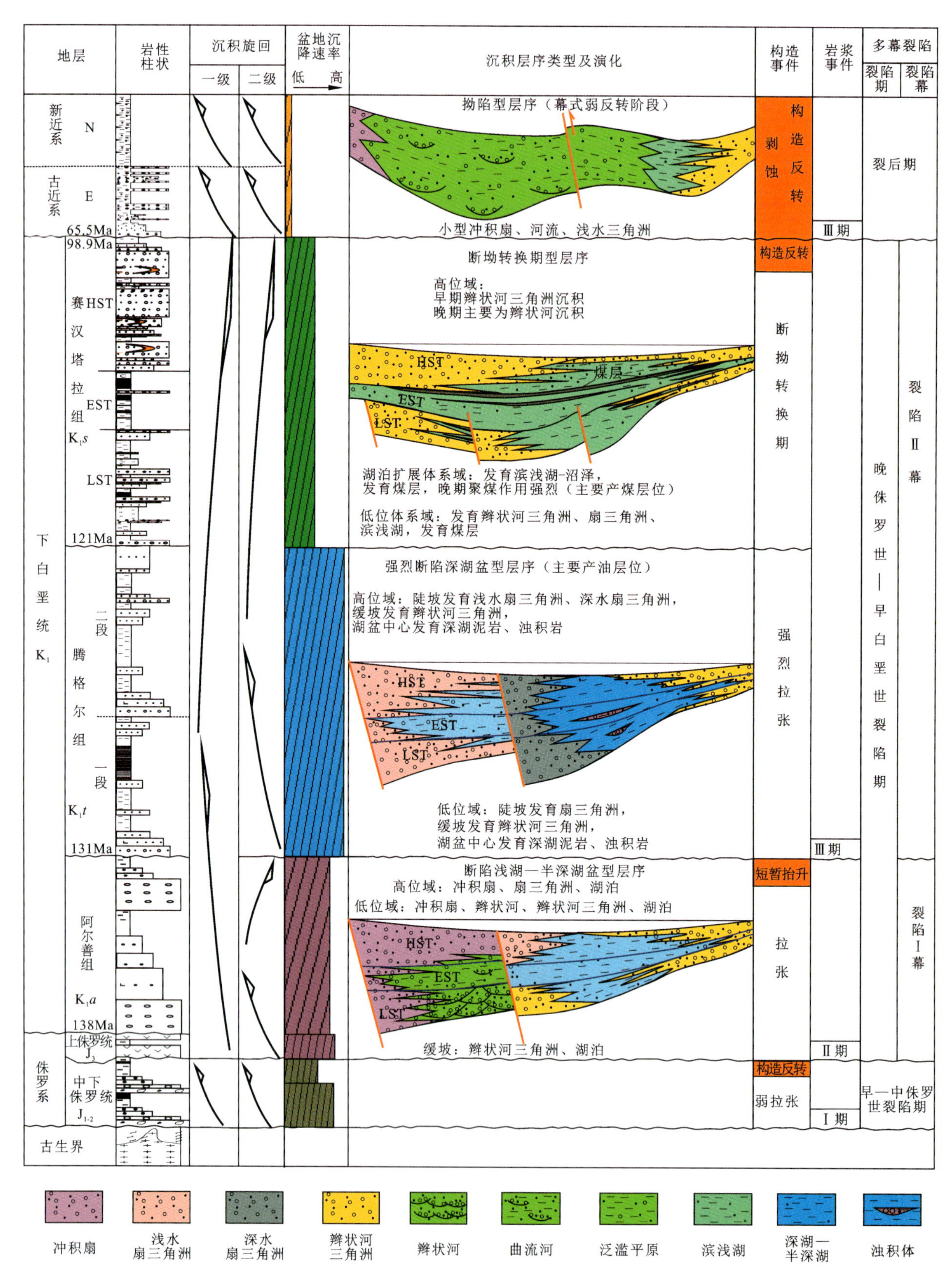

图 4-10　二连盆地古河谷构造约束下的沉积-成矿-改造响应关系图

和物性条件等远远不及拗陷背景下发育的大型辫状河三角洲砂体，砂体规模和物性条件本身不利于大规模层间氧化带的纵向发育。在盆地盖层裂陷Ⅱ幕晚期，由于构造活动的减弱，盆地可容空间减小，处于快速充填阶段，以进积型沉积层序为主，沉积了颗粒较粗的赛汉塔拉组古河谷铀储层砂体（图4－11）。地震剖面显示断裂普遍控制了赛汉塔拉组下段，至赛汉塔拉组上段断层完全消亡，同沉积断裂转化为挠曲坡折，为后期氧化带的发育提供了条件。赛汉塔拉组为典型的断拗转换期沉积产物，表现为三角洲的快速进积，湖泊逐步萎缩，晚期盆地主要发育河流体系，在赛汉塔拉组上段发育砂体，这就是古河谷赛汉塔拉组砂体发育的构造背景。

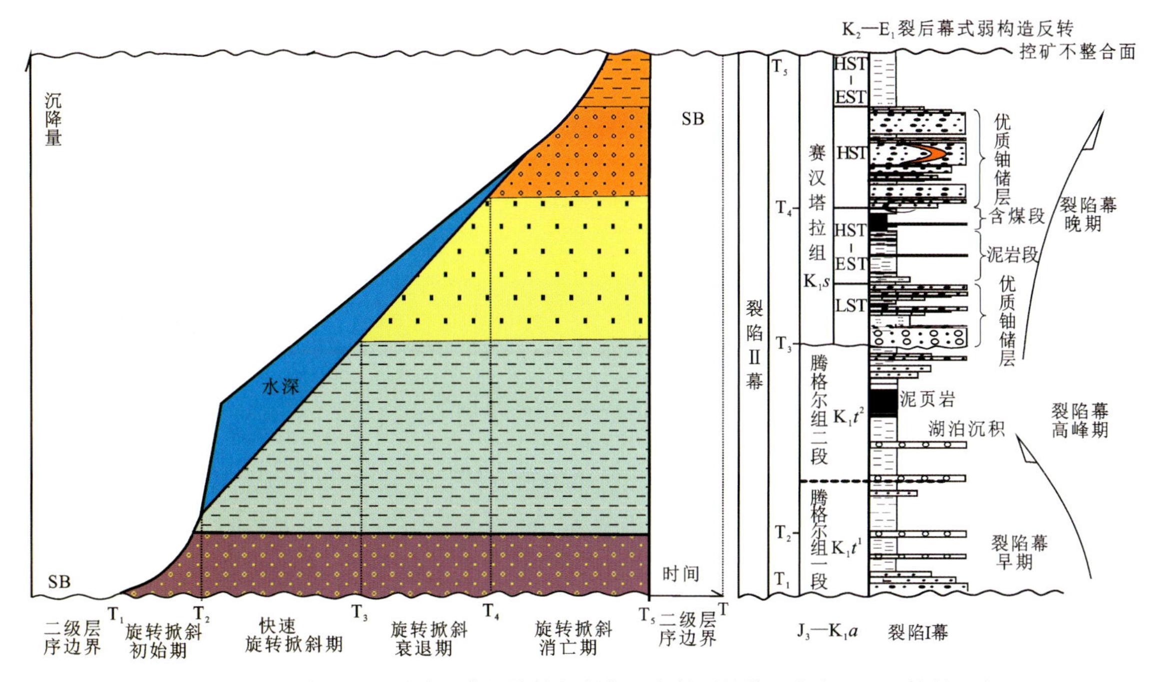

图4－11 二连盆地盖层裂陷Ⅱ幕的旋转掀斜作用事件对铀储层发育过程的控制示意图

二连达布苏组（K_2e）沉积期断裂活动已基本停止，盆地进入裂后热沉降阶段。此时，由于盆地沉降速率缓慢，湖泊较浅，沉积相带较宽，沉积中心多分布在坳陷的西侧（卫三元等，2006；李月湘，2009），以辫状河相、辫状河三角洲相及滨浅湖相为主。晚白垩世裂后热沉降构造背景为二连达布苏组（K_2e）稳定湖泊-三角洲-辫状河沉积体系发育的有利构造条件，裂后热沉降在时间尺度上，为铀源的持续供给、湖泊的稳定发育和持续的铀矿化提供了至关重要的构造背景；大规模的铀汇集与铀矿化始终伴随着湖泊沉积事件的发生而进行。

二、构造反转驱动下的层间渗入作用系统

晚白垩世以来为蒙古-鄂霍茨克带发生的俯冲、碰撞事件造成的南北向挤压，以及印度板块的远程效应导致东北亚地区的古构造应力场重新转化为左旋压，因此，推断这种左旋压-剪应力正是二连盆地乃至整个东北亚地区晚白垩世至古新世发生幕式弱构造反转的基本动力学背景。在这种应力背景下，二连盆地的构造反转较为普遍，在马尼特坳陷和乌兰察布坳陷的赛汉塔拉组古河谷、川井坳陷中都识别出了构造反转，并且造成了二连盆地大部分地区晚白垩世和古新世的沉积缺失。

二连盆地的构造反转表现为主干断裂 F_1 的正反转，赛汉塔拉组沿反转断裂一侧抬升，形成构造斜坡（图 4－12），伴随南部温都尔庙隆起和北部巴音宝力格隆起多次的相对快速隆升与剥蚀夷平，整体构造抬升和构造反转差异抬升，共同带动了盆内地层的适度抬升及掀斜，造成了赛汉塔拉组的快速剥蚀，盆缘或凸起边缘的局部地段赛汉塔拉组上段被剥蚀，使赛汉塔拉组下段的煤层出露，甚至部分地区腾格尔组最终出露地表，剖面上倾向上呈“锅底状”，形成赛汉塔拉组多个“剥蚀天窗”，并发生层间渗入氧化作用、潜水氧化作用（图 4－13）。

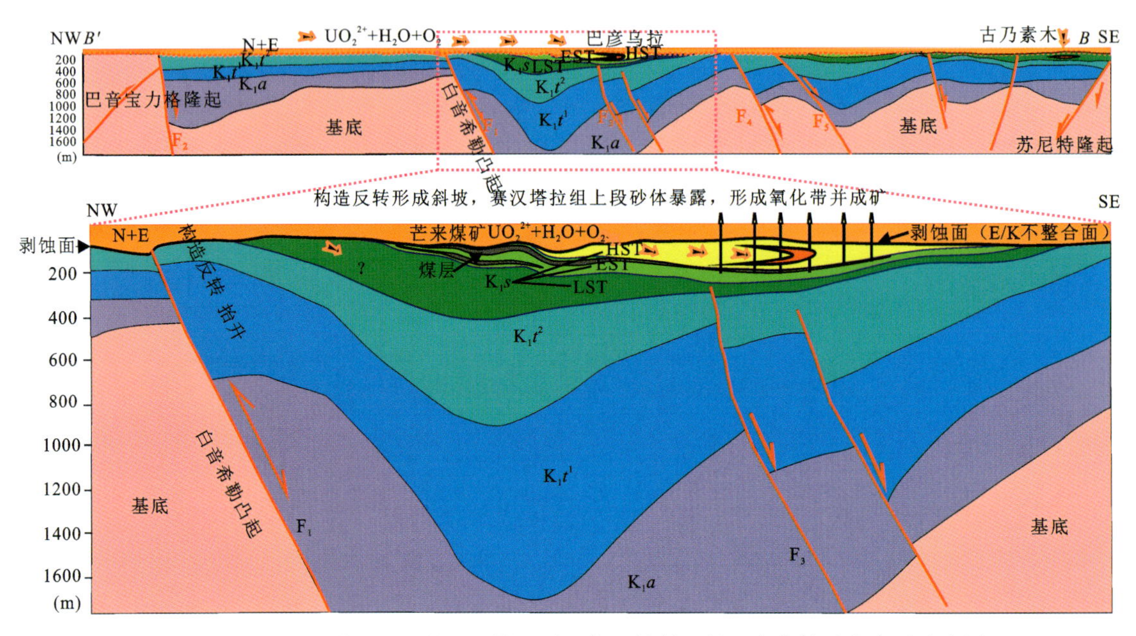

图 4－12　裂陷Ⅱ幕之后的构造反转和剥蚀作用控制下的巴彦乌拉矿床成因示意图

二连盆地构造反转事件对于区域补、径、排含矿流场的形成显得尤为重要，要充分研究构造反转背景下铀储层砂体与反转构造的空间配置关系，依此预测层间氧化带的产出空间，反转构造及抬升是二连盆地古河谷赛汉塔拉组砂体铀成矿的有利构造条件。

三、“古河谷型”铀成矿模式

二连盆地赛汉塔拉组“古河谷型”砂岩铀矿以潜水转层间氧化作用为主，可将铀成矿作用分为原生沉积预富集阶段、潜水-层间氧化作用阶段和保矿作用阶段（图 4－14）。

1. 原生沉积预富集阶段

盆地两侧巴音宝力格隆起和苏尼特隆起发育大量的富铀地质（层）体，铀含量最高可达到 $n\times10^{-3}$，为下白垩统赛汉塔拉组沉积提供了丰富的物源和铀源。赛汉塔拉组沉积期为温暖潮湿气候，灰色砂岩、砂砾岩中可见有大量的炭化植物根茎和碎片及黄铁矿，这为铀的原始富集提供了丰富的还原剂。

2. 潜水-层间氧化作用阶段

晚白垩世至古新世（K_2—E_1），受盆地构造反转和长期隆升构造背景的影响，赛汉塔拉组长期暴露地表，伴随在这一地质时期古气候向干旱、半干旱的转变，必然形成含氧含铀水向盆内运移和沿地表垂

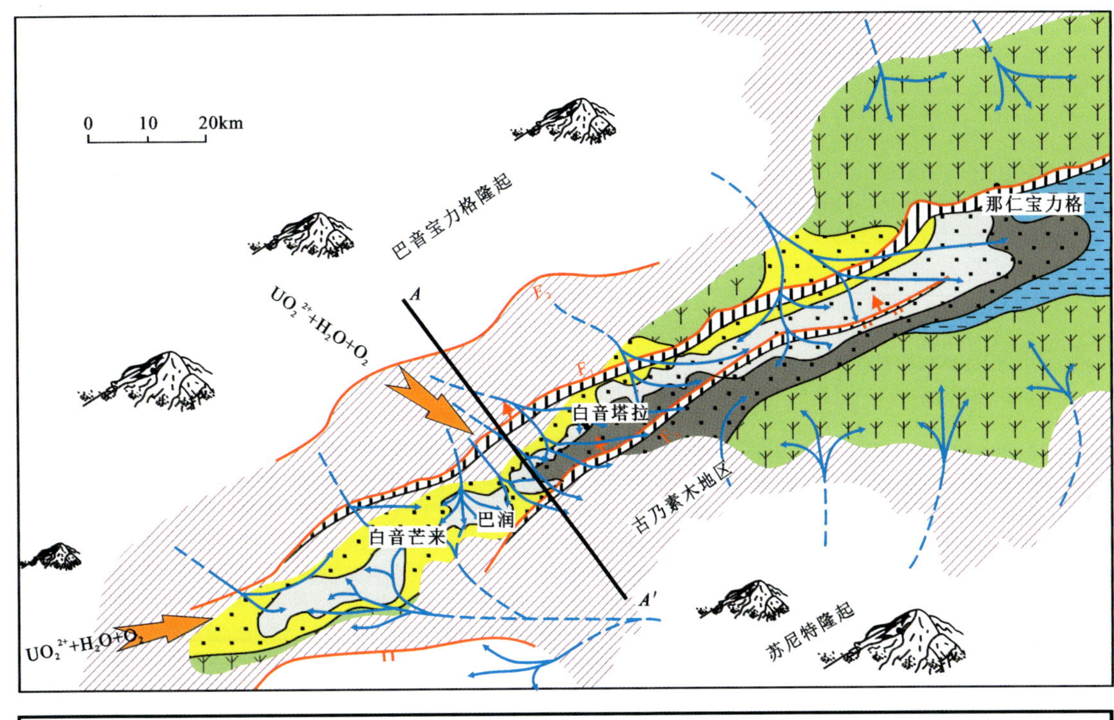

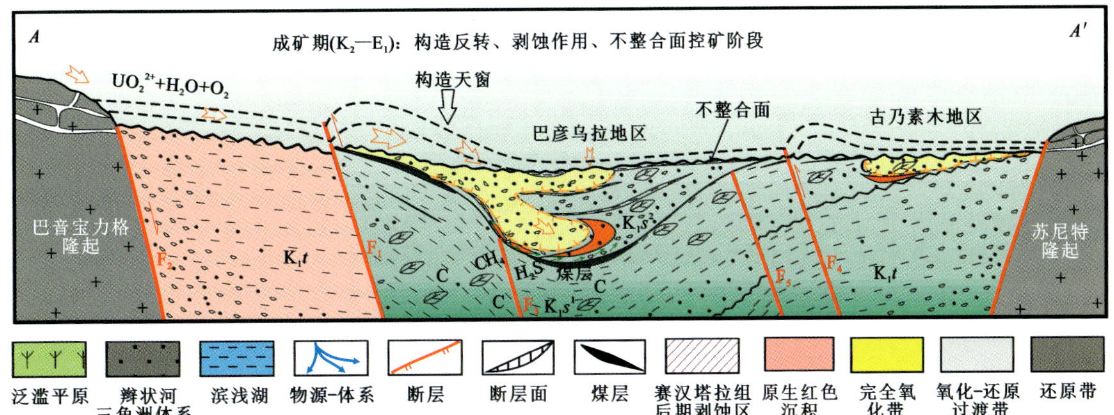

图 4-13　二连盆地巴彦乌拉铀矿床构造反转控制下的层间渗入作用示意图

直渗入，发生潜水氧化作用，形成铀的富集成矿。U-Pb 同位素测定成矿年龄为 63±11Ma（聂逢君，2008）。至始新世（E_2），古地表含氧含铀水沿砂体向盆地中心继续运移，由于赛汉塔拉组含矿砂体上下泥岩的隔挡作用，形成层间氧化作用，同时对早期潜水氧化作用形成的部分矿体造成破坏。在遇到含丰富的有机碳、黄铁矿或油气等还原剂后，则再次叠加富集成矿。U-Pb 同位素测定成矿年龄为 44±5Ma（聂逢君，2008）。

3. 保矿作用阶段

始新世伊尔丁曼哈期及中新世通古尔期，巴彦乌拉矿区发生两次沉降，沉积物以厚层红色泥岩为主，隔断了古河谷砂体与外界的水力联系，氧化作用基本停止，对已经形成的铀矿体起到了保护作用。

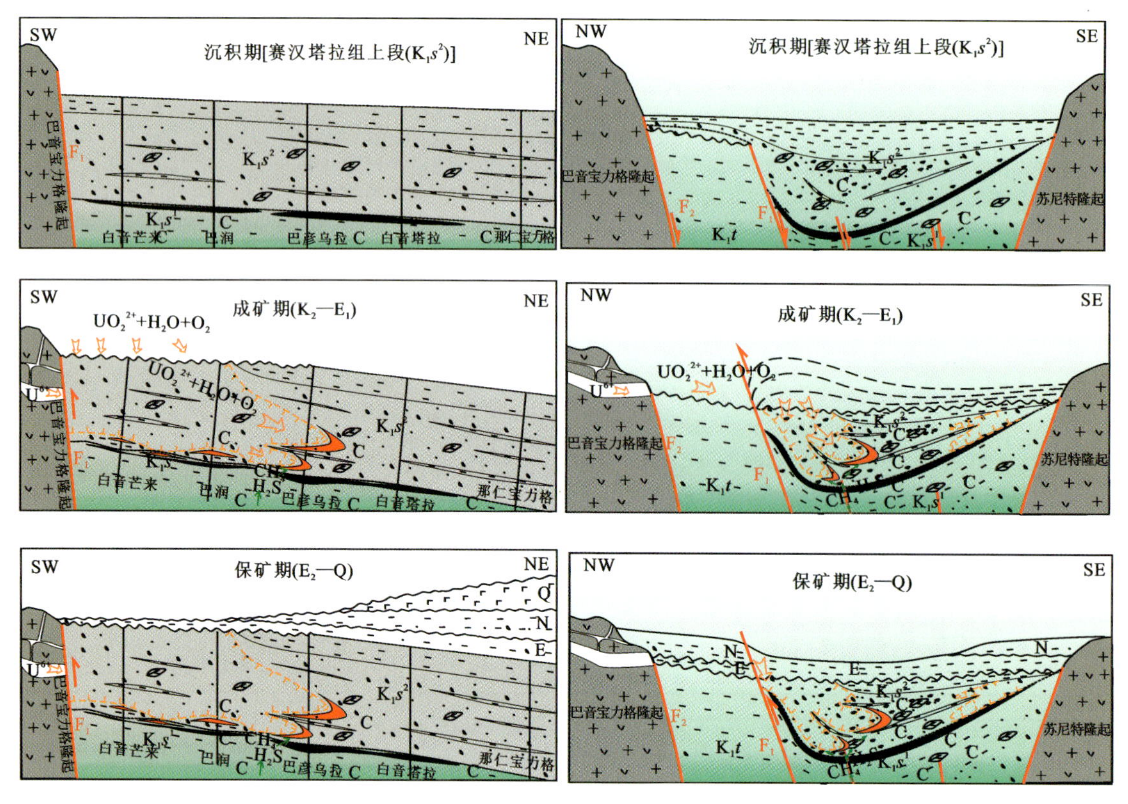

图 4-14　二连盆地赛汉塔拉组“古河谷型”砂岩铀矿成矿模式图

四、湖泊扩展事件对“同沉积泥岩型”铀成矿的控制作用

二连盆地努和廷泥岩型铀矿床具有同沉积富集成矿的特色，明显区别于砂岩型铀矿床，所以，识别出的与同沉积作用相关的找矿标志可作为泥岩型铀矿勘查与远景预测的判识标准。

1.“同沉积泥岩型”铀矿床特色

努和廷铀矿床具有以下明显特征：①铀矿石以泥岩、粉砂岩等细粒沉积物为主，属于泥岩型铀矿床；②同沉积铀成矿年龄为晚白垩世(85Ma)；③含矿层总体为不透水层(局部为零星的透镜体或薄层状的弱含水层)；④矿体为席状，形态简单，厚度稳定，主矿体厚度在 0.52～7.67m 之间，变异系数 56.55%，是严格意义上的地层对比标志层，表明成矿环境开阔稳定；⑤矿体品位总体变化不大，主矿体品位 0.050 1%～0.314 3%，均值 0.085 2%，变异系数 43.43%，同样表明成矿环境稳定，成矿介质均一；⑥铀矿体与湖泊泥岩关系密切，显示了晚白垩世的湖泊是关键的铀成矿环境；⑦铀矿体所经历的埋藏历史简单，埋藏较浅，主要分布在 8.28～100.85m 之间(不超过 800m)，并未受到高古地温场的影响；⑧除了受到喜马拉雅期构造掀斜作用的剥蚀改造外，其他构造破坏作用极其微弱。

上述特征说明，努和廷铀矿床为“同沉积泥岩型”铀矿床，成矿环境开阔稳定而且成矿介质均一，沉积体系分析认为湖泊是关键成矿环境，矿床形成之后未经历明显的热改造和构造破坏。

2. 湖泊扩展事件作用下的“同沉积泥岩型”铀成矿模式

综合分析认为，裂后热沉降是控制晚白垩世二连达布苏组(K_2e)稳定湖泊-三角洲-辫状河沉积体系发育的主要地质因素，特别是裂后热沉降在时间尺度上为铀源的持续供给、湖泊的稳定发育和持续的铀矿化提供了至关重要的构造背景；大规模的铀汇集与铀矿化始终伴随着湖泊沉积事件的发生而进行，后期的热改造和构造作用却微不足道，因此努和廷铀矿床属于典型的“同沉积泥岩型”铀矿床(图4－15)。

(1)在二连达布苏组三级层序的低位体系域(LST)发育期，泛额仁淖尔凹陷以辫状河流体系和辫状河三角洲体系发育为特色，湖泊体系规模较小，湖水储铀能力有限，所以铀成矿规模也较小(图4－15a)。

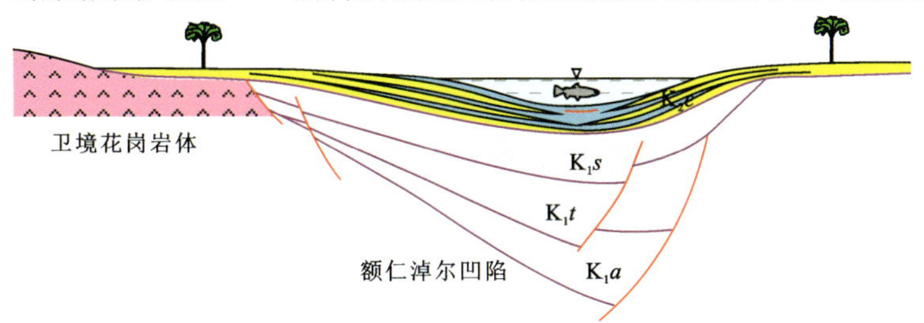

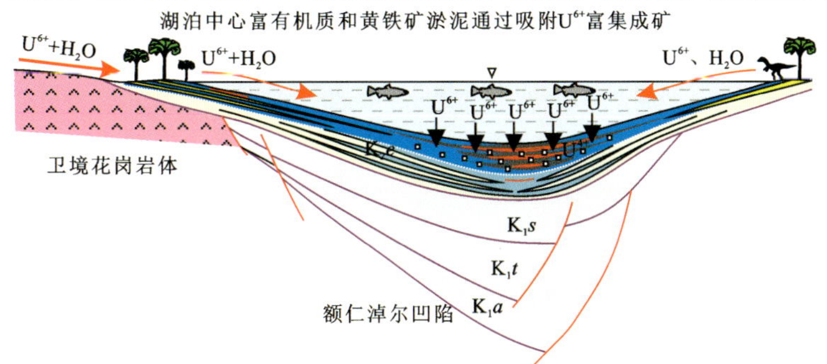

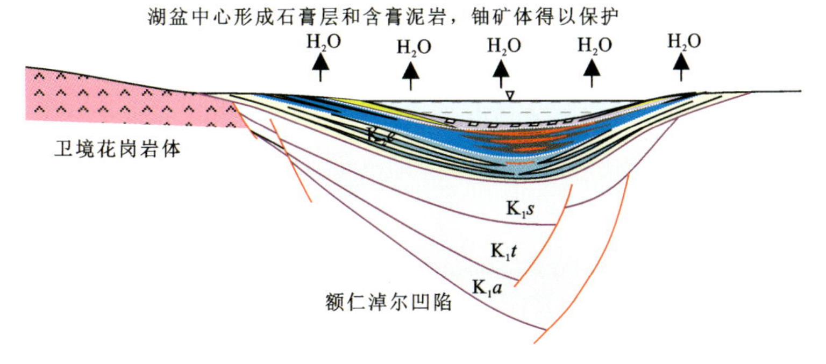

图4－15　泛额仁淖尔凹陷二连达布苏组“同沉积泥岩型”铀矿成因模式图

(据焦养泉，2009；彭云彪和焦养泉，2015)

(2)在湖泊扩展体系域(EST)发育期，稳定深水湖泊持续发育。由于蚀源区诸如卫境花岗岩体充足的铀源供给，地表水系将U^{6+}源源不断地携带输送到湖盆中。大规模的湖泊水体成为U^{6+}的间接载体，为铀预富集提供了充足的空间(图4－15b)。

深水湖泊的稳定发育，同时也为富有机质和黄铁矿的淤泥以及铀被充分吸附提供了充足的时间（图4-15）。研究认为，努和廷铀矿床矿石中丰富的有机质主要有两种来源：①主要来自于沉积期湖相水生生物，这已被铀矿石中干酪根类型和生物标记化合物的研究所证实；②恐龙化石群的研究发现，二连达布苏组沉积期成矿湖泊的湖浅滨地带繁衍着数量众多的、以素食类似鸟龙为特征的恐龙动物群，因此有理由推测该时期提供恐龙繁衍的植被及其动物群的衍生物也是湖盆丰富有机质的主要来源。湖泊淤泥中有机质的高效保存，依赖于当时的干旱古气候背景。推测认为，干旱的古气候有利于湖泊水体的密度分层，密度分层极大地限制了湖泊水体的流动。这样一来，同沉积的湖泊底部就处于强还原环境，它不仅有利于有机质保存，同时还有利于黄铁矿的形成。因此，湖泊淤泥中的有机质和黄铁矿成为铀的主要吸附剂，它们源源不断地从湖泊水体中将 U^{6+} 吸附富集成矿（图4-15b）。

值得一提的是，并非所有富有机质淤泥都能成矿，研究区二连达布苏组富有机质淤泥导致了超大型的铀矿床产出，而其直接顶板古近系暗色泥岩却与铀成矿失之交臂。究其原因，笔者认为（充足的吸附）时间因素非常重要，而这一要素仍然要归咎于持续稳定发育的湖泊环境。研究区二连达布苏组的暗色泥岩通常具有块状结构，显示了一种欠补偿的沉积作用和长期的扰动过程；而古近系底部的暗色泥岩却表现为互层状，水平纹理发育，间或夹有红色和灰绿色泥岩，这一切均显示此期发育的湖泊持续时间短暂，湖泊扩展和淤浅频繁交替，这显然不利于铀的持续吸附成矿。

由此看来，稳定发育的湖泊中心或者三角洲前缘富有机质和黄铁矿淤泥是铀吸附成矿的最佳还原剂。通过沉积学的解剖发现，二连达布苏组湖泊扩展体系域发育期，湖泊-三角洲发育具有明显的周期性，为此在研究区可以见到1～3层铀矿体。其中，在接近最大湖泛面（MFS）的最末一次湖泊-三角洲序列中，湖泊规模最大，其成矿规模即形成的Ⅰ号矿体规模也最大（图4-15b）。

（3）高位体系域（HST）发育时期，湖泊淤浅，成矿作用结束，干旱盐湖的膏盐层或者含膏泥岩沉积为铀矿的后期保存起到了重要的封盖作用（图4-15c）。

第三节　巴音戈壁盆地

巴音戈壁盆地塔木素铀矿床属于砂岩型铀矿床，但是以重力流为特色的扇三角洲沉积体系对铀成矿起到了重要影响。不仅如此，在成矿之后热流体改造现象较为突出。所以，在充分认识了断陷湖盆背景下扇三角洲沉积体系控矿机制的基础上，首次建立的“同沉积-层间氧化-后生热液改造”铀成矿模式，比较适合于该地区的铀矿勘查和预测。

一、扇三角洲对铀成矿的控矿作用

在塔木素地区，断陷盆地的构造格架和构造活动性质决定了巴音戈壁组上段沉积体系的空间配置规律和垂向演化特征。研究区巴音戈壁组上段的扇三角洲沉积体系主要发育于中部岩性段，即第2～5小层序组（含铀层位），位于北部盆缘断裂东南侧，其纵向延伸最大距离不超过20km（图4-16、图4-17），物（铀）源来自于北部宗乃山-沙拉扎山隆起。湖泊沉积体系则位于盆地腹地，与北部扇三角洲沉积体系呈指状交互接触关系（图4-18、图4-19）。在垂向上，湖泊沉积体系的发育规模具有周期性演变，其中巴音戈壁组上段沉积的早期（第1小层序组）和晚期（第6～7小层序组）湖相泥岩厚度大而且面积广（图4-16、图4-18），代表了研究区两次较大规模的水进事件。

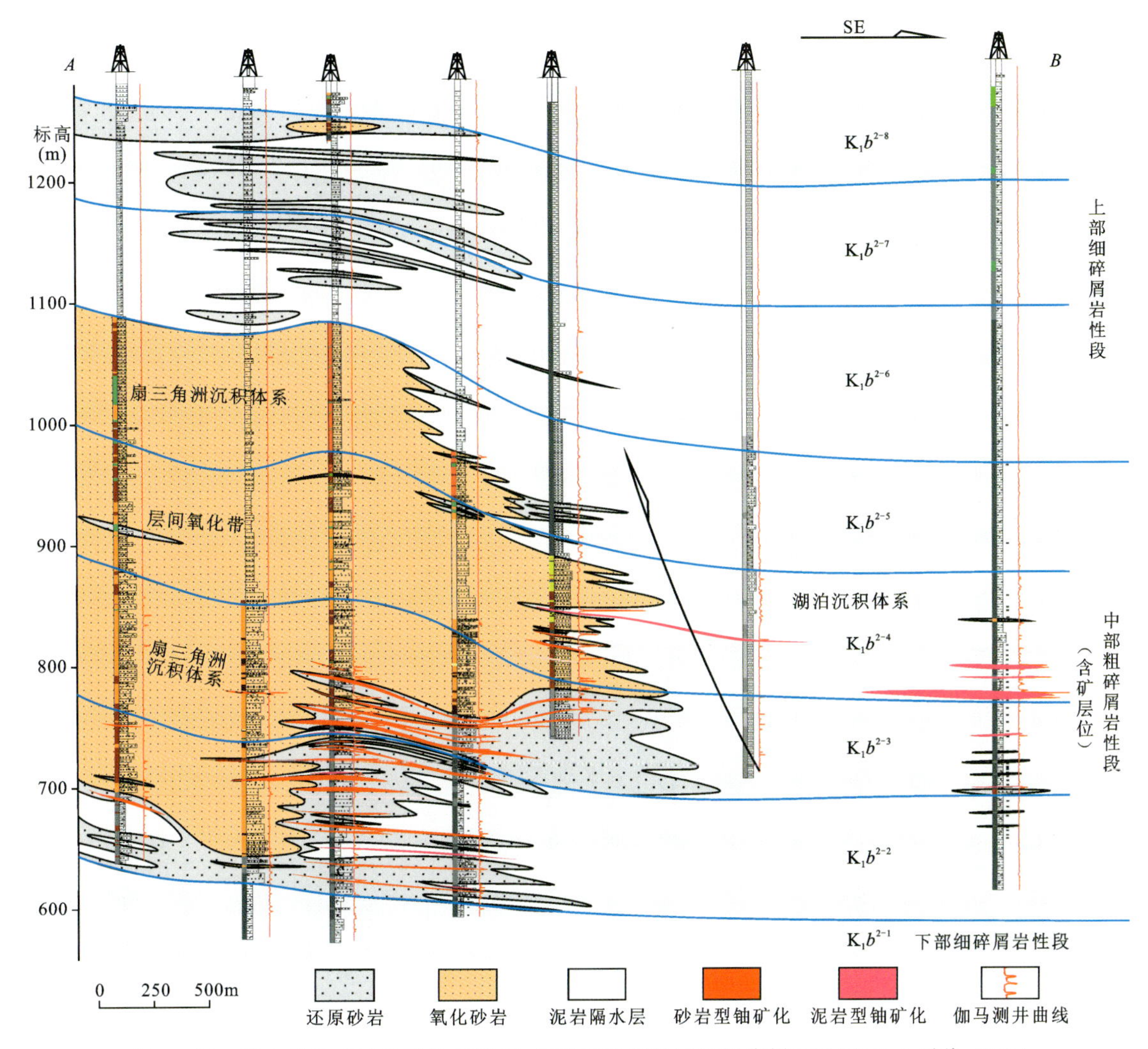

图 4-16　塔木素铀矿床典型地层格架、沉积体系和铀成矿规律剖面图(据吴立群等,2019)

在断拗转换阶段,虽然盆缘断层活动有所减弱,但盆地可容空间增长仍然较快,当物源供给与之平衡时,小层序组便体现为垂向叠置型式,体现了短轴沉积体系充填的基本特征。如果以岩性段为单位,在巴音戈壁组上段的中部岩性段和上部岩性段中,小层序均为垂向叠置型式——加积小层序组(图 4-18c)。沉积体系域编图也证实研究区小层序组具有垂向叠置型式(图 4-19)。

与辫状河沉积体系或辫状河三角洲沉积体系相比,扇三角洲沉积体系所拥有的铀储层砂体无论是规模还是品质均较差,这主要取决于断拗转换沉积背景:①此背景中发育的扇三角洲属于短轴沉积体系,前积作用有限,铀储层砂体规模有限;②此背景中形成的沉积物分选差、泥质含量高,铀储层品质欠佳;③湖泊沉积物相对发育,还原介质能量较强。这些致使扇三角洲沉积体系中的层间氧化带纵向规模不可能太大,塔木素铀矿床距盆缘断裂仅几千米至 10km(图 4-16、图 4-19)。

在塔木素地区,地层单元中扇三角洲沉积体系和湖泊沉积体系彼此发育规模对铀成矿具有影响。在巴音戈壁组上段中,只有扇三角洲沉积体系相对发育的中部岩性段具有铀矿化,这显然是与其拥有较大规模的铀储层砂体有关;下部岩性段和上部岩性段不成矿的原因在于湖泊规模较大、扇三角洲规模较小,还原介质能量强、铀储层砂体规模小,自然不能成矿(图 4-16、图 4-19)。

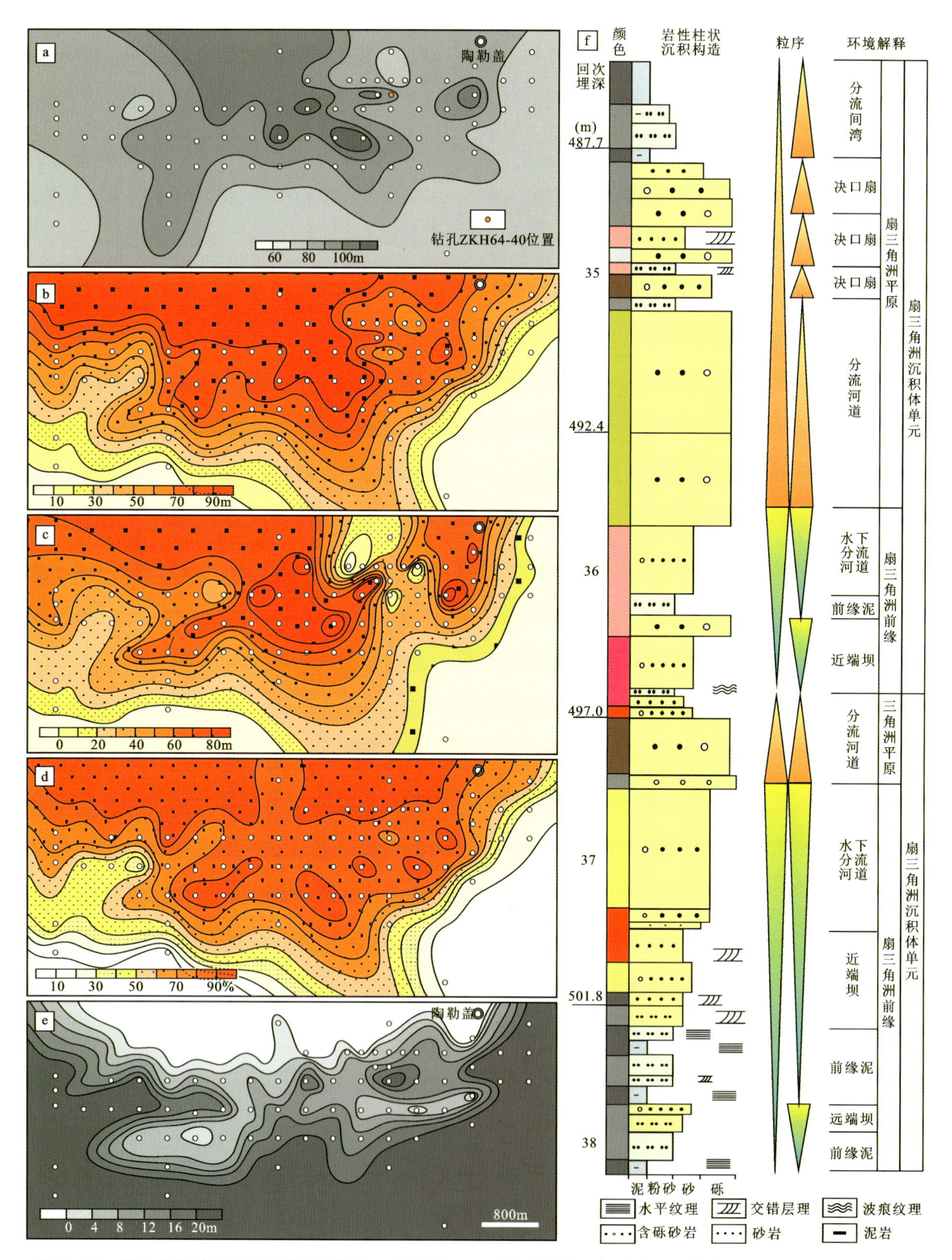

图 4-17　塔木素铀矿床巴音戈壁组上段第 3 小层序组(K_1b^{2-3})沉积体几何形态和垂向序列图(据吴立群等,2019)

a. 地层厚度图;b. 砂体厚度图;c. 砾岩厚度图;d. 含砂率图;e. 泥岩厚度图;f. 钻孔 HZK64-40 的垂向序列及沉积环境解释

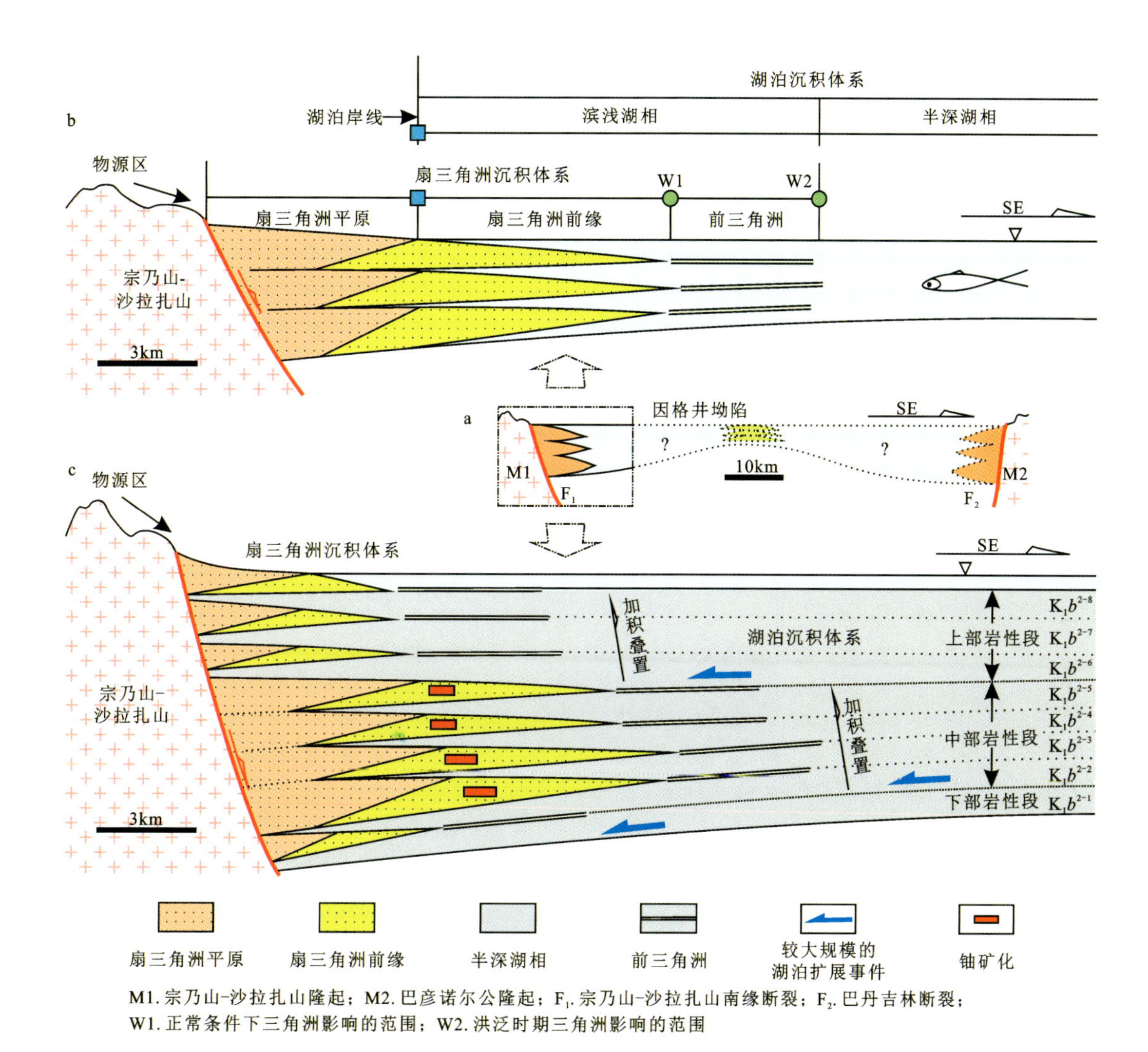

图 4-18 断拗转换构造背景制约下的沉积体系空间配置格架及垂向演化规律图(据吴立群等,2019)

a.因格井坳陷的区域构造格架;b.研究区构造-充填格局及两类沉积体系空间配置关系概念模型;c.研究区巴音戈壁组上段层序地层格架及沉积体系域垂向叠置模型(注意:铀矿化与中部岩性段大规模扇三角洲沉积体系关系密切)

针对中部铀成矿岩性段,从图 4-19 可以看出,塔木素铀矿床主要铀矿化位于扇三角洲沉积体系与湖泊沉积体系衔接的交汇区域,也就是扇三角洲前缘区域。究其原因,沉积体系及其内部成因相在铀成矿过程中可能扮演了不同角色。以塔木素铀矿床巴音戈壁组上段中部岩性段为例,图 4-20 总结了扇三角洲沉积体系-湖泊沉积体系内部不同成因相在铀成矿过程中所起到的主要作用和功能。总体来说,从能够形成潜在铀储层砂体的角度来看,辫状分流河道砂体和水下分流河道砂体无疑是最好的,当然它们也是层间氧化作用充分发育的空间。相比而言,层间氧化作用通常终止于近端河口坝砂体分布区,水下分流河道砂体是铀成矿最活跃的空间。从抑制层间氧化作用的还原地质体的角度来看,湖泊泥岩沉积(包含扇三角洲前缘泥)具有强大的还原能力,是优质的铀成矿地质体,分流间湾沉积物次之,泥石流和水下泥石流一般。但是,泥石流、水下泥石流与分流间湾沉积物和扇三角洲前缘泥联合构成了铀储层砂体的顶底板隔水层,或者是铀储层内部的隔挡层。扇三角洲沉积体系中泥石流和水下泥石流在铀成矿过程中,以隔水层(隔挡层)和弱还原地质体的角色出现,这一特色有别于常见的含铀沉积体系,如辫状河沉积体系和辫状河三角洲沉积体系等。

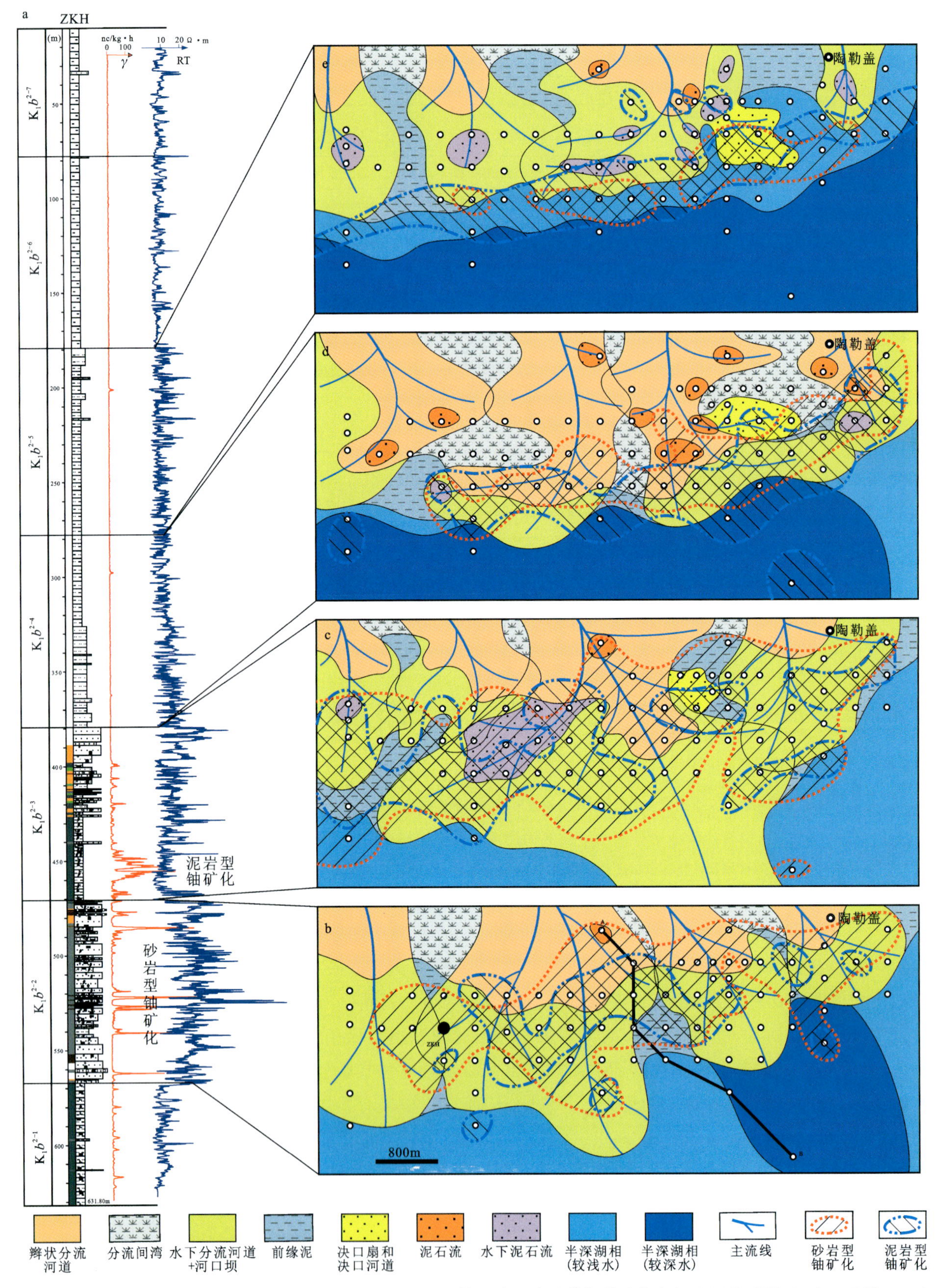

图 4-19　塔木素铀矿床巴音戈壁组上段中部岩性段沉积体系域重建及其与铀矿化空间配置关系图(据吴立群等,2019)

a. 钻孔 ZKH 垂向序列;b. K_1b^{2-2}沉积体系域;c. K_1b^{2-3}沉积体系域;d. K_1b^{2-4}沉积体系域;e. K_1b^{2-5}沉积体系域

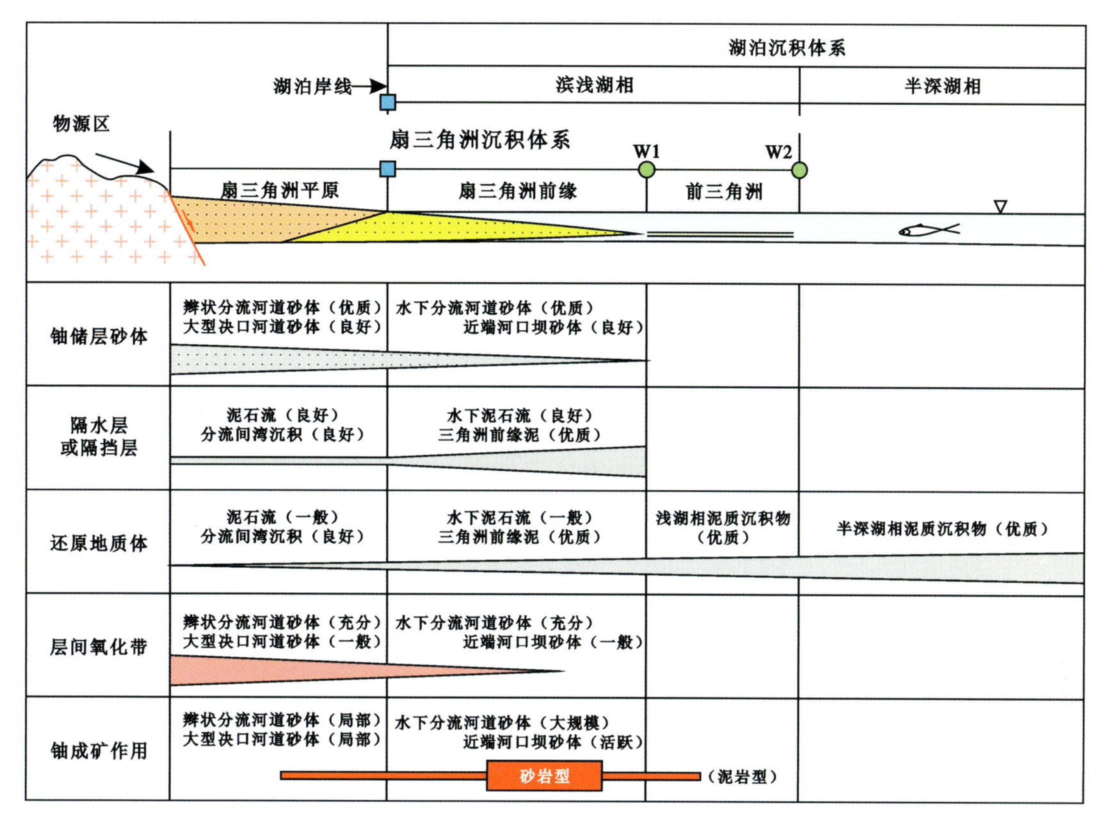

图 4-20　发育于断陷湖盆背景中扇三角洲沉积体系内部成因相的铀成矿功能分析（据吴立群等，2019）

二、铀矿床中热液作用的叠加影响

巴音戈壁盆地早白垩世晚期发育了强烈的伸展裂隙导致碱性玄武岩浆活动，该期碱性玄武岩浆热液活动是控制热液叠加改造作用的主要因素，在塔木素铀矿床表现为碳酸岩化、紫色萤石化、硅化、赤铁矿化热液蚀变叠加在同生沉积铀矿化体之上。另外，在塔木素铀矿床中发现了方铅矿、闪锌矿、含钛铀矿物、硒铜镍矿、硒铅矿、萤石等矿物，硫酸盐-硫化物对同位素所获取的温度为 128±2.75℃ 和 178±2.75℃。上述现象说明塔木素铀矿床存在热液叠加改造现象。

塔木素铀矿床发现有硒铜镍矿、斜方硒铁矿（白硒铁矿）、含硒黄铜矿、硒铅矿、硒铜蓝及未知的 Se-Cu-Pb 矿物共 6 种硒的独立矿物。硒铜镍矿是矿石中分布最多的硒的独立矿物（图 4-21），呈细粒状与黄铁矿或其他硒矿物共生，分布在矿物的边缘或裂隙中，主要成分为 Se、Cu、Ni、Co，此外还含有少量的 Fe 与 Pb。硒铅矿是矿石中主要的硒的独立矿物之一，除主要成分 Se、Pb 外，还含有少量的 S、Cu 等元素。硒铅矿在矿石中呈细粒或沿着黄铁矿的边缘分布，往往与黄铁矿及其他硒矿物共生。砂岩中发现的硒铜镍矿、硒铅矿等矿物可能与中低温热液作用有关。

部分泥岩中一组裂隙被斑铜矿和黄铁矿充填，另一组裂隙被石膏晶体充填，反映了金属硫化物的形成与石膏的形成属于两期不同的热流体活动。电子探针背散射图像中见到了被石膏包围的方铅矿和被粒状黄铁矿围绕的重晶石矿物颗粒，同时还可见到闪锌矿等铅锌矿物（图 4-22）。这些矿物可能为低温条件下由热流体作用形成。

含矿砂岩自成岩以后又经历了新生胶结物的形成作用，手标本见有绿泥石化作用，镜下观察绿泥石由黏土矿物转化而来，一些绿泥石正在转化为黑云母，这些绿泥石和黑云母的形成需要比正常的成岩作用温度高的热流体条件。通常情况下，热流体活动在时间上与断层和区域构造活动相一致。盆地在早白垩世中晚期出现大规模的岩浆作用，形成苏红图组玄武岩。走滑-伸展作用使得盆地热流值急剧增加，为后期的热流体活动创造了条件。

通过对石膏-黄铁矿 S 同位素温度计测量(即硫酸盐-硫化物对同位素温度计算)，所获取的温度分别为 128±2.75℃和 178.±2.75℃，属于低温热液范围。

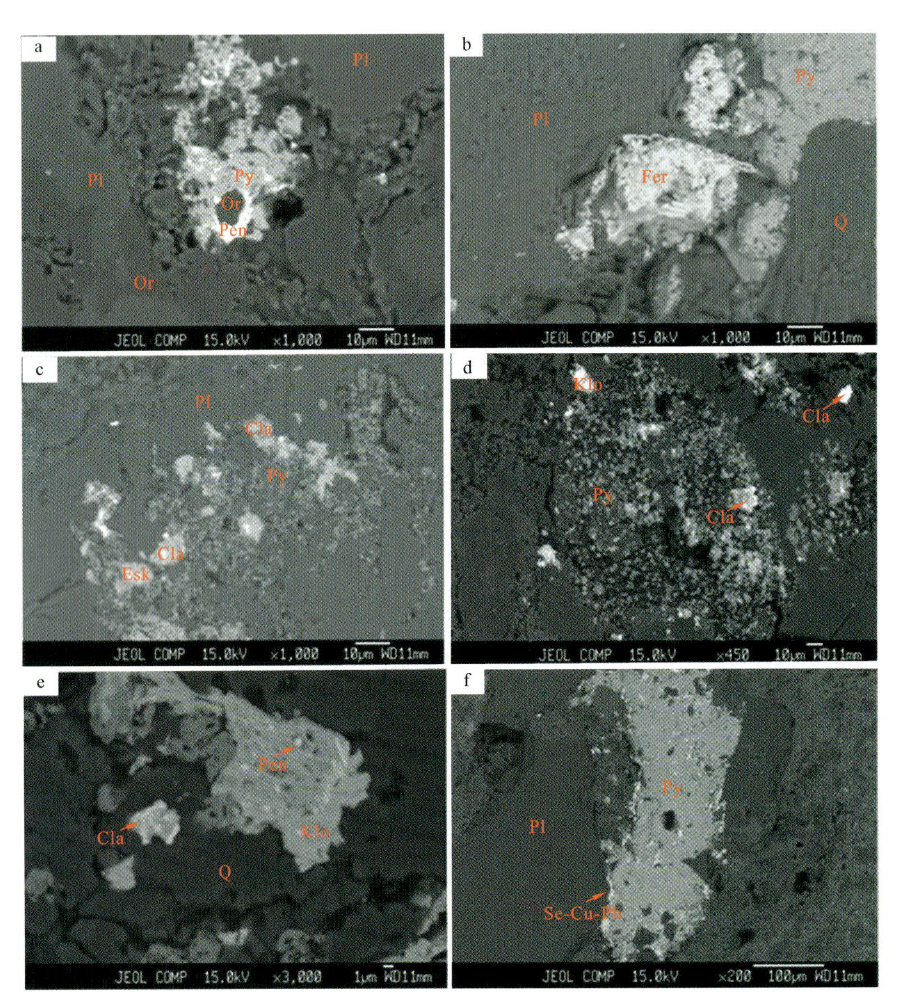

图 4-21　塔木素铀矿床矿石中的硒矿物显微照片

a. 硒铜镍矿与黄铁矿共生，分布在钾长石与斜长石边缘；b. 斜方硒铁矿与黄铁矿共生，分布在石英与斜长石的边缘；c. 含硒黄铜矿、硒铅矿、黄铁矿呈细粒星点状分布；d. 硒铜蓝、硒铅矿、黄铁矿呈细粒星点状分布；e. 硒铜镍矿、硒铜蓝、硒铅矿共生，分布在石英的裂隙中；f. 未知的含 Cu、Pb 的硒矿物主要沿黄铁矿边缘分布；Fer. 斜方硒铁矿；Esk. 含硒黄铜矿；Klo. 硒铜蓝；Pen. 硒铜镍矿；Cla. 硒铅矿；Se-Cu-Pb. 未知的含 Cu、Pb 的硒矿物；Py. 黄铁矿；Pl. 斜长石；Or. 钾长石；Q. 石英

矿石中偶尔可见萤石化蚀变，砂岩和泥岩类岩石中均能见到。砂岩矿石胶结物中可见紫色、浅紫色、黑紫色萤石，地层中偶见的泥灰质构造角砾岩中发现有黄铁矿、萤石、方解石细脉充填在裂隙中。萤石化蚀变也可能是低温热液作用下形成的产物。

综上所述，塔木素铀矿床在层间氧化作用成矿之后经历了热液流体改造作用，可能使铀矿化进一步得到富集。而改造的时间应该在早白垩世中晚期即苏红图期，热流体活动具备区域上的构造-岩浆活动

图 4-22　塔木素铀矿床矿石中的金属硫化物

a. 分布在砂岩中的闪锌矿与锆石；b. 灰绿色矿石中绿泥石，绿泥石中有细粒方铅矿；c. 裂隙中见黄铁矿（立方体）和石膏晶体；d. 灰黑色泥岩一组裂隙中见黄铁矿、斑铜矿共生，另一组裂隙中见石膏充填

条件，热流体活动在时间上与断层和区域构造活动相一致。该时期大量的岩浆喷发，使得整个盆地范围内的温度升高，成岩、成矿物质活动频繁。

三、"同沉积-层间氧化-后生热液改造"铀成矿模式

塔木素地区铀矿化的地质背景既不同于二连盆地和鄂尔多斯盆地，也不同于吐哈盆地和伊犁盆地，由于该盆地区域大地构造背景所具有的特殊地位——地处东、西构造域和南、北构造域的过渡地段，形成于走滑拉分背景条件下，中新生代盆地演化的地质背景极其复杂；铀矿化目标层的沉积环境特殊，时间上存在气候的干湿转变和空间上多种沉积体系的共存，冲积扇、扇三角洲和湖相沉积共同发育，铀矿仅产在扇三角洲沉积砂体中；氧化作用发育且存在多种类型，既有大规模的红色氧化作用，又发育有黄色氧化作用；后期的还原性流体对原岩的改造作用也非常普遍，在构造发育地段，原有的红色岩系多见被改造成蓝绿色或蓝灰色；铀矿化类型复杂，既存在氧化作用成矿类型——砂岩型矿化，也存在沉积成岩成矿类型——泥岩型矿化。所以，层间氧化带、扇三角洲砂体是砂岩型铀矿化的直接控制因素。

根据上述铀成矿地质特征分析认为，塔木素铀矿床为层间氧化带砂岩型铀矿，且伴生有后期的还原性流体对原岩的改造作用，伴随有一系列硒的独立矿物，又很可能有中低温热液作用成矿。所以，将塔木素铀成矿作用过程可以划分为铀预富集和同生沉积成矿阶段、层间氧化作用阶段和中—低温热液改造作用阶段（图 4-23）。

1. 铀预富集和同生沉积成矿阶段

巴音戈壁组上段（K_1b^2）扇三角洲含铀灰色砂体是铀成矿的物质基础和赋矿空间，是在潮湿气候条

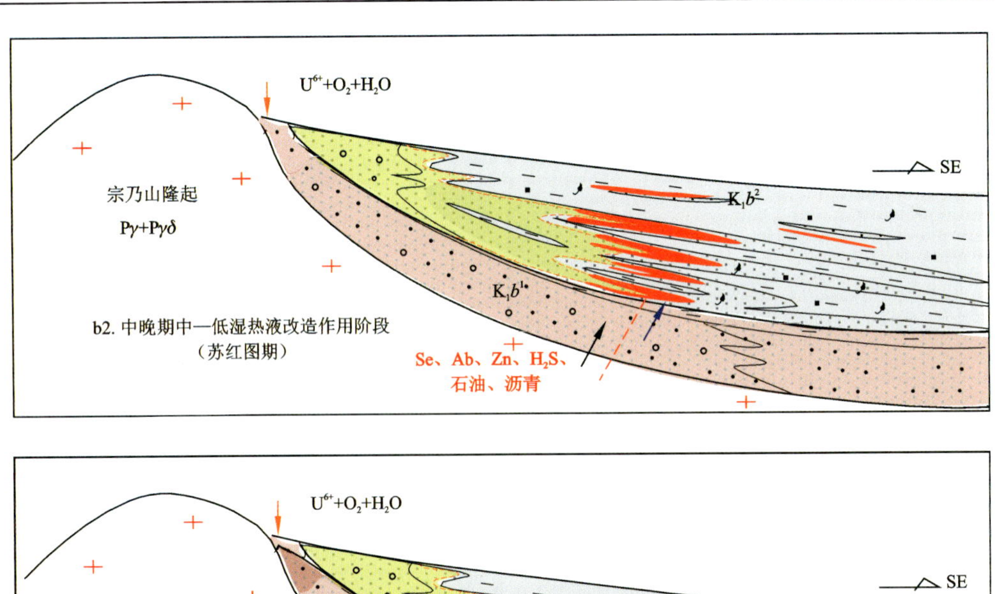

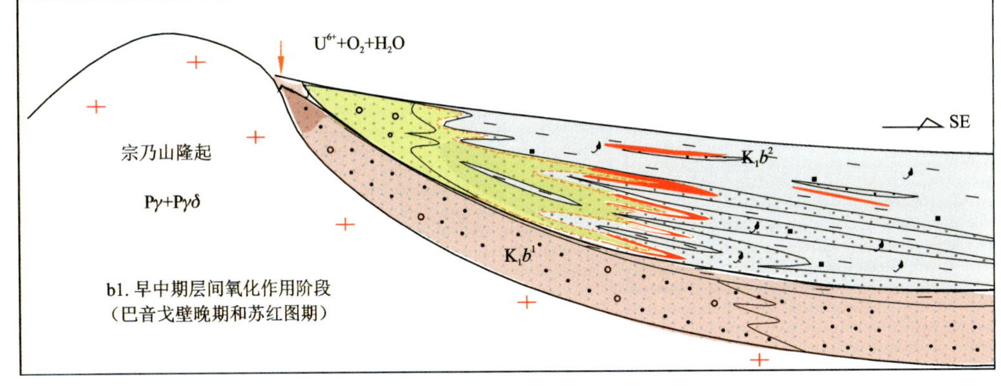

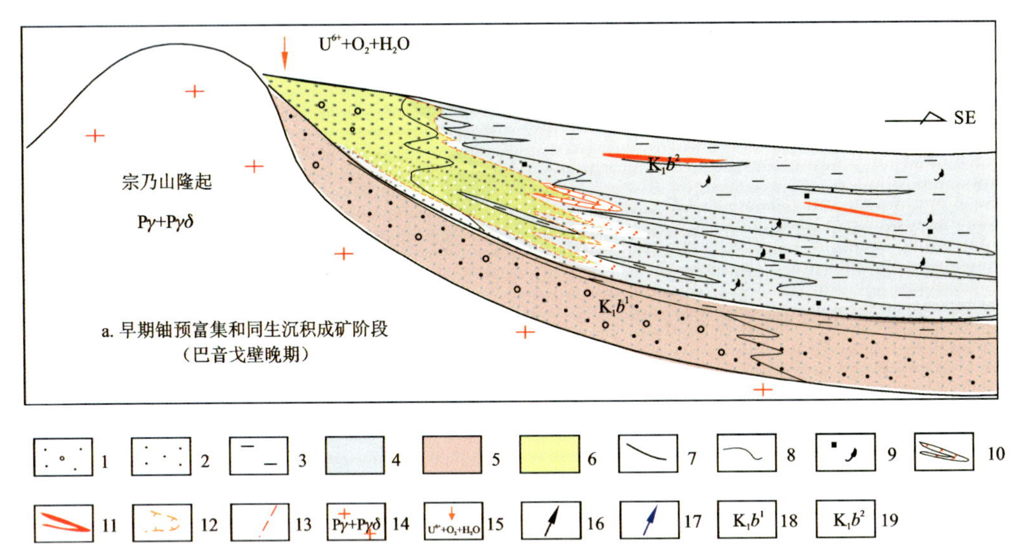

图 4-23　塔木素铀矿床铀成矿模式图

1. 砂质砾岩、含砾砂岩；2. 砂岩；3. 泥岩；4. 灰色岩石；5. 红色岩石；6. 黄色岩石；7. 地层界线；8. 岩性岩相界线；9. 黄铁矿、有机质等还原介质；10. 铀异常晕；11. 控制及推测矿体；12. 层间氧化带前锋线；13. 推测断层；14. 基底岩石；15. 含氧含铀水及运移方向；16. 油气运移方向；17. 中—低温热液运移方向；18. 巴音戈壁组下段；19. 巴音戈壁组上段

件接受沉积的，为一套富含有机质和黄铁矿等还原剂的灰色岩系，常见碳屑和植物碎片，局部见薄煤层。还原介质的发育有利于铀的预富集，形成富铀地层，为后期层间氧化成矿作用创造了铀源基础。在巴音戈壁组上段（K_1b^2）沉积过程中和沉积后的成岩期，由于还原介质的吸附作用和成岩期压实作用排出的孔隙水与渗入地表水的混合作用，使伴随沉积物来自蚀源区的铀发生一定程度的预富集，局部形成泥岩型铀矿体。

2. 层间氧化作用阶段

在塔木素地区巴音戈壁组上段（K_1b^2）沉积后，盆地抬升使盆地北部蚀源区及巴音戈壁组上段长期暴露地表并遭受长期的风化剥蚀，古气候由潮湿已转变为干旱、半干旱，含氧含铀水沿地层中砂体向下渗透，形成顺巴音戈壁组上段砂体由北向南运移的多层含氧含铀层间水，形成由北向南同向发育的多层层间氧化带。在含氧水运移过程中，不仅使蚀源区中的铀不断渗出并向盆内由北向南运移，而且在砂岩层运移过程中将其预富集的铀不断淋出，铀随着含氧水也不断向前运移。

巴音戈壁组上段（K_1b^2）沉积时富集的有机质和黄铁矿等固体还原介质形成了使铀沉淀和富集的岩石还原地球化学障，沿含矿砂体油气的强烈渗入作用进一步加大了还原障的还原能力，形成了高反差的还原地球化学障。随着层间氧化作用的不断进行，铀不断沉淀和富集，最后形成塔木素层间氧化带砂岩型铀矿床。

3. 中—低温热液改造作用阶段

塔木素矿床的铀矿石中首次发现了硒铅矿、斜方硒铁矿、硒铜蓝、硒铜镍矿、含硒黄铜矿等一系列硒的独立矿物，而硒铅矿、硒铜镍矿等硒矿物形成于中—低温物理化学条件（涂光炽等，2004），意味着塔木素砂岩型铀矿床可能经历了热液活动的改造。砂岩型铀矿床中有方铅矿与闪锌矿等金属硫化物，矿石中存在绿泥石化等蚀变作用，绿泥石中发现有细粒方铅矿等矿物，推测其是在中—低温热液作用下形成的。

第五章　主要认识与结论

通过近20年的共同努力，针对内蒙古中西部鄂尔多斯、二连和巴音戈壁三大产铀盆地的铀矿勘查和研究，创新性地提出了“古层间氧化带型”“古河谷型”“同沉积泥岩型”和“同沉积-层间氧化-后生热液叠加改造型”等铀成矿理论，探索了一套实用的铀储层-层间氧化带-铀矿化三定量评价的空间定位预测的技术方法，发现和落实了东胜铀矿田、巴彦乌拉铀矿田、努和廷铀矿田和巴音戈壁铀矿田，控制和提交铀资源量××万吨，促进了我国铀资源勘查与开发格局的改变。

1. 鄂尔多斯盆地

(1)在鄂尔多斯盆地北部和西部先后发现和落实了皂火壕特大型、纳岭沟特大型、磁窑堡中型、大营超大型和巴音青格利大型等砂岩铀矿床，以及柴登壕、乌定布拉格和新胜等多处铀矿产地，统称为东胜铀矿田，控制和提交铀资源量××万吨。

(2)鄂尔多斯盆地纳岭沟特大型铀矿床取得了“CO_2+O_2”浸出工艺的重大突破，为我国唯一的十万吨级以上的铀资源基地，其中纳岭沟铀矿床即将建设成为我国首批千吨级现代化地浸铀矿山。

(3)提出了鄂尔多斯盆地北部伊陕巨大斜坡中生代构造演化的相对稳定性和继承性为砂岩型铀矿形成有利的构造背景，认为伊陕巨大斜坡中—晚侏罗世隆升、掀斜的重大地质构造事件控制了含氧含铀水的层间渗入、运移和铀的沉淀富集，突破了苏联地质学家提出的“次造山带控矿理论”的束缚。

(4)提出了鄂尔多斯盆地在中侏罗世晚期—白垩纪古水动力环境仍表现为层间渗入的特点，在第三纪河套断陷形成之前仍具有形成砂岩型铀矿的古层间渗入的水动力条件，突破了苏联地质学家提出的“层间渗入型成矿理论”。

(5)指出了鄂尔多斯盆地北部由于石油、天然气和煤层产生的烃类流体的二次还原作用，对成矿期岩石地球化学环境进行了还原改造，绿色砂岩是鄂尔多斯盆地北部主要岩石地球化学类型，认为绿色砂岩与灰色砂岩的接触部位是铀的富集部位，建立了绿色砂体作为能源盆地砂岩型铀矿找矿的新的岩石地球化学标志。

(6)认为鄂尔多斯盆地北部铀矿床的形成，是早期含氧含铀水沿含水层运移，受沿断裂构造上升的油气和岩石还原地球化学环境的双重影响，形成了独特的古层间氧化带及非典型卷状矿体，由此建立了“古层间氧化带型”砂岩铀成矿模式。

(7)建立了含矿层直罗组等时地层格架，指出直罗组(J_2z)是一个三级层序，它由低位体系域[LST，相当于直罗组下段(J_2z^1)]、湖泊扩展体系域[EST，相当于直罗组中段(J_2z^2)]和高位体系域[HST，相当于直罗组上段(J_2z^3)]组成。直罗组下段(LST)是目标含铀层系，它可以进一步地细分为下亚段[小层序组1(PS1)，J_2z^{1-1}]和上亚段[小层序组2(PS2)，J_2z^{1-2}]。

(8)首次建立了双重还原介质联合控矿模式，指出外部还原介质(铀储层砂体直接顶、底板或者是相变的煤层、碳质泥岩和暗色泥岩，以及一些外来的还原流体等)的作用在于增加整个含铀岩系的还原能力，特别是它们在成岩演化过程中能通过不同途径为铀储层砂体直接输入还原剂，如具有还原性质的盆地流体和烃类等。外部还原介质一旦出现，它将与内部还原介质(砂体中的碳质碎屑、暗色泥砾、黄铁矿、动物化石、分散有机质和烃类等)联合构成一道强大的还原障，层间氧化作用在此受到明显抑制，推进速度变缓，极易构成稳定的区域层间氧化带前锋线，当然这个区域将是铀矿化最活跃的空间。

(9)从铀储层、古层间氧化带和铀矿化的三定量评价分析等角度，探索了一套完整的铀矿化空间定位预测技术方法体系，有效地指导了钻探工程的设计部署。

(10)提出了鄂尔多斯盆地西缘构造逆冲带在晚侏罗世燕山运动的强烈逆冲和褶皱作用，造成长期的沉积间断并对直罗组长期的剥蚀作用，使含氧含铀水沿背斜核部的剥露区下渗形成层间氧化带和铀的富集成矿，突破了活动构造带找矿的禁区，并建立了“磁窑堡逆冲断裂带砂岩型”铀成矿模式。

2. 二连盆地

(1)在二连盆地发现和落实了巴彦乌拉大型、赛汉高毕小型和哈达图大型等砂岩铀矿床及乔尔古等砂岩铀矿产地，统称为巴彦乌拉铀矿田。扩大和落实了努和廷超大型“同沉积泥岩型”铀矿床和道尔苏铀矿产地，统称为努和廷铀矿田。控制和提交铀资源量×万吨。

(2)二连盆地巴彦乌拉大型铀矿床取得了“酸法”浸出工艺的成功，目前正将巴彦乌拉铀矿床建设成为我国首批现代化地浸铀矿山。

(3)进行了二连盆地古河谷赛汉塔拉组重要界面和标志层的识别及层序地层的划分对比，巴彦乌拉和赛汉高毕地区主要产铀层位为赛汉塔拉组上段，齐哈日格图地区赛汉塔拉组上、下段均为主要的砂岩型铀矿产铀层位，赛汉塔拉组下段和赛汉塔拉组上段均为一个三级层序。

(4)揭示了二连盆地古河谷赛汉塔拉组的砂分散体系和物源体系空间展布规律，对赛汉塔拉组进行了沉积体系分析，认为赛汉塔拉组的“带状”砂体是多个物源体系的组合；赛汉塔拉组“带状”砂体是遭受剥蚀残留下来的砂体，多个“侧向”物源实际上是“带状”砂体主要的物源方向，并识别出了辫状河、辫状河三角洲、冲积扇、湖泊 4 种沉积体系类型。

(5)从区域构造-沉积-铀成矿的耦合关系入手，研究认为二连盆地赛汉塔拉组处于断陷盆地发展演化的断拗转换期，为典型的断拗转换期沉积产物，控盆断裂既对赛汉塔拉组有控制作用，又揭示了断拗转换背景下古河谷砂体形成发育的机制。

(6)在二连盆地识别出了构造反转，认为晚白垩世和古新世的盆地构造反转与整体抬升造成了大部分地区赛汉塔拉组的剥蚀，促进了大规模补、径、排铀成矿系统的形成，揭示了构造反转对层间渗入型铀矿化的控制机理。

(7)认为二连盆地赛汉塔拉组“古河谷型”砂岩铀矿以潜水转层间氧化作用为主，可将铀成矿作用分为原生沉积预富集阶段、潜水-层间氧化作用阶段和保矿作用阶段，建立了“古河谷型”砂岩铀成矿模式。

(8)构建了上白垩统二连达布苏组含铀岩系等时地层格架，重建了沉积体系域。首次揭示了湖泊扩展事件对铀成矿的控制作用，建立了“同沉积泥岩型”铀成矿模式，指出裂后热沉降背景下稳定深水湖泊发育是铀预富集和铀成矿关键地质因素。

3. 巴音戈壁盆地

(1)在巴音戈壁盆地发现和落实了塔木素特大型砂岩铀矿床和本巴图铀矿产地，统称为巴音戈壁盆地铀矿田，控制和提交铀资源量×万吨。

(2)提出了断陷湖盆在断拗转换背景下扇三角洲沉积体系控矿机制，扇三角洲沉积体系及其内部成因相在铀成矿过程中分别在铀储层砂体、隔水层(隔挡层)、还原地质体等方面扮演了不同角色，并进而制约了层间氧化带发育和铀矿化，特别指出(水下)泥石流所具有的隔水层(隔挡层)和弱还原地质体的特殊功能。

(3)揭示了巴音戈壁盆地在早白垩世晚期碱性玄武岩浆热液活动是控制热液叠加改造作用的主要因素,热液流体改造作用能使铀进一步得到富集。

(4)塔木素铀矿床为层间氧化带砂岩型铀矿,有后期的热液叠加改造作用,伴随有一系列硒的独立矿物。铀成矿作用过程可以划分为铀预富集和同生沉积成矿阶段、层间氧化作用阶段和中—低温热液改造作用阶段,首次建立了"同沉积-层间氧化-后生热液改造"铀成矿模式。

主要参考文献

曹伯勋.地貌学及第四纪地质学[M].武汉:中国地质大学出版社,1995.

陈祖伊.亚洲砂岩型铀矿区域分布规律和中国砂岩型铀矿找矿对策[J].铀矿地质,2002,18(3):129-137.

狄永强,赵致和,熊福清,等(译).中亚自流水盆地的成矿作用[M].北京:地质出版社,1994.

郭庆银. 鄂尔多斯盆地西缘构造演化与砂岩型铀矿成矿作用[D]. 北京:中国地质大学(北京),2010.

侯光才,张茂省,等.鄂尔多斯盆地地下水勘查研究[M].北京:地质出版社,2008.

焦养泉,陈安平,王敏芳,等.鄂尔多斯盆地东北部直罗组底部砂体成因分析——砂岩型铀矿床预测的空间定位基础[J].沉积学报,2005,23(3):371-379.

焦养泉,吴立群,彭云彪,等.中国北方古亚洲构造域中沉积型铀矿形成发育的沉积-构造背景综合分析[J].地学前缘,2015,22(1):189-205.

焦养泉,吴立群,荣辉,等.铀储层地质建模:揭示成矿机理和应对"剩余铀"的地质基础[J].地球科学,2018,43(10):3568-3583.

焦养泉,吴立群,荣辉,等.铀储层结构与成矿流场研究:揭示东胜砂岩型铀矿床成矿机理的一把钥匙[J].地质科技情报,2012,31(5):94-104.

焦养泉,吴立群,荣辉.聚煤盆地沉积学[M].武汉:中国地质大学出版社,2015.

焦养泉,吴立群,荣辉.砂岩型铀矿的双重还原介质模型及其联合控矿机理:兼论大营和钱家店铀矿床[J].地球科学,2018,43(2):459-474.

焦养泉,吴立群,杨生科,等.铀储层沉积学——砂岩型铀矿勘查与开发的基础[M].北京:地质出版社,2006.

李思田,林畅松.论沉积盆地的等时地层格架和基本建造单元[J].沉积学报,1992,10(4):11-22.

李月湘.内蒙古二连盆地铀与油、煤的时空分布及铀的成矿作用[J].世界核地质科学,2009,26(1):25-30.

刘池洋,邱欣卫,吴柏林,等.中-东亚能源矿产成矿域基本特征及其形成的动力学环境[J].中国科学(D辑),2007,37(增刊Ⅰ):1-15.

刘正邦,焦养泉,薛春纪,等.内蒙古东胜地区侏罗系砂岩铀矿体与煤层某些关联性[J].地学前缘,2013,20(1):1-8.

鲁超,焦养泉,彭云彪,等. 大营地区古层间氧化带识别与空间定位预测[J].中国地质,2018,45(6):1000-1012.

鲁超,焦养泉,彭云彪,等. 二连盆地马尼特坳陷西部幕式裂陷对铀成矿的影响[J]. 地质学报,2016,90(12):3483-3491.

鲁超，彭云彪，焦养泉. 二连盆地巴彦乌拉地区砂岩型铀矿定位预测[J]. 矿物学报，2013，33(增刊2)：233－234.

鲁超，彭云彪，刘鑫扬，等. 二连盆地马尼特坳陷西部砂岩型铀矿成矿的沉积学背景[J]. 铀矿地质，2013，29(6)：336－343.

孟庆任，胡建民，袁选俊，等.中蒙边界地区晚中生代伸展盆地的结构、演化和成因[J].地质通报，2002，21(4－5)：224－231.

苗爱生.鄂尔多斯盆地东北部砂岩型铀矿古层间氧化带特征与铀成矿的关系[D].武汉：中国地质大学(武汉)，2010.

内蒙古自治区地质矿产局.内蒙古自治区区域地质志[M].北京：地质出版社，1993.

聂逢君，陈安平.二连盆地古河道砂岩型铀矿[M].北京：地质出版社，2010.

彭云彪，焦养泉.同沉积泥岩型铀矿床：二连盆地超大型努和廷铀矿床典型分析[M].北京：地质出版社，2015.

彭云彪.鄂尔多斯盆地东北部古砂岩型铀矿的形成与改造条件分析[D].武汉：中国地质大学(武汉)，2007.

任建业，刘文龙，林畅松，等.中国大陆东部晚中生代裂陷作用的表现形式及其幕式扩展[J].现代地质，1996，10(4)：526－531.

孙国凡，刘景平，柳克琪，等.华北中生代大型沉积盆地的发育及其地球动力学背景[J].石油与天然气地质，1985，6(3)：278－287.

涂光炽，高振敏，胡瑞忠.分散元素地球化学及成矿机制[M].北京：地质出版社，2004.

王冰.二连中生代盆地群构造地质特征与油气[J].石油实验地质，1990，12(1)：8－20.

王正邦.国外地浸砂岩型铀矿地质发展现状与展望[J].铀矿地质，2002，18(1)：9－21.

王志明，李森，肖丰，等.二连盆地额仁淖尔凹陷砂岩型铀矿床水文地质条件及层间氧化带发育特征[R].核工业北京地质研究院，1994.

卫三元，秦明宽，李月湘，等.二连盆地晚中生代以来构造沉积演化与铀成矿作用[J].铀矿地质，2006，22(2)：76－82.

吴珍汉，吴中海.中国大陆及邻区新生代构造-地貌演化过程与机理[M].北京：地质出版社，2001.

夏毓亮，林锦荣，刘汉彬，等.中国北方主要产铀盆地砂岩型铀矿成矿年代学研究[J].铀矿地质，2003，19(3)：129－136.

谢惠丽，吴立群，焦养泉，等. 鄂尔多斯盆地罕台庙地区铀储层非均质性定量评价指标体系研究[J].地球科学，2016，41(2)：279－292.

姚振凯，向伟东，张子敏，等.中央克兹勒库姆区域构造演化及铀成矿特征[J].世界核地质科学，2011，28(2)：84－88，119.

张成勇，聂逢君，侯树仁，等.巴音戈壁盆地构造演化及其对砂岩型铀矿成矿的控制作用[J].铀矿地质，2015，31(3)：384－388.

张泓.鄂尔多斯盆地中新生代构造应力场[J].华北地质矿产，1996，11(1)：87－92.

张金带，简晓飞，郭庆银，等.中国北方中新生代沉积盆地铀矿资源调查评价(2000—2010)[M].北京：地质出版社，2013.

张岳桥，廖昌珍，施炜，等.鄂尔多斯盆地周边地带新构造演化及其区域动力学背景[J].高校地质学报，2006，12(3)：285－297.

赵俊峰，刘池洋，喻林，等.鄂尔多斯盆地中生代沉积和堆积中心迁移及其地质意义[J].地质学报，2008,82(4):540－552.

祝玉衡，张文朝.二连盆地下白垩统沉积相及含油性[M].北京：科学出版社，2000.

Dahlkamp F J. Uranium deposits of the world (Asia) [M]. Berlin Heidelberg: Springer-Verla, 2009.

Dai Mingjian, Peng Yunbiao , Wu Chenjun, et al. Ore characteristics of the sandstone-type Daying uranium deposit in the Ordos Basin, northwestern China[J]. Canadian Journal of Earth Sciences, 2017, 54: 893－901.

Jiao Yangquan, Lu Zongsheng, Zhuang Xinguo, et al. Dynamical process and genesis of late triassic sediment filling in Ordos Basin [J]. Journal of China University of Geosciences, 1997, 8 (1): 45－48.

Jiao Yangquan, Wu Liqun, Wang Minfang, et al. Forecasting the occurrence of sandstone-type uranium deposits by spatial analysis: An example from the northeastern Ordos Basin, China[M]// Mineral Deposit Research: Meeting the Global Challengem. Berlin Heidelberg: Springer-Verlag, 2005:273－275.

Jiao Yanquan, Wu Liqun, Rong Hui, et al. The relationship between Jurassic coal measures and sandstone-type uranium deposits in the northeastern Ordos Basin, China[J]. Acta Geologica Sinica (English Edition), 2016, 90(6): 2117－2132.

Rong Hui, Jiao Yangquan, Wu Liqun, et al. Origin of the carbonaceous debris within the uranium-bearing strata and its implication for mineralization of the Qianjiadian uranium deposit, southern Songliao Basin [J]. Ore Geology Reviews, 2019, 107: 336－352.

Wu Liqun, Jiao Yangquan, Zhu Peimin, et al. Architectural units and groundwater resource quantity evaluation of Cretaceous sandstones in Ordos Basin, China[J]. Acta Geologica Sinica(English Edition), 2017, 91(1): 249－262.

Wu Liqun, Jiao Yangquan, Roger M, et al. Sedimentological setting of sandstone-type uranium deposits in coal measures on the southwest margin of the Turpan-Hami Basin, China[J]. Journal of Asian Earth Sciences, 2009, 36(2－3): 223－237.

Yue Liang, Jiao Yangquan, Wu Liqun, et al. Selective crystallization and precipitation of authigenic pyrite during diagenesis in uranium reservoir sandbodies in Ordos Basin [J]. Ore Geology Reviews, 2019(107): 532－545.

Zhang Fan, Jiao Yangquan, Wu Liqun, et al. Enhancement of organic matter maturation because of radiogenic heat from uranium: A case study from the Ordos Basin in China [J]. AAPG Bulletin, 2019, 103(1): 157－176.

Zhang Fan, Jiao Yangquan, Wu Liqun, et al. In-situ analyses of organic matter maturation heterogeneity of uranium-bearing carbonaceous debris within sandstones: A case study from the Ordos Basin in China[J]. Ore Geology Review, 2019(109): 117－129.

Zhang Fan, Jiao Yangquan, Wu Liqun, et al. Relations of uranium enrichment and carbonaceous debris within the daying uranium deposit, northern Ordos Basin [J]. Journal of Earth Science, 2019, 30(1): 142－157.

Zhou Wenyi, Jiao Yangquan, Zhao Junhong. Sediment provenance of the intracontinental Ordos Basin in North China Craton controlled by tectonic evolution of the basin-orogen system [J]. Journal of Geology, 2017(125):701－711.

内部参考资料

陈安平,苗爱生,王浩峰,等.内蒙古鄂尔多斯盆地东胜地区2000年度铀矿区域地质调查[R].核工业二〇八大队,2000.

陈安平,彭云彪,苗爱生,等.内蒙古东胜地区1:25万铀矿资源评价[R].核工业二〇八大队,2002.

陈安平,彭云彪,苗爱生,等.内蒙古东胜地区砂岩型铀矿预测评价与成矿特征研究[R].核工业二〇八大队,2004.

陈安平,张小诚,郭虎科,等.内蒙古自治区东胜煤田杭东、车家渠-五连寨子勘查区铀矿勘查[R].核工业二〇八大队,2010.

陈功,邓金贵,张克芳,等.二连盆地及邻区铀成矿地质条件及成矿远景评价[R].核工业北京地质研究院,1992;中国核科技报告,1997.

陈建昌.内蒙努和廷矿床地浸水文地质研究(地浸试验选段研究)[R].核工业部西北地质勘探局二〇三研究所,1994.

郝金龙,曹建英,王桂珍.内蒙古二连盆地努和廷矿床铀矿普查[R].核工业二〇八大队,2006.

侯树仁,霍全生,王俊林,等.内蒙古巴音戈壁盆地塔木素地区陶勒盖地段铀矿普查[R].核工业二〇八大队,2012.

侯树仁,李西得,高俊义,等.内蒙古巴音戈壁盆地塔木素—银根地区1:25万铀资源区域评价[R].核工业二〇八大队,2007.

侯树仁,李有民,霍全生,等.内蒙古阿拉善右旗塔木素铀矿床(H15—H96线)普查报告[R].核工业二〇八大队,2013.

侯树仁,王俊林,吕成奎,等.内蒙古巴音戈壁盆地塔木素地区铀矿预查[R].核工业二〇八大队,2009.

侯树仁,王强,王永君,等.内蒙古巴音戈壁盆地地浸砂岩型铀资源调查评价[R].核工业二〇八大队,2005.

侯树仁,张良,门宏,等.内蒙古阿拉善右旗塔木素铀矿床(H8—H72线)普查报告[R].核工业二〇八大队,2015.

焦养泉,旷文战,吴立群,等.二连盆地腾格尔坳陷构造演化、沉积体系与铀成矿条件研究[R].中国地质大学(武汉),2012.

焦养泉,刘孟合,白小鸟,等.东胜煤田杭东、车家渠子—五连寨子地区铀矿勘查基础地质研究[R].中国地质大学(武汉),2010.

焦养泉,彭云彪,李建伏,等.内蒙古自治区杭锦旗大营铀矿成矿规律与预测研究[R].中国地质大学(武汉),2012.

焦养泉,吴立群,彭云彪,等.鄂尔多斯盆地西部直罗组和延安组沉积体系分析[R].中国地质大学(武汉),2008.

焦养泉,吴立群,荣辉,等.巴音戈壁盆地塔木素地区含铀岩系层序地层与沉积体系分析[R].中国地质大学(武汉),2012.

焦养泉，吴立群，荣辉，等.鄂尔多斯盆地北部铀储层非均质性建模研究[R].中国地质大学(武汉)，2017.

焦养泉，吴立群，荣辉，等.鄂尔多斯盆地北部铀储层结构和层间氧化带精细解剖[R].中国地质大学(武汉)，2015.

焦养泉，吴立群，荣辉，等.鄂尔多斯盆地东北部阴山物源-沉积体系重建及与铀成矿关系研究[R].中国地质大学(武汉)，2014.

焦养泉，吴立群，荣辉，等.鄂尔多斯盆地铀储层预测评价研究[R].中国地质大学(武汉)，2011.

焦养泉，吴立群，荣辉，等.二连盆地额仁淖尔凹陷泥岩型铀矿形成发育的沉积学背景研究[R].中国地质大学(武汉)，2009.

焦养泉，杨生科，吴立群，等.鄂尔多斯盆地东北部侏罗系含铀目标层层序地层与沉积体系分析[R].中国地质大学(武汉)，2005.

焦养泉，杨士恭，陈安平，等.鄂尔多斯盆地东北部直罗组底部砂体分布规律及铀成矿信息调查[R].中国地质大学(武汉)，2002.

康世虎，旷文战，范译龙，等.内蒙古二连盆地乌兰察布坳陷1∶25万铀矿资源评价报告[R].核工业二〇八大队，2010.

康世虎，吕永华，杜鹏飞，等.内蒙古二连盆地哈达图地区铀矿预查报告[R].核工业二〇八大队，2015.

康世虎，吕永华，杨建新，等.内蒙古二连盆地乌兰察布坳陷及周边铀矿资源评价报告[R].核工业二〇八大队，2013.

旷文战，康世虎，王佩华，等.内蒙古二连盆地努和廷矿床铀矿详查报告[R].核工业二〇八大队，2009.

旷文战，李洪军，郝金龙，等.内蒙古二连盆地努和廷矿床铀矿普查[R].核工业二〇八大队，2008.

旷文战，任全，何大兔，等.内蒙古二连盆地努和廷矿床铀矿普查2007年度成果报告[R].核工业二〇八大队，2007.

刘波，卫滨，李毅，等.内蒙古阿拉善右旗塔木素地区西南部浅层地震勘探[R].核工业航测遥感中心，2014.

刘家俊，陈导利，雷文秀，等.努和廷矿床地浸选段地质工艺参数试验研[R].核工业部西北地质勘探局二〇三研究所，1994.

刘世明，冯进珍，刘文军，等.内蒙古苏尼特右旗努和廷矿床阶段性远景储量报告[R].核工业二〇八大队，1992.

刘文军，陈云鹏，李荣林，等.内蒙古苏尼特右旗努和廷矿床阶段性远景储量报告[R].核工业二〇八大队，1992.

刘文军，赵世龙，高俊义，等.内蒙古苏尼特右旗努和廷矿床阶段性远景储量报告[R].核工业二〇八大队，1993.

刘忠厚，丁万烈，何大兔，等.鄂尔多斯盆地北部1∶50万砂岩型铀矿成矿地质条件研究及编图[R].核工业二〇八大队，2002.

刘忠厚，郭虎科，李有民，等.鄂尔多斯盆地北部银东地区铀矿预查地质报告[R].核工业二〇八大队，2008.

刘忠厚，李有民，刘雄，等.鄂尔多斯盆地北部银东地区1∶25万铀资源区域评价[R].核工业二〇八大队,2006.

刘忠厚,刘雄,李有民,等.内蒙古鄂托克前旗毛盖图地区铀矿普查报告[R].核工业二〇八大队,2007.

罗毅,何中波,马汉峰,等.内蒙古巴音戈壁盆地砂岩型铀矿成矿条件分析及铀资源潜力评价[R].核工业北京地质研究院,2009.

苗爱生,郭虎科,邢立民,等.内蒙古自治区东胜煤田艾来五库沟-台吉召地段铀矿勘查[R].核工业二〇八大队,2012.

苗爱生,胡立飞,王贵,等.内蒙古鄂尔多斯市罕台庙地区铀矿预查[R].核工业二〇八大队,2016.

苗爱生,李西得,王佩华,等.内蒙古鄂尔多斯市呼斯梁地区铀矿预查[R].核工业二〇八大队,2011.

苗爱生,王贵,王龙辉,等.内蒙古鄂尔多斯市柴登地区铀矿普查[R].核工业二〇八大队,2014.

苗爱生,王贵,邢立民,等.内蒙古鄂尔多斯市纳岭沟铀矿床详查[R].核工业二〇八大队,2015.

苗爱生,王佩华,李西德,等.内蒙古鄂尔多斯市皂火壕铀矿床皂火壕地段(A207—A349线)普查地质报告[R].核工业二〇八大队,2011.

苗爱生,王佩华,刘正邦,等.内蒙古鄂尔多斯市皂火壕铀矿床及外围普查[R].核工业二〇八大队,2011.

苗爱生,王强,乔成,等.内蒙古鄂尔多斯市呼斯梁—补连滩地区铀矿调查评价[R].核工业二〇八大队,2014.

苗爱生,王永君,王佩华,等.内蒙古鄂尔多斯市沙沙圪台地段铀成矿规律研究与远景分析[R].核工业二〇八大队,2008.

苗爱生,王永君,张林,等.宁夏灵武市银东地区铀矿普查[R].核工业二〇八大队,2012.

内蒙古自治区地质矿产局.二连浩特幅区域地质调查报告[R].1978.

聂逢君,候树仁,张成勇,等.巴音戈壁盆地构造演化、沉积体系与铀成矿条件研究[R].东华理工大学,2011.

聂逢君,严兆彬,张成勇,等.内蒙古二连盆地努和廷泥岩型铀矿微观特征与成矿机理研究[R].华东理工大学,2010.

牛林,黄树桃,杨贵生.额仁淖尔凹陷努和廷矿床铀矿化特征[R].核工业北京地质研究院,1994.

潘家永,刘成东,郭国林,等.内蒙巴音戈壁盆地塔木素铀矿床矿石的物质组成初步研究[R].东华理工大学,2007.

彭云彪,郝金龙,旷文战,等.内蒙古二连盆地努和廷矿床及其外围铀矿普查评价报告[R].核工业二〇八大队,1996.

彭云彪,苗爱生,郭虎科,等.内蒙古自治区杭锦旗大营铀矿床普查[R].核工业二〇八大队,2012.

彭云彪,苗爱生,王贵,等.内蒙古自治区杭锦旗大营铀矿西段普查[R].核工业二〇八大队,2014.

彭云彪,苗爱生,王佩华,等.内蒙古达拉特旗纳岭沟铀矿床(N21—N88线)详查[R].核工业二〇八大队,2013.

彭云彪,苗爱生,王佩华,等.内蒙古鄂尔多斯市皂火壕铀矿床(A32—A183线)详查地质报告[R].核工业二〇八大队,2009.

彭云彪,申科峰,韩晓峰,等.内蒙古苏右旗额仁淖尔地区铀矿普查(资料综合整理)报告[R].核工业二〇八大队,1995.

彭云彪,于恒旭,王佩华,等.内蒙古二连盆地努和廷矿床及其外围铀矿普查评价报告[R].核工业二

〇八大队，1996.

申科峰，李荣林，郝进庭，等.内蒙古二连盆地赛汉高毕—巴彦乌拉地区普查报告[R].核工业二〇八大队，2006.

申科峰，于恒旭，李洪军，等.二连盆地乌兰察布坳陷北东部1∶25万铀矿资源评价年度报告[R].核工业二〇八大队，2002.

申科锋，旷文战，李洪军，等.内蒙古二连盆地地浸砂岩型铀资源调查评价报告[R].核工业二〇八大队，2005.

王贵，邢立民，孟睿，等.内蒙古鄂尔多斯市杭锦地区铀矿资源调查评价[R].核工业二〇八大队，2013.

王贵，邢立民，任志勇，等.内蒙古鄂尔多斯市苏台庙—巴音淖尔地区铀矿资源调查评价[R].核工业二〇八大队，2017.

王俊林，侯树林，张良，等.巴音戈壁盆地因格井坳陷北缘铀矿资源调查评价报告[R].核工业二〇八大队，2015.

王利民，李怀洲，徐国苍，等.内蒙古阿拉善右旗塔木素地区浅层地震勘探[R].核工业航测遥感中心，2003.

王强，旷文战，张如良，等.内蒙古阿拉善右旗塔木素地区—内蒙古阿拉善左旗银根地区1∶25万铀矿区调[R].核工业二〇八大队，2001.

王永君，张林，高龙，等.鄂尔多斯盆地西北缘铀矿调查评价[R].核工业二〇八大队，2012.

吴甲斌.内蒙古二连盆地努和廷矿床地浸选段工艺试验初步研究[R].核工业部西北地质勘探局二〇三研究所，1992.

吴立群，苗爱生，荣辉，等.鄂尔多斯盆地古地貌变迁与东胜铀成矿过程[R].中国地质大学(武汉)，2011.

吴仁贵，侯树林，李西得，等.巴音戈壁盆地中新生代构造演化与白垩系沉积体系研究[R].东华理工大学，2007.

徐德津，许定远，邹礼规，等.内蒙古二连盆地砂岩型铀矿藏成矿条件及成矿预测[R].核工业航测遥感中心，1992.

徐建章，霍全生，李有民，等.内蒙古二连盆地额仁淖尔—脑木根地区砂岩型铀矿普查阶段性总结报告[R].核工业部西北地质勘探局，1994.

徐建章，李荣林，李仕华，等.内蒙古苏尼特右旗努和廷铀矿床普查阶段品位大于0.1%储量计算依据、方法与结果[R].核工业二〇八大队，1995.

徐建章，薛志恒，陈法正.内蒙古苏尼特右旗努和廷矿床地浸选段1993年总结报告[R].核工业二〇八大队，1993.

许第桥，山社科，曹维起，等.内蒙古阿拉善右旗塔木素地区物探测量[R].核工业航测遥感中心，2011.

杨建新，陈安平，李西德，等.鄂尔多斯盆地北部铀资源区域评价[R].核工业二〇八大队，2004.

杨建新，何大兔，童波林，等.内蒙古二连盆地中东部地区地浸砂岩型铀资源调查评价报告[R].核工业二〇八大队，2010.

杨建新，何大兔，王贵，等.内蒙古苏尼特左旗巴彦乌拉铀矿床(B415—B319线)详查报告[R].核工业二〇八大队，2012.

杨建新,黄锵俯,梁齐瑞,等.内蒙古苏尼特左旗巴彦乌拉铀矿床(B371—B331线)补充勘探[R].核工业二〇八大队,2014.

杨建新,黄锵俯,梁齐瑞,等.内蒙古苏尼特左旗巴彦乌拉铀矿床巴润地段(B511—B463线)详查[R].核工业二〇八大队,2015.

杨建新,黄锵俯,梁齐瑞,等.内蒙古苏尼特左旗巴彦乌拉铀矿床及外围普查[R].核工业二〇八大队,2015.

杨建新,解鸿斌,徐建章,等.内蒙古新街—陕西鱼河地区1∶25万铀资源区域评价[R].核工业二〇八大队,2007.

杨建新,李西德,张兆林,等.陕西省神木县大柳塔地区1∶25万铀资源区域评价[R].核工业二〇八大队,2004.

杨建新,刘文平,张兆林,等.内蒙古鄂尔多斯市伊和乌素—呼斯梁地区1∶25万铀资源区域评价[R].核工业二〇八大队,2008.

张兰,施志韬.内蒙古努和廷矿床地浸水文地质参数实验研究[R].核工业部西北地质勘探局二〇三研究所,1992.

张明魁.内蒙古巴音戈壁盆地可地浸砂岩铀矿选区[R].核工业西北地质局二一七大队,1998.

赵世勤,田儒,姜晓东,等.额仁淖尔凹陷层间氧化带型砂岩铀矿成矿远景[R].核工业北京地质研究院,1994.

周巧生,牟长林,王林生,等.内蒙古脑木根-马尼特中新生代盆地砂岩型铀成矿条件和成矿远景研究[R].核工业西北地勘局二〇三研究所,1990.

赵凤民.中国铀矿床研究评价(第四卷·碳硅泥岩型铀矿床)[R].中国核工业地质局和核工业北京地质研究院,2011.

周巧生,章金彪.内蒙古乌兰察布坳陷北部层间氧化带铀矿成矿条件研究[R].核工业西北地勘局二〇三研究所,1993.